教育部大学计算机课程改革项目规划教材

计算机与网络多媒体

主　编　刘祖珉　魏　琴
副主编　刘焕君　李思明
鲁红英

中国教育出版传媒集团
高等教育出版社·北京

内容简介

本书以学科专业大类培养目标为基础，按照教育部《普通高等学校本科专业类教学质量国家标准》，结合工程教育、学科评估和专业认证的要求，将立德树人融入课程教学实践，满足培养具有计算思维和计算机与网络多媒体应用能力的新时代大学生课程教学需求。

本书重点突出新知识、新技术。引入物联网、大数据、人工智能、移动互联网和元宇宙，以提高学生对新知识的认知和理解；对计算机网络和多媒体新技术、新应用、新软件的介绍，以提高学生在未来专业学习中的前瞻性和兴趣度。全书由9章组成，包括引言、计算机硬件架构、计算机软件系统、算法与程序设计基础、数据管理与数据库、计算机网络基础、网络的组建与接入、计算机信息安全、计算机多媒体技术。其中每章都由学习目标、基本内容和习题组成，习题包括思考题、选择题。

本书可作为普通高等学校非计算机专业计算机基础类课程的教材，也可作为广大计算机学习者的入门用书。

图书在版编目（CIP）数据

计算机与网络多媒体 / 刘祖珉，魏琴主编；刘焕君，李思明，鲁红英副主编. -- 北京 : 高等教育出版社，2025. 3. -- ISBN 978-7-04-063924-7

Ⅰ. TP3

中国国家版本馆 CIP 数据核字第 2025GH8479 号

Jisuanji yu Wangluo Duomeiti

策划编辑　刘　娟　　责任编辑　刘　娟　　封面设计　李卫青　　版式设计　马　云
责任绘图　于　博　　责任校对　马鑫蕊　　责任印制　存　怡

出版发行	高等教育出版社	网　　址	http://www.hep.edu.cn
社　　址	北京市西城区德外大街4号		http://www.hep.com.cn
邮政编码	100120	网上订购	http://www.hepmall.com.cn
印　　刷	三河市潮河印业有限公司		http://www.hepmall.com
开　　本	787mm×1092mm　1/16		http://www.hepmall.cn
印　　张	17.25		
字　　数	410千字	版　　次	2025年3月第1版
购书热线	010-58581118	印　　次	2025年3月第1次印刷
咨询电话	400-810-0598	定　　价	35.60元

本书如有缺页、倒页、脱页等质量问题，请到所购图书销售部门联系调换

物 料 号　63924-00

前　言

随着社会的进步和经济的发展，计算机已经普及社会的各个领域。计算机技术和网络技术的应用，促进了社会信息化的快速发展。多媒体技术的应用，通过图、文、声、像一体化信息和友好的互动环境，极大丰富了人机交互界面的多样性。多项信息技术的结合，不仅改变了人们的生活方式，还提高了人们的生活质量和水平，使人们的生活更加便捷、多样，在教育文化、工农业生产、服务行业和生活娱乐中都产生了深远影响。

本书作为非计算机专业的第一门信息技术课程教材，以计算思维为导向，以解决实际问题为目标，结合专业培养方向，旨在从计算机基础知识、计算机软硬件系统、计算机网络技术和多媒体技术等方面培养学生的计算机应用能力，实现学生对计算机知识结构广度和深度的全面提升。

本书具有如下特点：

实用：本书以计算机与网络多媒体应用技术为基础，理论与实践相结合，读者可以边学边实践，在实践中掌握必备的知识和技能。

全面：本书较全面地介绍计算机、网络、多媒体的相关知识，尽可能通过有限的学时使学生掌握计算机与网络多媒体的主要内容。

丰富：对相关领域的新技术、应用技巧，以知识扩展的形式进行补充，丰富理论知识和应用知识的体系结构。

先进：计算机与网络多媒体技术发展日新月异，本书结合技术发展热点，紧跟潮流方向，将大量新技术、新知识、新应用在书中进行普及和介绍，扩充读者视角，培养创新思维。

立体：充分利用现代教育技术，以新形态资源建设为基础，以新媒体技术为媒介，构建多元赋能的一体化教材体系。

全书内容由 9 章构成。第 1 章引言，主要介绍计算机的发展历史、计算模型、计算思维以及计算机新技术、新热点；第 2 章计算机硬件架构，主要介绍计算机中信息的表示与编码以及计算机硬件体系；第 3 章计算机软件系统，主要介绍计算机软件的基本概念、操作系统相关知识和办公软件的使用；第 4 章算法与程序设计基础，主要介绍算法和程序设计的基本概念、算法的表示和程序设计基本过程；第 5 章数据管理与数据库，主要介绍数据与数据管理、数据库系统、大数据等；第 6 章计算机网络基础，主要介绍数据通信理论、计算机网络基础理论、Internet 理论及应用；第 7 章网络的组建与接入，主要介绍计算机网络的硬件、局域网相关技术以及局域网的组建方法；第 8 章计算机信息安全，主要介绍信息安全的基本概念、信息安全相关技术；第 9 章计算机多媒体技术，主要介绍多媒体基本概念、多媒体元素及图形图像、音视频、动画处理技术。

本书由刘祖珉、魏琴主编，刘焕君、李思明、鲁红英为副主编，刘祖珉负责组织和统稿，肖阳春负责审稿。第 1 章和第 2 章由刘祖珉编写；第 3 章和第 4 章由魏琴编写；第 5 章由李思明编写；第 6 章和第 7 章由刘焕君编写；第 8 章由鲁红英编写；第 9 章中 9.1 节和 9.2 节由魏琴编写，其余部分由刘祖珉编写。本书课件资源和数字资源由李思明、肖阳春、刘祖珉、魏琴、刘焕君、鲁红英、雷珍、安红岩、石雪、张澎、陈利、张晟嘉等老师共同协作完成。感谢团队各位老师的辛勤付出以及在教材编写过程中提出的宝贵意见，感谢高等教育出版社对本书出版的大力支持。

本书编写和资源制作团队成员均长期从事计算机基础相关课程一线教学，在内容拟定和写作过程中总结了多年教学经验。但限于编者的学识水平并且时间仓促，书中难免存在疏漏和不足之处，恳请读者批评指正，以便在再版中修改、完善。

获取电子资源、反馈意见和建议均可通过邮箱联系：lzm@cdut.edu.cn。

编　者

2024 年 3 月

目　录

第 1 章　引言

学习目标

1. 了解计算机的发展历史和热点。
2. 了解未来计算机。
3. 了解图灵机模型。
4. 理解冯·诺依曼原理和哈弗结构。
5. 掌握计算机的分类。
6. 了解计算机的应用。
7. 掌握计算思维概念，培养计算思维能力。

1.1　计算机从无到有

1.1.1　计算工具的发展

计算工具是人类文明生活中不可缺少的工具之一。伴随着人类文明程度不断进步和发展，计算工具也历经了由简单到复杂、从低级到高级的不断演化过程。从“结绳记事”中的绳结，到算筹、算盘、计算尺、机械计算机，直到当今的电子计算机，它们在不同的历史时期发挥了各自的历史作用。

算筹（图 1–1）是最早的人造计算工具，发明于周代。这是一种用竹、木或骨制成的小棍。计算每一个数学问题时，通常编出一套歌诀形式的算法，一边计算，一边不断地重新布棍。我国古代数学家祖冲之，就是用算筹计算出圆周率在 3.141 592 6 与 3.141 592 7 之间。这一结果比西方早一千年。

珠算盘（图 1–2）是我国的又一独创，也是计算工具发展史上的第一项重大发明。最初大约出现于汉朝，到元朝时渐趋成熟。珠算盘轻巧灵活、携带方便，不仅对中国经济的发展起过有益的作用，而且传到日本、朝鲜、东南亚等国家和地区，经受了历史的考验，至今仍在使用。

图 1-1　算筹

1614 年，英国数学家 E. 冈特发明了对数计算尺，使乘除运算可以化为加减运算，这是计算工具又一重大发明。1642 年，法国数学家、物理学家 B. 帕斯卡发明了第一台机械加法器（图 1-3）。约 1671 年，G. W. 莱布尼茨发明了能做加、减、乘、除的计算机，提出了“可以使用机械代替人进行重复的计算工作”这一重要思想，促成了能进行四则运算的机械式计算器的诞生。

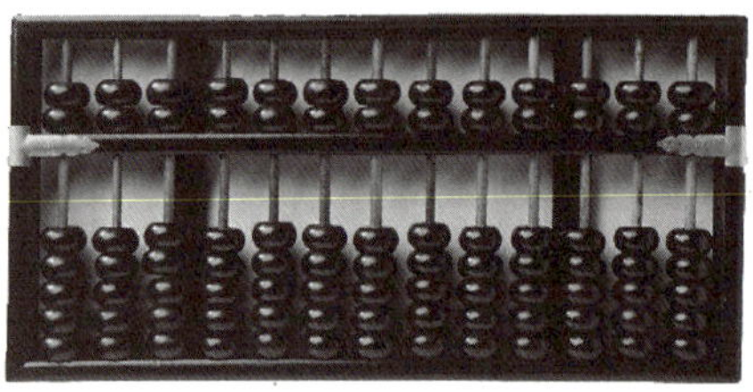

图 1-2　算盘

图 1-3　机械加法器

19 世纪初，法国的 J. M. 雅卡尔，发明用穿孔卡片来控制纺织机。受此启发，英国的 C. 巴贝奇提出带有程序控制的完全自动计算机的思想。1822 年他造出一台“差分机”的模型（图 1-4），它是利用机器代替人来编制数表，从而免除政府在编制大量数学表时动用许多人力去进行浩繁的计算工作。1834 年他又设计了一台“分析机”，这是在差分机的基础上做了较大的改进，不仅可以做数字运算，还可以做逻辑运算。分析机包含了运算单元、存储单元、输入和输出单元。同时，他还提出了自动制定指令序列这一创造性的概念，使得计算机可以从上一步自动运行到下一步。虽然由于机械技术等困难没有最后造成，然而分析机已包含了现代计算机的基本思想和主要组成部分。1847 年，英国数理逻辑学家 G. 布尔开创了逻辑代数这一学科，为近代计算机的制造提供了重要的理论基础。

1938 年，德国工程师 K. 朱斯成功制造了第一台二进制计算机 Z-1，该计算机最大的贡献是第一次采用了二进制。这是一种纯机械式的计算装置，通过一个能在细孔中移动的针来指明数字“0”和“1”，其存储器能存储 64 位数。此后，他继续研制了 Z 系列计算机，其中，Z-3 型计算机是世界上第一台通用程序控制的机电计算机，它使用了 2 600 个继电器，用穿孔纸带输入浮点二进制进行运算。

1944 年，美国哈佛大学 H. 艾肯在 IBM 公司的帮助下，研制成功了一台通用型机电计算机 MARK-I（图 1-5）。它使用了 3 600 多个继电器，总共由 15 万个元件组成，各种导线总长达到 800 km 以上。1947 年，艾肯又研制出运算速度更快的机电计算机 MARK-II。

图 1-4　差分机

图 1-5　MARK-I 机电计算机

1.1.2　计算机的发展历史

1946 年，世界上第一台电子计算机 ENIAC（Electronic Numerical Integrator and Computer）在美国宾夕法尼亚大学诞生，由物理学家 J. 莫奇利和工程师 J. P. 埃克特研制。ENIAC 采用电子管作为基本元件，使用了 18 000 多只电子管、1 500 个继电器、10 000 只电容、7 000 个电阻，占地 170 m^2，重达 30 t，每小时耗电 150 kW（图 1-6）。ENIAC 每秒可完成 5 000 次加法运算，不具有“机内存储程序”的功能，其计算过程需要在计算机外通过开关和接线来完成。它被用于军事领域，是当时最快的计算工具，使科学家们不必再进行烦琐的运算。

图 1-6　ENIAC 电子计算机

ENIAC 作为第一台电子计算机，虽然不能和现在的计算机相比，但它的研制成功为计算机科学的发展奠定了基础，具有划时代的意义，表明计算机时代的到来。根据计算机在不同时期采用的电子元器件的不同，通常把电子计算机的发展分为 5 个阶段。

1. 第一代计算机（1946—1955 年）

第一代计算机称为电子管计算机，以电子管作为基本物理部件，主要用于科学计算和军事目的。一台计算机需要几千只电子管（图 1-7），体积庞大、耗电量高、可靠性差、速度慢，每秒只能计算几千次。使用水银延迟线作为内存储器，外存使用纸带、卡片，无操作系统，以机器语言或汇编语言编写程序。

2. 第二代计算机（1956—1963 年）

第二代计算机称为晶体管计算机，以晶体管（图 1-8）作为基本物理部件。第二代计算机除用于科学计算外，主要用于商业领域、大学和政府部门，还应用于数据处理和过程控制。相比于电子管，晶体管体积小、耗电量低、可靠性强、运算速度快，每秒可计算几万次。这一时期，内存储器使用磁芯存储器，外存有磁盘、磁带，出现世界上第一个被正式推广使用的高级语言 FORTRAN 和面向商业的通用语言 COBOL。软件上采用了监控程序，具有了操作系统的雏形。

图 1-7　电子管

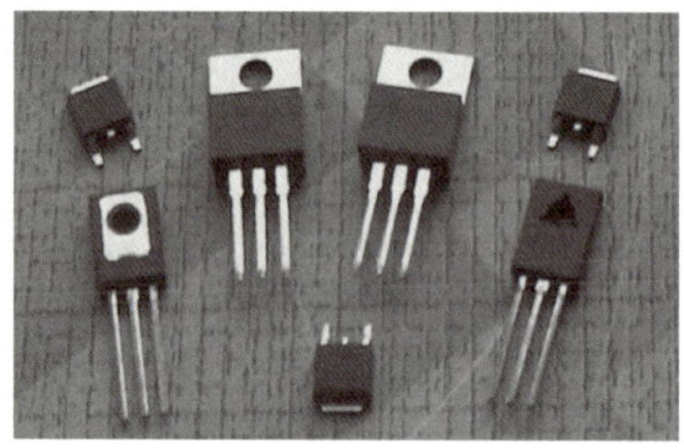

图 1-8　晶体管

3. 第三代计算机（1964—1971 年）

第三代计算机是集成电路计算机，以中小规模集成电路作为基本物理部件，主要用于科学计算、数据处理和过程控制，计算机的应用范围扩大到企业管理和辅助设计等领域。集成电路可以在几平方毫米的单晶体硅片上集成几十甚至几百个电子器件，使计算机体积变得更小、功耗更低、稳定性更好、速度更快，每秒可达几百万次到上千万次。内存储器使用半导体存储器，外存使用磁带、磁盘。高级语言进一步得到发展，操作系统开始出现，使计算机功能更强，提出了结构化程序设计思想。

4. 第四代计算机（1971 年至今）

第四代计算机是大规模集成电路计算机，以大规模和超大规模集成电路作为基本物理部件。随着大规模、超大规模和特大规模集成电路的使用，计算机开始向巨型化和微型化两极发展。内存采用 16 MB、64 MB 或集成度更高的半导体存储器，外存采用硬盘、光盘等，计算机存储容量、运算速度和功能得到了极大提高，硬件和软件更加丰富。在系统结构方面发展了并行处理技术、分布式技术和计算机网络等。软件方面，数据库技术出现并得到发展，多种高级语言深入发展，操作系统多样化，各种系统软件和应用软件得到了广泛开发和使用，软件实现标准化、形成产业化。

以半导体为核心的微电子技术的进步，使计算机向着微型、高效、低成本方向迅猛发展，计算机迅速得到普及和应用，使人类快速迈入信息时代。多媒体技术、网络技术，实现了文字、图形、图像、动画、声音等数据的再现和传输，计算机进入以计算机网络为特征的新时代。

5. 新一代计算机

从 20 世纪 80 年代开始，发达国家开始研制新一代计算机，其目标是打破以往计算机固有的体系结构，使计算机具有像人一样的思维、推理和判断能力。

新一代计算机是把信息采集、存储、处理、通信同人工智能结合，使计算机不仅能进行数值计算和处理，还能面向知识处理，具有推理、联想、学习和解释的能力，能够帮助人们进行判断、决策、开拓未知领域和获得新的知识，可以直接通过自然语言或图形、图像交换信息等实现人机交互。

新一代计算机的发展，必将与人工智能、知识工程和专家系统等研究紧密相连，并为其发展提供新基础，对人类社会的发展产生深远影响。

1.1.3　计算机的发展热点

1965 年，英特尔创始人之一戈登·摩尔提出摩尔定律，集成电路上可以容纳的晶体管数目大约每 18 个月到 24 个月便会增加一倍，换言之，处理器的性能大约每两年翻一番。自摩尔定律提出近 60 年以来，计算机从神秘不可近的庞然大物变成多数人都不可或缺的工具，信息技术由实验室进入无数个普通家庭，因特网将全世界联系起来，物联网实现了万物互联，云计算、大数据、人工智能也开始深入人们生活的方方面面。

1. 云计算

云计算（cloud computing）如日中天，云计算这一名词也几乎家喻户晓，但云计算究竟是什么却令人云里雾里。到底什么是云计算呢？对于传统的个人计算机而言，用户既是计算资源的拥有者，也是计算资源的使用者，使用的资源就在本地且有限，也不能将自有资源共享给他人使用。不同于传统的计算资源使用模式，云计算提供了一种全新的基于泛在网络、大众按需、随时随地获取计算资源的新计算模式。

云计算是一种商业计算模型，它将计算任务分布在大量计算机构成的资源池上，使各种应用系统能够根据需要获取计算能力、存储空间和信息服务，是分布式计算、并行计算和网格计算发展与综合的结果。“云”看得见摸不着，是计算机网络场景下的一种比喻说法。计算资源所在方称为云端，是一个庞大的计算资源池，位于远方；输入输出端称为云终端，位于本地。就云计算而言，一切皆是服务，任何通过网络能够提供给用户使用的服务都是云计算的应用场景，用户通过租用的形式付费获得服务。云计算具有五大特征、三种服务模式、三种部署模型，如图 1–9 所示。

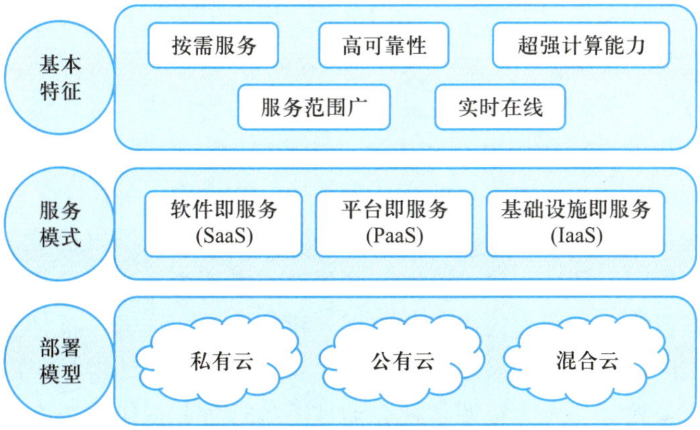

图 1–9　云计算模型

2. 物联网

物联网（internet of things）是指通过信息传感设备，按照约定的协议，把任何物品与互联网连接起来，进行信息交换和通信，以实现智能化识别、定位、跟踪、监控和管理的一种网络。它是互联网功能的扩展与延伸，是将人与人的互联扩展到物与物的互联，实现人与物、物与物的互联互通。

1995 年，比尔・盖茨出版了《未来之路》(图 1-10）一书，书中提及了物联网的概念；2005 年，国际电信联盟在《ITU 互联网报告 2005：物联网》中指出无所不在的“物联网”通信时代即将来临；2008 年，IBM 公司前总裁彭明盛提出了“智慧地球”的概念，他认为，任何东西都可以借助智能技术实现数字化和互联；2009 年，时任总理温家宝在无锡视察时提出“感知中国”的概念，正式开启了我国物联网研究的大幕；2021 年 9 月，工信部等八部门印发《物联网新型基础设施建设三年行动计划（2021—2023 年)》，明确到 2023 年底，在国内主要城市初步建成物联网新型基础设施，社会现代化治理、产业数字化转型和民生消费升级的基础更加稳固。

图 1-10　比尔・盖茨与《未来之路》

为实现万物互联，物联网的关键技术主要有射频识别技术、无线传感网技术、嵌入式技术、纳米与微电技术、分布式信息管理技术等。其主要特征有感知识别普适化、异构设备互联化、联网终端规模化、管理调控智能化、应用服务链条化。

3. 区块链

区块链（block chain）起源于比特币，其概念由中本聪在 2008 年发表的《比特币：一种点对点的电子现金系统》一文中提出。文中阐述了基于 P2P 网络、数据加密、时间戳以及区块链等电子现金系统的构架思想，也标志着比特币的诞生。2009 年 1 月 3 日，序号为 0 的第一个区块诞生，1 月 9 日序号为 1 的区块出现，并与序号为 0 的区块形成链，标志着区块链的正式诞生。区块链用一种去中心化的方式，解决了信任背书和价值传递的问题，具有去中心化、数据公开化、不可篡改化、节点独立化、信息匿名化等特点。其本质是一个应用了密码学技术、多方参与、共同维护、持续增长且不可篡改的分布式数据库系统，被称为分布式共享账本。

区块链的发展经历了三个阶段。第一阶段以比特币为代表，区块链是比特币的底层技术，实现了去中心化的数字货币发行和流通，涉及转账、汇款和数字化支付等相关业务。2013 年，比特币发布了 0.8 版本，从此比特币开始名声大噪，并产生了全球影响力，而区块链也开始成为大众关注的焦点。第二阶段以以太坊为代表。以太坊是一个开源的、支持智能合约的去中心化应用平台。这一阶段，区块链技术不再局限于加密数字货币，而是可以在区块链上基于智能合约开发去中心化应用，比如股票、债券、抵押、贷款、期货、产权等。第三阶段以区块链的应用领域扩充为主要特点，使得区块链的应用不再局限于金融领域，而是为物流、教育、人力资源、社会治理等各行各业提供去中心化方案，包括虚拟化资产、智能物联网、供应链管理、去中心化操作系统等。第三阶段的典型代表是 EOS （enterprise operation system）。EOS 具有低时延、可扩展、便于修复、易用性高等特点，可提供账户、身份验证、数据库、异步通信等服务。

4. 人工智能和机器学习

人工智能（artificial intelligence，AI）一词最早出现于 1956 年在美国达特茅斯学院召开的一次学术会议上。会议以如何使用机器模仿人类学习和其他方面的能力为主题，以约翰・麦卡锡、马文・明斯基、克劳德・香农等人为代表的科学家首次提出了人工智能的概念。人工智能是一个以计算机科学为基础，由计算机、心理学、哲学等多学科交叉融合的交叉学科、新兴学科，研究、开发用于模拟、延伸和扩展人的智能的理论、方法、技术及应用系统的一门新的技术科学。人工智能企图了解智能的实质，并生产出一种新的能以与人类智能相似的方式做出反应的智能机器。

人工智能是一门极富挑战的科学，不是人的智能，但能像人那样思考，甚至可超过人的智能。其研究领域包括机器人、语言识别、图像识别、自然语言处理、专家系统、机器学习等。人工智能主要有三个研究方向，第一是以逻辑学为基础，其核心是运用符号进行逻辑和机器推理，以解决一些知识的证明、表示、推理和运用等问题，在人工智能中处于主导地位。第二是以神经网络为基础，其核心是用大量神经元组合实现人脑功能，从而创造一个通用网络模型，通过不断的数据训练，来达到预期的功能效果。第三是以控制论为基础，智能来源于感知和行为，通过“感知 - 动作”去模拟智能。目前热门研究领域“深度学习”就属于此类。

机器学习（machine learning）就是让机器模拟人类的学习过程来获取新的知识或技能，是人工智能的一个研究分支，是实现人工智能的一个途径。其主要研究内容是如何在经验学习中去改善具体算法的性能，通过自身的学习来完成指定的任务。深度学习是机器学习中一种对数据进行表征学习的方法，使得机器学习能够拓展人工智能的应用领域范围，是实现机器学习的技术。图 1-11 所示是人工智能、机器学习和深度学习的关系。

图 1-11　人工智能、机器学习和深度学习的关系

知识扩展

ChatGPT

ChatGPT 是美国人工智能研究实验室 OpenAI 新推出的基于人工智能技术驱动的自然语言处理工具，于 2022 年 11 月 30 日发布。ChatGPT 作为一个聊天机器人程序，它能够通过学习和理解人类的语言来进行对话，尤其是会通过连接大量的包含了真实世界中对话的语料库来训练模型，具备上知天文下知地理，还能根据聊天的上下文进行互动的能力，做到与真正人类几乎无异地在聊天场景进行交流。ChatGPT 不单是聊天机器人，还拥有语言理解和文本生成能力，甚至能完成撰写邮件、视频脚本、文案、翻译、代码、论文等任务。

2023 年 2 月 2 日，OpenAI 发布 ChatGPT 试点订阅计划——ChatGPT Plus。ChatGPT

Plus 以每月 20 美元的价格提供服务，订阅者可获得比免费版本更稳定、更快的服务，以及尝试新功能和优化的优先权。同日，微软官方宣布，旗下所有产品包括搜索引擎必应、Office、云计算平台 Azure 等全线整合 ChatGPT，并且 Azure 的 OpenAI 服务将允许开发者访问 AI 模型。

5. 元宇宙

元宇宙（metaverse）一词来源于美国科幻作家尼尔·斯蒂芬森 1992 年出版的小说《雪崩》。metaverse 一词中，meta 表示"超越""元"，verse 表示"宇宙，取 universe 一词后一半"。在小说中，所有现实世界中的人都可以在一个平行于现实世界的虚拟世界拥有一个网络分身，这个虚拟世界就是元宇宙。

对于元宇宙，不同的学者有不同的定义，最具代表性的定义是，元宇宙是人类运用数字技术构建的，由现实世界映射或超越现实世界，可与现实世界交互的虚拟世界，具备新型社会体系的数字生活空间。元宇宙本身并不是新技术，而是集成了一大批现有技术，包括 5G、云计算、人工智能、虚拟现实（virtual reality，VR）、增强现实（augmented reality，AR）、扩展现实（extended reality，XR）、数字孪生、区块链等。

2020 年新冠疫情的暴发，在疫情防控措施的管控下，人们的上网时间大幅增长，生活开始由现实世界大规模地向虚拟世界转移。2021 年为元宇宙元年，Soul 在行业内提出构建"社交元宇宙"、全球首款 AI 人工智能数字皮影藏品登录元宇宙、海尔发布制造行业首个智造元宇宙平台、百度开始对首个国产元宇宙产品"希壤"定向内测。2022 年，重庆市元宇宙先导试验区正式揭牌、《中国元宇宙发展报告（2022）》发布。同年，微软公司、Facebook 母公司 Meta 等相关公司构建新兴元宇宙概念组织，以促进元宇宙产业标准的制定。

元宇宙本质上是对现实世界的虚拟化、数字化过程。它基于扩展现实技术提供沉浸式体验，基于数字孪生技术生成现实世界的镜像，基于区块链技术搭建经济体系，将虚拟世界与现实世界密切融合，并且允许每个用户进行内容生产和世界编辑。

1.1.4 未来计算机

1. 量子计算机

量子计算机的基本理论和概念是美国著名物理学家理查德·费曼提出的。

量子计算机是一类遵循量子力学规律进行高速数学和逻辑运算、存储及处理量子信息的物理装置。当某个装置处理和计算的是量子信息，运行的是量子算法时，它就是量子计算机。量子计算机的概念源于对可逆计算机的研究。研究可逆计算机是为了解决计算机中的能耗问题。量子计算机应用的量子比特可以同时处于多个状态，而不像传统计算机那样只能处于 0 或 1 的二进制状态。

2014 年 1 月，美国国家安全局（NSA）斥资 8 000 万美元研发用于破解加密技术的量子计算机。2017 年 11 月，IBM 公司发布了 56 量子比特的量子计算云平台。2017 年 5 月，中国科学技术大学潘建伟团队构建的光量子计算机实验样机的计算能力已超越早期计算机，完成了 10 个超导量子比特的操纵，成功打破了当时世界上最大位数的超导量子比特的纠缠和完整的测量纪录。2018 年 2 月，中科院团队和阿里云宣布，在超导量子计算方向，发布 11 比特的云接入超导量子计算服务。这也是继 IBM 公司后，全球第二家向公众提供 10 比特以上量子计算云服务的系统。中国科学技术大学郭光灿院士团队也宣布其本源量子计算云平台已成功上线 32 比特量子虚拟机，并已经实现了 64 量子比特的量子电路模拟，打破 IBM 公司 56 位仿真纪录。2016 年 8 月，我国发射了全球第一个基于量子通信的卫星——“墨子号”，2022 年 5 月，墨子号卫星实现 1 200 千米地表量子态传输新纪录。2021 年 10 月，我国发布了由 113 个光子 144 模式构建的量子计算原型机“九章二号”。它实现了相位可编程功能，处理高斯玻色取样的速度比最快的超级计算机快 10^{24} 倍。同时，还构建了 66 比特可编程超导量子计算原型机“祖冲之二号”(图 1-12)，求解量子随机线路取样任务的速度是目前全球最快的超级计算机的 1 000 万倍。

图 1-12　“祖冲之二号”原型机

2. 光子计算机

光子计算机是一种由光信号进行数字运算、逻辑操作、信息存储和处理的新型计算机。它由激光器、光学反射镜、透镜、滤波器等光学元件和设备构成，靠激光束进入反射镜和透镜组成的阵列进行信息处理，以光子代替电子，光运算代替电运算。在光子计算机中，不同波长、频率、偏振态及相位的光代表不同的数据，这远胜于电子计算机中通过电子“0”“1”状态变化进行的二进制运算，可以对复杂度高、计算量大的任务实现快速的并行处理，使运算速度在原来的基础上呈指数上升。

从发展前景来看，显然光子计算机比电子计算机要强大得多，特别是在图像处理、目标识别和人工智能等方面，光子计算机将来发挥的作用远比电子计算机大。

光子计算机有可能改变目前电子计算机的二进位制的计算和处理方式，创造出更加丰富的逻辑系统。在光子计算机中，通过光子元件的激光亮度不断增加而又有间隔，形成光脉冲串，在此基础上可以创造出更加丰富的逻辑处理系统。

3. 生物计算机

生物计算机又被称为仿生计算机，其基本思想是用生物芯片来代替传统的半导体硅片集成电路，从而制成以生物电子元件构成的计算机。生物计算机的主要原材料是生物工程技术产生的蛋白质分子。生物芯片具有天然独特的立体化结构，密度高、体积小、速度快，并能借助蛋白质分子的开关特性实现数据的计算和存储。

生物计算机包括蛋白质计算机和 DNA 计算机。蛋白质计算机，是以蛋白质运动规律作为计算机运行基本模型，通过激光进行信息读取，其存储能力是电子计算机的 300 倍。而且更进一步的研究正在进行中，可以预期蛋白质计算机的实现会具有划时代的意义。

DNA 计算机是以生物酶作为基本材料，利用 DNA（脱氧核糖核酸）建立的一种完整的信息技术形式，以编码的 DNA 序列（通常意义上的计算机内存）为运算对象，通过分子生物学的运算操作来解决复杂的数学难题。DNA 计算机“输入”的是细胞质中的 RNA、蛋白质以及其他化学物质，“输出”的则是很容易辨别的分子信号。

与传统的电子计算机相比，生物计算机具有如下优点：第一、体积小，功效高。生物计算机的单位面积上可容纳数亿个电路，比目前的电子计算机提高了上百倍，发热和电磁干扰都大大降低。第二、生物计算机具有永久性和很高的可靠性。生物本身具有修复机制，即使芯片出了故障也能自我修复，蛋白质分子可以自我组合，能够新生出微型电路，具有活性。因此，生物计算机可靠性非常高，不易损坏，具有一定的永久性。第三、具有超强的存储和并行计算能力。生物芯片的存储密度是磁盘存储器的 1 000 亿到 10 000 亿倍，同时通过数百亿个 DNA 分子构成大批 DNA 计算机就可实现超强的并行处理能力，通过一个狭小区域的生物化学反应可以实现逻辑运算。第四、发热与信号干扰低。生物计算机的元件是由有机分子组成的生物化学元件，它们是利用化学反应工作的，所以，只需要很少的能量就可以工作。因此，不会像电子计算机那样，工作一段时间后，机体会发热，而生物计算机的电路间也没有信号干扰。

目前，生物计算机的最新研究成果是美国研制的可以让科学家对分子进行“编程”，并由活细胞执行“命令”的生物计算机。

4. 纳米计算机

纳米技术指明了 21 世纪计算机发展的未来，纳米计算机（图 1-13）是一种体积小、反应速度快的计算机，是将纳米技术运用于计算机领域所研制出的一种新型计算机。“纳米”本是一个计量单位，1 纳米等于 10^{-9} 米。采用纳米技术生产芯片成本十分低廉，因为它既不需要建设超洁净生产车间，也不需要昂贵的实验设备和庞大的生产队伍。只要在实验室里将设计好的分子合在一起，就可以造出芯片，大大降低了生产成本。

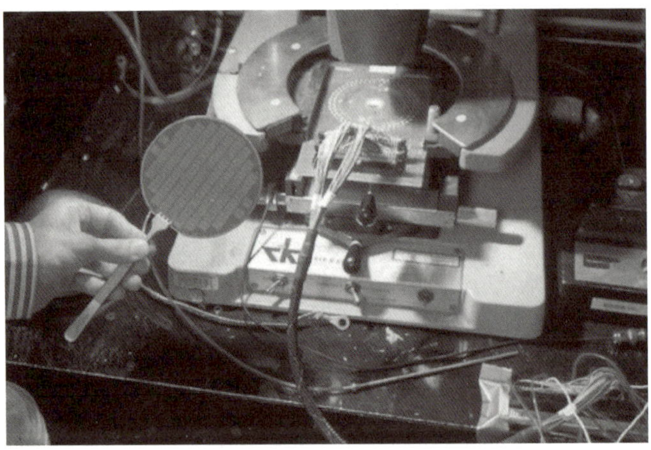

图 1-13　纳米计算机

科学家从 20 世纪 60 年代开始，把纳米微粒作为研究对象，探索纳米体系的奥秘。从 20 世纪 70 年代末到 80 年代初，科学家们对纳米微粒结构、形态和特性进行了比较系统的研究。2013 年 9 月 26 日斯坦福大学宣布，人类首台基于碳纳米晶体管技术的计算机已成功测试运行。这是有史以来人类利用碳纳米管生产出的最复杂的电子设备。

5. 超导计算机

超导计算机（图 1-14）是利用超导技术生产的计算机及其部件，其开关速度达到几微微秒，运算速度比现在的电子计算机快，电能消耗量少。1911 年，超导被荷兰物理学家昂内斯发现。超导指的是当材料被冷却到接近零下 273.15 ℃时，会失去电阻，流入它们中的电流会畅通无阻，不会白白消耗掉。

图 1-14　超导计算机

在 20 世纪 80 年代后期，科学家发现了一种陶瓷合金在 −238 ℃时出现了超导现象。我国物理学家找到一种材料，在 −141 ℃出现超导现象。目前，科学家企图寻找出一种"高温"超导材料，甚至一种室温超导材料。一旦这些材料找到后，人们可以利用它制成超导开关器件和超导存储器，再利用这些器件制成超导计算机，可以大大提高运算速度，减小计算机体积。超导计算机运算速度比现在的电子计算机快 100 倍，而电能消耗仅是电子计算机的千分之一。目前，超导与量子通信的结合，正在量子计算机的研究中发挥着越来越重要的作用，"祖冲之二号"是目前世界范围内超导量子比特数量最多的量子计算原型机。

1.2　计 算 模 型

在计算机诞生之前，可计算理论及计算模型的研究为计算机的产生奠定了坚实的理论基础。其中，图灵机模型为计算机的逻辑工作方式奠定了基础，而冯 · 诺依曼体系结构则对现代电子计算机的发展产生了深远影响。

1.2.1　图灵与图灵机模型

图灵机模型是由英国著名的数学家、逻辑学家、密码学家艾伦 · 麦席森 · 图灵（Alan Mathison Turing）提出的一种抽象的计算模型。图灵（图 1-15）被誉为计算机科学的奠基人、人工智能之父。由于图灵对计算机的产生和发展做出巨大贡献，计算机界的最高奖就是以图灵的名字命名，即图灵奖（图 1-16），该奖项相当于计算机界的诺贝尔奖。

图 1-15 图灵

图 1-16 图灵奖杯

1936 年，图灵在《论可计算数及其在判定问题中的应用》一文的附录中，描述了一种可以辅助数学研究的机器——图灵机（图 1-17）。图灵机将人们使用纸笔进行数学运算的过程进行抽象，由一个虚拟的机器替代人类进行数学运算。第一次在纯数学的符号逻辑中和实体世界之间建立了联系，现在所使用的计算机都基于这一模型。

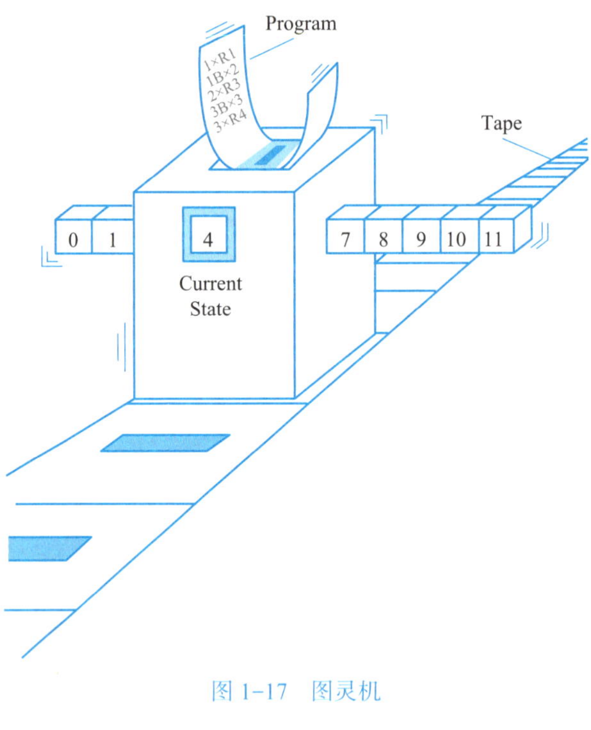

图 1-17 图灵机

图灵机由三部分组成：一条两端可无限延长的纸带、一个有限状态控制器和一个读/写头。纸带被划分为一个接一个的小格子，每个格子上包含一个来自有限字母表的符号，实现数据存储。状态控制器根据当前机器所处的状态以及当前读写头所指的格子上的符号来确定读写头下一步的动作，并改变状态寄存器的值，令机器进入一个新的状态。读写头可以在纸带上左右移动，它能读出当前所指的格子上的符号，并能改变当前格子上的符号。图灵认为这样的一台机器就能模拟人类所能进行的任何计算过程。

图灵机模型将输入 / 输出、内部状态、程序结合成一种抽象计算模型，精确定义可计算函数，对现代电子计算机的产生具有重要意义：① 它证明了通用计算理论，肯定了计算机实现的可能性；②图灵机模型引入了读写、算法、程序语言的概念，极大地突破了过去的计算机器的设计理念；③图灵机将程序和输入先保存到存储带上，然后按程序一步一步运行出结果，结果也保存在存储带上。这是计算学科最核心的理论基础，从中可以看到现代计算机的主要架构，尤其是冯・诺依曼计算机的结构。

1.2.2 冯・诺依曼原理

从 20 世纪初，物理学和电子科学家们就在争论制造可以进行数值计算的计算器应该采用什么样的结构。由于在日常计数中通常使用十进制，使得制造模拟计算机的呼声很高。20 世纪 40 年代中期，美籍匈牙利裔科学家冯・诺依曼（图 1–18）提出了存储程序重要思想，明确了计算机系统结构和实现方法。从第一代计算机到当前最先进的计算机都采用此种结构，从此人们把这种结构称为冯・诺依曼体系结构。

图 1–18 冯・诺依曼

1. 冯・诺依曼原理的基本思想

冯・诺依曼原理也称为存储程序控制原理，其主要思想就是存储程序和程序控制，主要包括以下内容。

（1）确立了计算机中数据和指令的表示形式

计算机采用二进制表示数据和指令。指令是能被计算机识别并执行的二进制代码，它规定了计算机能完成的某一种操作，是对计算机进行程序控制的最小单位。一条计算机指令用一串二进制代码表示，由操作码和操作数两部分组成。操作码用于指出进行什么操作；操作数用于给出操作对象，通常以地址码的形式出现，指出参与操作的数据在存储器中的地址。一台计算机所有指令的集合构成指令系统。

（2）确立了计算机的工作方式

计算机用存储器（内存）存放要执行的程序，中央处理器（CPU）依次从存储器取指令、执行指令。

（3）确立了计算机的基本组成

计算机硬件系统由运算器、控制器、存储器、输入设备、输出设备五个部分组成。早期的冯・诺依曼体系结构以运算器为中心，现代计算机以存储器为中心。

2. 冯・诺依曼计算机的工作原理

当今绝大部分计算机都是基于冯・诺依曼模型设计的存储程序计算机。这一计算机模型由冯・诺依曼等人在 1946 年总结并提出，明确了计算机系统包括运算器、控制器、存储器、输入设备和输出设备 5 个组成部分。该体系结构具有以下特点：

（1）以运算单元为中心，控制流由指令流产生。

（2）采取存储程序原理，面向主存储器组织数据流。

（3）主存储器按照地址访问，提供线性编址空间。

（4）指令由操作码和地址码组成。

（5）数据以二进制编码。

图 1-19 给出了存储程序计算机的结构。存储器是该模型的核心部分，运算器和控制器都面向存储器进行操作，同时，外国设备也针对存储器进行数据的输入输出。计算机的各个部件（存储器、控制器、运算器和输入输出设备）需要通过总线相连接，从而构成完整的计算机硬件系统。

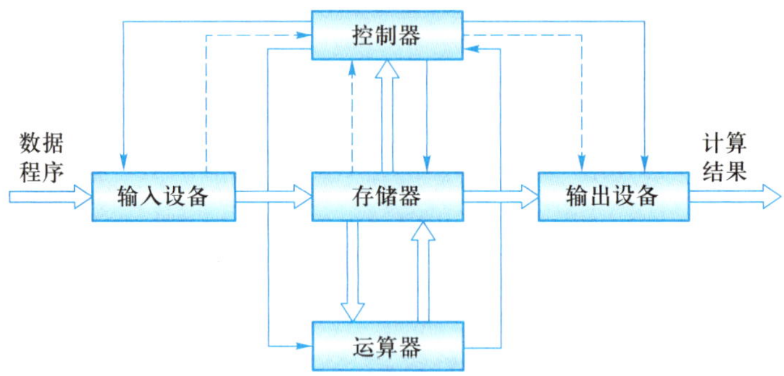

图 1-19　存储程序计算机的结构

1.2.3　哈弗结构

冯·诺依曼计算机将程序和指令共同存储在存储器中，取指令和存取数据都需要通过同一个存储器存取，并通过同一条总线传送，使得 CPU 和内存的信息流访问存取成为系统的瓶颈。

哈弗结构是一种将程序指令存储和数据存储分开的存储器结构，它是一种并行体系结构，如图 1-20 所示。它的特点是将程序指令和数据分开存储，并采用不同的总线进行传输，大大减轻了程序运行时的访存瓶颈。

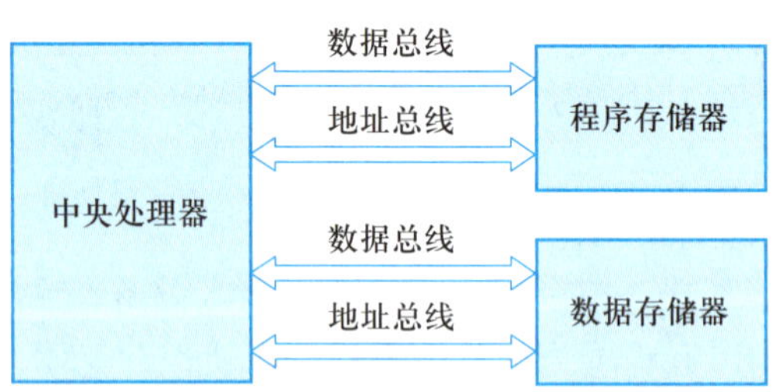

图 1-20　哈弗结构

哈弗结构的计算机由中央处理器、数据存储器和程序存储器组成。中央处理器与两个存储器是经由 4 条不同的总线即程序存储器的数据与地址总线及数据存储器的数据与地址总线来进行信息传输。工作时，中央处理器首先到程序存储器中取指令，经分析、解码后得到数据地址，再到相应的数据存储器中读取数据，然后执行相应的操作。程序指令存储和数据存储分开，可以使指令和数据有不同的数据通道，工作时可以并行完成。

采用哈弗结构的目的是进行高速数据处理，大大提高了数据吞吐率，提高了数字信号处理性能。

1.3　计算机分类

根据不同的分类标准，计算机可以分为不同种类。在国际上，通常根据计算机的结构、规模和处理能力，将计算机分为六大类：巨型机、大型机、小型机、工作站、个人计算机和嵌入式计算机。

1. 巨型机

巨型机通常是指由大量处理器（机）组成的、能计算求解大型复杂问题的计算机。巨型机诞生于 20 世纪 70 年代初，采用大规模并行处理的体系结构，运算速度快、存储容量大、处理能力强，是价格最高、功能最强、速度最快的计算机，通常使用每秒浮点运算次数来衡量其性能指标。巨型机主要用于战略武器设计、空间技术、石油勘探、航空航天、天气预报等领域。

知识扩展

高性能计算机

为提高科学计算能力，解决大数据处理问题，高性能计算技术迅猛发展。高性能计算机主要是指具有高运算能力、大存储容量、强大计算和处理数据能力，可以处理一般计算机无法处理的大规模数据的计算机，是一个国家科技发展水平和综合国力的重要标志。

美国等发达国家自 20 世纪 90 年代就充分发挥高性能计算机在科研、国防、经济等领域的作用。例如，美国橡树岭国家实验室（Oak Ridge National Laboratory，ORNL）以面向国家的科研服务为主，美国劳伦斯·利弗莫尔国家实验室（Lawrence Liver More National Laboratory，LLNL）则是运用高性能计算技术确保国家核武器的安全可靠，日本理化研究所先进科学计算机构（Advanced Institute for Computational Science，AICS）的超级计算中心提供高速的计算能力为国家级科学研究提供服务，德国于利希超级计算中心（Jülich Supercomputing Center，JSC）在环境科学、网格技术、能源科学、生物医学等领域为德国核物理研究所的科学研究提供计算服务，斯图加特高性能计算中心（HLRS）主要面向商业运作，并推动德国高性能计算机的发展和应用。

在我国，分别有国家超级计算天津中心、国家超级计算广州中心、国家超级计算深圳中心、国家超级计算长沙中心、国家超级计算济南中心、国家超级计算无锡中心、国家超级计算郑州中心、国家超级计算昆山中心，2021 年，国家超算成都中心纳入国家超算中心序列。我国速度最快的超级计算机“神威·太湖之光”安装于国家超算无锡中心，也是 2016—2018 年全球最快的计算机。“天河二号”超级计算机系统由国防科技大学于 2013 年研制而成，2013—2016 年连续蝉联全球最快计算机，在智慧城市、基因测序、生物医药、云计算和信息服务等领域具有极高的计算能力。

美国的 Jack Dongrra 教授等人于 1993 年发起了全球超级计算机排名 TOP500，成为高性能计算机发展的风向标。每秒浮点运算能力是高性能计算机重要的性能指标，世界上浮点运算速度最快的机器从 1988 年的 2 Gflop/s 增长到 2022 年的 1 102 Pflop/s，提高了 5 000 亿倍。在历史榜单中，我国的天河 2A 2013 年上榜，2015 年神威·太湖之光首次上榜。2024 年 6 月公布的 TOP 500 榜单中，美国以 161 台占据总数第一，我国有 104 台上榜，其中神威·太湖之光排名第 11，天河 2A 排名第 14，前十榜单见表 1–1。

表 1–1　2024 年 6 月全球超级计算机 TOP 500 前十榜单

排名	系统	所属国家	内核	运算性能（Pflop/s）	峰值性能（Pflop/s）	功率（kW）
1	Frontier	美国	8 699 904	1 194.00	1 679.82	22 703
2	Aurora	美国	4 742 808	585.34	1 059.33	24 687
3	Eagle	美国	1 123 200	561.2	846.84	
4	Fugaku	日本	7 630 848	442.01	537.21	29 899
5	LUMI	芬兰	2 220 288	309.10	428.70	6 016
6	Alps	瑞士	1 305 600	270.0	353.75	5 174
7	Lenoardo	意大利	1 463 616	174.70	255.75	5 610
8	MareNostrum 5 ACC	西班牙	680 960	138.2	265.57	2 560
9	Summit	美国	2 414 592	148.60	200.79	10 096
10	NVIDIA DGX SuperPOD	美国	485 888	121.40	188.65	

高性能计算机正处于向 E（10^{18}）级迈进的时代，各超算强国都相继宣布了 E 级超级计算机的研制计划。2017 年开始，中国 3 家超算研制单位在获得科技部的资助后专心研制新的 E 级超级计算机。2023 年 12 月初，在以“超智融合，算启新篇”为主题的超算创新应用大会上，国家超算广州中心正式发布了新一代国产超级计算系统——天河星逸。天河星逸有 1 597.44 万个核心，峰值性能 620 Pflop/s。而神威新一代超级计算机——神威·海洋之光将采用全新的申威 SW26010-Pro 处理器，该处理器拥有 6 个核心模块和 1 个协议处理单元，每个模块有 1 个管理核心和 64 个计算核心，总计 384 个内核。神威·海洋之光目前峰值性能将达到 1 720 Pflop/s，超越 2023 年排名第一的 Frontier。未来，高性能计算机将向 Z（10^{21}）级乃至更高性能的 Y（10^{24}）级迈进。

2. 大型机

大型机在规模上不及巨型机，在保持或略降低巨型机性能的前提下，通过大幅度降低价格，从而满足市场需求。大型机的主机非常庞大，多处理器协同工作，有超大的内存和海量存储器，使用专用操作系统和应用软件，具有极强的 I/O 能力、非数值计算能力以及高稳定性、高安全性，一般用于尖端科研领域和大型企业。

3. 小型机

小型机是性能和价格介于 PC 服务器和大型机之间的小规模大型机。一般采用多处理器结构和多级存储系统，从而提高运算速度。通过精简指令系统，减少不必要的硬件成本，降低价格。小型机既可用于科学计算，又可以用于数据处理，适合中小型企业、单位使用。

4. 工作站

工作站是一种以个人计算机和分布式网络计算为基础，主要面向专业应用领域，具备强大数据运算与图形、图像处理能力，为满足工程设计、动画制作、科学研究、软件开发、金融管理、信息服务、模拟仿真等专业领域而设计开发的高性能计算机。根据软件、硬件平台的不同，一般分为基于 RISC（精简指令系统）架构的 UNIX 工作站和基于 Windows、Intel 的 PC 工作站。

UNIX 工作站使用专用的处理器、内存及图形等硬件系统，以及专有的 UNIX 操作系统及针对特定硬件平台的软件系统，具有强大的处理器和优化的内存、I/O、图形系统，是一种高性能的专业工作站。PC 工作站基于高性能的 X86 处理器，使用稳定的 Linux、macOS 或 Windows 操作系统，采用符合专业图形标准的图形系统，配置高性能的存储、I/O 和网络等子系统，来满足专业软件运行的需求。

5. 个人计算机

个人计算机是随着大规模和超大规模集成电路的使用而发展起来的、体积较小的电子计算机，也称为微型机或 PC。它以微处理器为基础，配以内存、I/O 接口电路和相应的辅助电路构成。微处理器是个人计算机的核心，通过集成电路技术将计算机的核心部件运算器和控制器集成在一块超大规模的芯片上。20 世纪 70 年代以来，微处理器得到了极大的发展，从最初的 4 位、8 位、16 位、32 位发展到今天的 64 位。目前个人计算机已广泛应用于办公、学习、娱乐等社会生活的方方面面，是发展最快、普及程度最高的计算机。我们日常使用的台式计算机、笔记本电脑、移动智能手机、平板电脑等都属于微型计算机。

6. 嵌入式计算机

嵌入式计算机是指嵌入到实体对象中，实现对实体智能化控制的专用计算机。嵌入式计算机以计算机技术为基础、以应用为中心，其核心是嵌入式微处理器，通过配置外围硬件设备、嵌入式操作系统以及用户程序，实现对设备的控制、监视或管理等功能。它是计算机市场增长最快、种类繁多、形态多样的计算机系统，适用于对功能、可靠性、成本、体积、功耗等有严格要求的专用应用领域，几乎囊括了生活中的所有电器设备。随着人工智能技术的发展，各种家用智能设备都广泛采用了嵌入式计算机技术，如日常生活中的电冰箱、全自动洗衣机、空调、电饭煲、数码产品等。

1.4　计算机应用

随着社会的进步和经济的发展，计算机的应用已经普及到社会的各个领域，通过与网络技术的紧密结合，在教育文化、工农业生产、服务行业和生活娱乐中都得到广泛运用，不仅改变人们的生活，还提高人们的生活质量和水平，使人们的生活更加便捷、多样，促进了社会信息化的快速发展。

1. 科学计算

计算机是计算的工具，在发明之初，其主要作用是用于科学计算。计算机的运算速度快、运算精度高，使很多复杂的科学计算问题得以解决。如军事、航天、气象等学科领域中的许多问题都需要高精尖的计算能力。人们利用计算机进行各种研究和设计工作，能够取得比过去用传统方法精确得多的结果，极大地减少了研究时间、人力和成本，为人类社会科技的快速发展创造了更多的可能。

2. 数据处理

数据处理又称为信息处理，是计算机所具备的强大功能之一，也是计算机众多应用领域中使用最广泛的。数据处理是通过分析和处理计算机上的文字、声音、视频、图像等，最终实现存储、转化、传输及分析、利用数据信息等目的。与科学计算不同，数据处理涉及的数据量更大但计算方法简单，多为逻辑运算。在办公自动化、企事业管理、政务信息服务、情报检索、网络多媒体传播等领域得到了广泛应用。数据处理使计算机应用技术更好地深入到我们的生活中，持续提升社会经济和社会文明的发展水平，给现代生活带来积极的价值和重要的意义。

3. 过程控制

过程控制是指利用计算机对生产过程、制造过程或运行过程进行检测与控制。通过实时采集监测数据，按最佳值迅速对控制对象进行自动控制和调节，使被控对象一直能够按照正确的目标进行生产、制造或运行。过程控制系统能够代替人在危险有害的环境中作业、不受人为因素影响实现高速、精准地作业，主要用于工业企业、军事机构、航天等领域，如自动生产控制、高速铁路、导弹发射等。

4. 计算机辅助系统

计算机辅助系统是指利用计算机进行计算、逻辑判断和分析的能力，辅助人们进行设计、制造等工作。根据计算机辅助完成的工作分类，主要有计算机辅助设计（computer aided design，CAD）、计算机辅助制造（computer aided manufacturing，CAM）、计算机辅助教学（computer aided instruction，CAI）、计算机辅助测试（computer aided test，CAT）和计算机辅助工程（computer aided engineering，CAE）等。

5. 网络应用

计算机技术和网络技术的结合推动了计算机普及，而没有连网的计算机将是一个信息孤岛，以网络为中心的时代大大扩充了计算机的应用范围。特别是随着移动通信技术和互联网技术的结合，继承了移动随时、随地、随身和互联网开放、分享、互动的优势，使得互联网的技术、平台、商业模式和应用与移动通信技术快速结合并实践，深刻地改变信息时代的社会生活。近几年，更是实现了 3G 经 4G 到 5G 的跨越式发展。电子邮件、电子商务、网络电话、网络实时交互、网络电视、网上学习、共享经济等都是典型的网络应用。

6. 卫星通信

卫星通信技术和计算机技术的结合，产生了卫星导航（satellite navigation）和地理信息系统（geographic information system，GIS）。

卫星导航是指采用导航卫星对地面、海洋、空中和空间用户进行导航定位的技术，目前主要的导航系统有美国的全球卫星定位系统（global positioning system，GPS）、中国的北斗卫星导航系统（beidou navigation satellite system，BDS）、俄罗斯的格洛纳斯卫星导航系统（global navigation satellite system，GLONASS）和欧洲的伽利略卫星导航系统（Galileo satellite navigation system，GNS）。我国的北斗卫星导航系统由空间段、地面段和用户段三部分组成，1994 年项目启动，2000 年建成北斗一号系统，2020 年 6 月 23 日，北斗三号最后一颗全球组网卫星在西昌卫星发射中心点火升空，至此，北斗系统完成全球组网。它创新融合了导航与通信能力，具有实时导航、快速定位、精确授时、位置报告和短报文通信服务五大功能，可在全球范围内全天候、全天时为各类用户提供高精度、高可靠定位、导航、授时服务。目前已在民用导航领域实现车道级导航。

地理信息系统是在计算机硬、软件系统支持下，对整个或部分地球表层（包括大气层）空间中的有关地理分布数据进行采集、存储、管理、运算、分析、显示和描述的技术系统，结合了地理学与地图学以及遥感和计算机科学，可以对空间信息进行分析和处理，已经广泛应用在不同的领域，是用于输入、存储、查询、分析和显示地理数据的计算机系统。

7. 虚拟现实

虚拟现实（virtual reality，VR）是 20 世纪发展起来的一项全新的实用技术。虚拟现实集计算机、电子信息、仿真技术于一体，是虚拟和现实的结合。利用计算机技术产生的电子信号，将现实生活中真实存在的物体与各种输出设备结合使其转化，通过三维模型模拟出一个虚拟环境。用户可以在虚拟环境中体验到最真实的感受，其真实性与现实世界难辨真假，让人有种身临其境的感觉。虚拟现实的存在性、多感知性、交互性等特征使它受到了许多人的喜爱。目前，虚拟现实在影视娱乐、工业设计、医疗、教育、军事和航空航天等领域得到了广泛应用。

1.5　计算思维概述

1.5.1　计算思维

当今社会，计算机技术渗透至各个领域，计算机已成为人们学习、工作和生活不可或缺的工具，人们所使用的工具影响着人们的思维方式和思维习惯，计算思维（computational thinking）逐渐成为人们主要的思维方式和思维习惯。1980 年，麻省理工学院的西摩·帕尔特（Seymour Papert）教授在《头脑风暴：儿童、计算机及充满活力的创意》一书中首次提出了计算思维的概念。1996 年，西摩·帕尔特教授在发表的文章中再次提及计算思维。2006 年美国卡耐基 – 梅隆大学的周以真（Jeannette Wing）教授在 ACM 杂志刊发 *Computational Thingking* 一文，从而使得这一概念开始得到国内外各专家学者的广泛关注。

周以真教授认为：计算思维是通过运用计算机科学的基础概念来进行问题求解、系统设计以及人类行为理解等的一系列思维活动。这些基础概念包括嵌套、递归、约简、转化、仿真、并行、抽象、分解、建模、预防、保护、恢复、冗余、容错、纠错、启发式推理、规划、学习、调度等。

根据国际教育技术协会（ISTE）和计算机科学教师协会（CSTA）所做的可操作性定义，计算思维是一个解决问题的过程，该过程步骤如下：

① 拟定问题，并能够利用计算机和其他工具来解决问题。

② 符合逻辑地组织和分析数据。

③ 通过抽象、模拟和仿真等再现数据。

④ 通过算法思想（一系列有序的步骤）实现自动化的解决方案。

⑤ 分析可能的解决方案，有效结合过程和资源，对方案进行优化。

⑥ 将问题的解决方案进行推广，解决更广泛的问题。

1.5.2 计算思维特征与方法

计算思维是每个人的基本技能，是面向所有人、所有地方的，如同所有人都应具备读、写、算的能力一样，是每个人在现代社会发挥作用所必须具备的思维能力，是一种根本技能。计算思维是人类求解问题的一条途径，是人的而不是计算机的思维方式，并不是使人像计算机那样思考。计算思维是建立在计算过程的能力和限制之上，是数学思维和工程思维的互补与融合，是思想而不是人造物。由人通过机器解决问题的过程，其本质是抽象和自动化的过程。在计算思维中，所谓抽象就是要求能够对问题进行抽象表示、形式化表达，这些都是用计算机求解问题的本质。然后设计问题求解过程，并通过程序作为方法和手段来实现问题的自动、精确求解。

人们在求解特定问题时，首先会思考解决这个问题有多困难？怎样才是最佳的解决方案？从而把一个困难的问题阐述成我们知道怎样解决的问题。周以真教授认为，计算思维的使用有如下几种方法。

① 计算思维是通过约简、嵌入、转化和仿真等方法，把一个复杂问题阐释为如何求解的思维方法。比如大型飞机的模拟风洞实验。风洞实验是指在风洞中安置飞行器或其他物体模型，研究气体流动及其与模型的相互作用，以了解实际飞行器或其他物体的空气动力学特性的一种空气动力实验方法。风洞实验是现代航空航天技术发展中无论如何都不能跨过去的一个坎。飞机在试飞之前必须要经过密集的风洞测试，才能确定其气动性能，测量出飞机模型表面的压力、压强和流场，这样一来才能够获得飞机的各种数据，包括阻力、升力、加热特性等，使得后续飞机的研制工作事半功倍。这不是一种真实环境下的实验，是通过风洞模拟仿真实现的。计算思维是一种对求解问题过程的头脑仿真。

② 计算思维是一种递归思维，通过并行处理，既可以把代码翻译成数据，也能把数据翻译成代码。

③ 计算思维是基于关注点分离的方法，通过采用抽象和分解的方法来控制庞杂的任务或进行巨型系统的设计。

我国著名的计算机科学家洪加威曾经讲了一个“证比求易算法”的童话。从前，有一个酷爱数学的国王向邻国一位聪明的公主求婚。公主说如果国王能在一天之内求出

48 770 428 433 377 171 的一个真因子，就接受他的求婚。国王回去后从早到晚，共算出了三万多个数，最终还是没有结果。国王向公主请教，公主告诉他 223 092 827 是它的一个真因子，国王验证后确实如此。公主答应再给国王一次机会，如果还计算不出来，就将拒绝国王的求婚。国王回国后立即向时任宰相的大数学家求教，大数学家在仔细思考后给国王出了一个主意，按自然数的顺序给全国的老百姓每人发一个编号，等公主给出待求解的数目后立即将它通报全国，让每个老百姓用自己的编号去除这个数，除尽了立即上报。最后国王用这个办法求婚成功。这是一个大数的因子分解问题，由于数字很大，国王一个人采用顺序算法求解，其时间消耗非常大。国王通过将可能的数字分发给百姓，通过并行处理，从而在有限的时间内求取结果。该方法增加了空间复杂度，但大大降低了时间的消耗，通过拆分问题的方法，将复杂的问题分而治之。

④ 计算思维利用启发式推理的方式来解决问题，实现在不确定的情形下进行规划、学习和调度。

⑤ 计算思维可通过并行处理海量数据来提高计算速度，以此在时间和空间之间、处理能力和存储容量之间寻求平衡。

⑥ 计算思维是按照预防、保护及通过冗余、容错、纠错的方式，从最坏情况进行系统恢复的一种思维方法。

当计算思维真正融入人类活动的整体时，计算思维将无处不在，并渗透到每个人的生活中。它作为一个问题求解的有效工具，处处都会被使用。

习　题

一、思考题

1. 电子计算机的发展主要经历了哪几个阶段？各有什么特点？
2. 按照计算机的结构、性能和处理规模，计算机可以分为哪几类？各有什么特点？
3. 计算思维是什么？有何特点？
4. 冯・诺依曼原理的基本思想是什么？

二、选择题

1. 第一台电子计算机是 1946 年在美国研制成功的，该机的英文缩写名是（　　）。
   A. ENIAC　　B. EDVAC　　C. EDSAC　　D. MARK
2. 冯・诺依曼为现代计算机的结构奠定了基础，他的主要设计思想是（　　）。
   A. 存储程序　　B. 数据存储　　C. 虚拟存储　　D. 采用电子元件
3. 第一代计算机主要应用于（　　）。
   A. 科学计算　　B. 数据处理　　C. 实时控制　　D. 辅助设计
4. 计算机辅助教学的英文缩写是（　　）。
   A. CAD　　B. CAM　　C. CAE　　D. CAI
5. 晶体管是（　　）代计算机的主要元件。
   A. 第一　　B. 第二　　C. 第三　　D. 第四

6. 第四代计算机主要以（ ）存储器作为内存储器。

A. 磁芯 B. 磁带 C. 磁盘 D. 半导体

7. 计算思维的本质是（ ）。

A. 抽象和自动化 B. 虚拟和仿真 C. 人的思维 D. 约简和转化

8. 计算思维是（ ）和（ ）思维的互补与融合。

A. 逻辑、数学 B. 数学、抽象 C. 工程、抽象 D. 数学、工程

9. 对大型客机进行风洞实验，使用了（ ）方法。

A. 仿真 B. 约简 C. 递归 D. 分解

10. 图灵机由纸带、有限状态控制器和（ ）组成。

A. 运算器 B. 读 / 写头 C. 存储器 D. 中央处理器

11. 第一代计算机主要以（ ）作为逻辑功能部件。

A. 电子管 B. 晶体管

C. 集成电路 D. 超大规模集成电路

12. 计算机是以（ ）表示数据和指令的。

A. 二进制 B. 八进制 C. 十进制 D. 十六进制

13. 以光信号进行数字运算、逻辑操作、信息存储和处理的计算机是（ ）。

A. 量子计算机 B. 光子计算机 C. 生物计算机 D. 纳米计算机

14. 生物计算机是以（ ）为电子元件构成的计算机。

A. 半导体 B. 导体 C. 蛋白质分子 D. 超导体

15. 计算机界的最高奖是以（ ）的名字命名的。

A. 艾伦 · 图灵 B. 冯 · 诺依曼 C. 戈登 · 摩尔 D. 克劳德 · 香农

第 2 章　计算机硬件架构

学习目标

1. 了解数制的概念。
2. 掌握常见数制的相互转换。
3. 理解二进制的运算。
4. 理解数据的存储与表示。
5. 熟悉计算机硬件架构和计算机主要硬件。

2.1　数制及其运算

在人类生活中，经常会用到各种方法来表示信息，很多信息可用两种状态表示，比如，《易经》中的阴与阳、电路开关的开与合、电压的高与低等。如果利用数学思维来理解，则可以将之符号化为“0”和“1”，这就是计算机中常用的二进制。利用它们的组合，甚至可以描述客观世界中的万事万物。

2.1.1　数制的概念

数制是用一组固定的数字和一套统一的规则来表示数据的方法。进位计数制是把一组特定的数字符号按先后顺序排列起来，由低位向高位进位计数的方法。在日常生活中，通常以十进制进行计数。而在计算机中，采用的主要是二进制，常用的还有八进制和十六进制。数制虽然有许多种，但不论哪一种数制，其计数和运算都有共同的规律和特点。

1. 基数

基数是一个计数制系统中含有的基本数字字符的个数。二进制有“0”和“1”两个基本数字字符，所以其基数为 2。八进制、十进制和十六进制分别有 8 个、10 个、16 个基本数字字符，因而其基数分别为 8、10 和 16。

2. 权

权也称位权，是指一个数字在某个固定位置上所代表的值。处在不同位置上的数字所代表的值不同，每个数字的位置决定了它的值。比如，十进制中，个位的 1 代表 1 个 1，而十位的 1 代表 10 个 1。每个数字所表示的数值等于该数乘以权。对于 R 进制数，其权为“R^{i-1}”，R 为基数，i 为位序。位序以小数点为界，整数部分自右向左分别为 1、2、3……，小数部分自左向右分别为 0、−1、−2……。任何一个进制数，都可以将其展开为本值 × 权之和。

例如，十进制数 123.89 可以展开为如下形式表示：

$$(123.89)_{10}=1\times10^{3-1}+2\times10^{2-1}+3\times10^{1-1}+8\times10^{0-1}+9\times10^{-1-1}$$
$$=1\times10^{2}+2\times10^{1}+3\times10^{0}+8\times10^{-1}+9\times10^{-2}$$

在这个例子中，这是一个十进制数，所以其基数为 10，1 在百位，其位序为 3，权为 10^2，表示值的大小为 1×10^2 即 100；2 在十位，位序为 2，表示 20；3 在个位，位序为 1，表示 3；8 在十分位，位序为 0，表示 0.8；9 在百分位，位序为 −1，表示 0.09。

3. 常用数制

常用的数制有十进制、二进制、八进制和十六进制。表 2−1 列出了常用数制之间的对应关系，表 2−2 列出了常用进制数的表示。

表 2−1　常用数制对应关系

十进制（D）	二进制（B）	八进制（O）	十六进制（H）
0	0	0	0
1	1	1	1
2	10	2	2
3	11	3	3
4	100	4	4
5	101	5	5
6	110	6	6
7	111	7	7
8	1000	10	8
9	1001	11	9
10	1010	12	A
11	1011	13	B
12	1100	14	C
13	1101	15	D
14	1110	16	E
15	1111	17	F
16	10000	20	10

表 2-2　常用进制数表示

内容	数制			
	二进制	八进制	十进制	十六进制
规则	逢二进一	逢八进一	逢十进一	逢十六进一
基数	2	8	10	16
位权	2^{i-1}	8^{i-1}	10^{i-1}	16^{i-1}
基本数符	0、1	0、1、2、3、4、5、6、7	0、1、2、3、4、5、6、7、8、9	0、1、2、3、4、5、6、7、8、9、A、B、C、D、E、F

十进制数有 10 个基本数字字符，其基数为 10，遵循逢十进一、借一当十的规则。小数点每向右移动一位，数值就扩大 10 倍；反之，小数点每向左移一位，数值就缩小为原来的 1/10。

二进制有 2 个基本数字字符，其基数为 2，逢二进一、借一当二。小数点每向右移一位，数值就扩大 2 倍；反之，小数点向左移一位，数值就缩小为原数的 1/2。

八进制有 8 个数字，基数是 8，逢八进一。十六进制有 16 个基本字符，其中 A、B、C、D、E、F 分别表示 10、11、12、13、14、15，基数是 16，逢十六进一。

2.1.2　常用数制转换

在计算机内部，数据和程序都是用二进制数来表示和处理的，但计算机的输入输出主要是以十进制来进行的，因而需要进行数制间的转换。

1. 不同进制数的表示

在应用不同进制数时，需要表明所使用的数是哪一种进制，通常有两种表示方法。

（1）字母表示法

通过在数的后面加上字母后缀来表示不同进制的数，其中，B（binary）表示二进制，O（octonary）为八进制，D（decimal）为十进制，H（hexadecimal）为十六进制。如 110B 为二进制数，而 110D 则为十进制数。

（2）下标表示法

通过将数用括号界定起来然后加上下标的形式来表示不同进制的数。例如，$(110)_8$ 表示八进制数，$(110)_{16}$ 表示十六进制数。本书采用下标表示法。

2. R 进制数转换为十进制数

任何一个 R 进制数，都可以将其按权展开为

$$(N)_R=K_{n-1}R^{n-1}+K_{n-2}R^{n-2}+\cdots+K_1R^1+K_0R^0+K_{-1}R^{-1}+K_{-2}R^{-2}+\cdots+K_{-m}R^{-m}$$

式中，K_i 表示第 i 位的数值字符，R 表示基数，n 为小数点左边的位数（n 为正整数），m 为小数点右边的位数（m 为正整数）。R 进制数转换为十进制数，采用的就是将数“按权展开求和”的方法。

例 2-1　将二进制数 110.011 转换成十进制数。方法如下：

$$(110.011)_2=1\times2^2+1\times2^1+0\times2^0+0\times2^{-1}+1\times2^{-2}+1\times2^{-3}$$
$$=4+2+0+0+0.25+0.125=(6.375)_{10}$$

结果为 $(110.011)_2=(6.375)_{10}$。

例 2-2 将八进制数 751.64 转换为十进制数。方法如下：

$$(751.64)_8=7\times8^2+5\times8^1+1\times8^0+6\times8^{-1}+4\times8^{-2}$$
$$=448+40+1+0.75+0.062\,5=(489.812\,5)_{10}$$

结果为 $(751.64)_8=(489.812\,5)_{10}$。

例 2-3 将十六进制数 2AF 转换为十进制数。

在十六进制数中，其基本字符除了 0 ~ 9 这 10 个数字外，还有 A ~ F 这 6 个字母，分别对应十进制数中的 10 ~ 16。在转换过程中，需要将字母换成对应的十进制数后再进行求和运算。

$$(2AF)_{16}=2\times16^2+A\times16^1+F\times16^0=2\times16^2+10\times16^1+15\times16^0$$
$$=512+160+15=(687)_{10}$$

结果为 $(2AF)_{16}=(687)_{10}$。

3. 十进制数转换为 *R* 进制数

在将十进制数转换为 *R* 进制数时，由于转换机制不同，需要对整数部分和小数部分分别进行转换。

（1）整数部分转换为 *R* 进制数

十进制整数转换为 *R* 进制数采用的是“除以 *R* 倒取余”法，即将十进制整数连续地除以 *R*，每次取余，直到整数部分为 0 结束。然后按先后次序将得到的余数从左到右、由高位到低位排列，就得到对应的 *R* 进制数的整数部分。

（2）小数部分转换为 *R* 进制数

十进制小数转换为 *R* 进制数采用的是“乘 *R* 取整”的方法，即将十进制小数连续地乘以 *R*，每次取整，直到小数部分为 0 或达到所要求的精度为止。然后按最先得到的整数为最高位、最后得到的整数为最低位依次排列，就得到了对应的 *R* 进制数的小数部分。

例 2-4 将十进制数 29.125 转换为二进制数。

十进制数转换成二进制数，基数为 2，对整数部分除 2 取余，商为 0 时结束；对小数部分乘 2 取整，当小数部分为 0 时结束。转换过程如下：

整数部分：

除数	被除数		余数	
2	29			
2	14	……	1	↑ 低位
2	7	……	0	
2	3	……	1	
2	1	……	1	
	0	……	1	高位

小数部分：

		整数	
$0.125\times2=0.250$	……	0	高位
$0.250\times2=0.500$	……	0	
$0.500\times2=1.000$	……	1	↓ 低位

结果为 $(29.125)_{10}=(11101.001)_2$。

例 2-5 将十进制数 0.6 转换为二进制数，转换结果保留 5 位小数。

在将十进制数 0.6 转换为二进制数时，由于小数部分乘以 2 后，是一个循环小数，永远不可能出现小数部分为 0 的情况。所以在转换时，得到所需的精度位数时就结束。

		整数	
$0.6\times2=1.2$	……	1	高位
$0.2\times2=0.4$	……	0	↓
$0.4\times2=0.8$	……	0	↓
$0.8\times2=1.6$	……	1	↓
$0.6\times2=1.2$	……	1	低位

结果为 $(0.6)_{10}=(0.10011)_2$。

例 2-6 将十进制数 348 转换为八进制数。

十进制数转换为八进制数，其基数为 8，转换过程如下：

除数	被除数		余数	
8	348			
8	43	……	4	低位
8	5	……	3	↑
	0	……	5	高位

结果为 $(348)_{10}=(534)_8$。

例 2-7 将十进制数 3 480 转换为十六进制数。

将十进制数转换为十六进制数，其基数为 16，在转换过程中，如果余数大于等于 10，则需要将十进制数转换为对应的十六进制数。本例中，最后一步的余数为 13，对应十六进制数 D。转换过程如下：

除数	被除数		余数	
16	3 480			
16	217	……	8	低位
16	13	……	9	↑
	0	……	D	高位

结果为 $(3\,480)_{10}=(D98)_{16}$。

4. 二进制数和八进制数的转换

（1）二进制数转换为八进制数

将二进制数转换为八进制数采用的是分组的方法，$8=2^3$，最大的一位八进制数 7 对应的二进制数是 111。因而在分组时，以小数点为界，整数部分自右向左每三位为一组，小数部分自左向右每三位为一组，当最后一组不足三位时，整数部分在左边、小数部分在右边分别加 0 补足三位；然后将每三位的二进制数转换为对应的八进制数即可。

例 2-8 将二进制数 1100101101.10011 转换为八进制数。方法如下：

左边加 0 补足 3 位 →	001	100	101	101	.	100	110	← 右边加 0 补足 3 位
	↓	↓	↓	↓		↓	↓	
	1	4	5	5	.	4	6	

结果为 $(1100101101.10011)_2=(1455.46)_8$。

（2）八进制数转换为二进制数

八进制数转换为二进制数就是将每一位的八进制数转换为三位的二进制数。转换后，整数部分最左边的 0 和小数部分最右边的 0 可以删去。

例 2-9 将八进制数 7 123 转换为二进制数。方法如下：

```
 7     1     2     3
 ↓     ↓     ↓     ↓
111   001   010   011
```

结果为 $(7\,123)_8=(111001010011)_2$。

5. 二进制数和十六进制数的转换

（1）二进制数转换为十六进制数

将二进制数转换为十六进制数采用的是分组的方法，$16=2^4$，最大的一位十六进制数 F 对应的二进制数是 1111。分组时，以小数点为界，整数部分自右向左每四位为一组，小数部分自左向右每四位为一组，当最后一组不足四位时，整数部分在左边、小数部分在右边分别加 0 补足四位；然后将每四位的二进制数转换为对应的十六进制数即可。

例 2-10 将二进制数 1110101101.110011 转换为十六进制数。方法如下：

```
左边加 0 补足 4 位 ——→ 0011  1010  1101  .  1100  1100 ←—— 右边加 0 补足 4 位
                        ↓     ↓     ↓         ↓     ↓
                        3     A     D    .    C     C
```

结果为 $(1110101101.110011)_2=(3AD.CC)_{16}$。

（2）十六进制数转换为二进制数

十六进制数转换为二进制数就是将每一位的十六进制数转换为四位的二进制数。转换后，整数部分最左边的 0 和小数部分最右边的 0 可以删去。

例 2-11 将十六进制数 2D4A 转换为二进制数。方法如下：

```
  2      D      4      A
  ↓      ↓      ↓      ↓
0010   1101   0100   1010
```

结果为 $(2D4A)_{16}=(10110101001010)_2$。

2.1.3 二进制运算

1. 计算机为什么使用二进制

二进制的起源最早可以追溯到《易经》中的伏羲八卦图，通过阴（--）、阳（—）两种概念来描述自然界的运行规律。公元 1700 年左右，德国数学家莱布尼茨对我国的阴阳八卦图十分推崇，认为其中蕴含了二进制的思想。他发表了题为《二进算术》的论文。在该论文中，他对二进制进行了充分讨论，并建立了二进制的表示及运算规则，为计算机的现代发展奠定了基础。

计算机中，无论是参与运算的数值信息还是文字、图形、声音、动画等非数值信息，都是以二进制代码表示和存储的。虽然二进制并不符合人们的日常生活习惯，但在计算机中使用二进制，具有如下优点。

（1）实现技术简单

计算机是由逻辑电路组成的，电子器件大多具有两种稳定状态，使用二进制物理上更容易实现。比如，晶体管的导通和截止，电压的高和低，磁性的有和无等，都可以用来表示二进制的“0”和“1”。如果使用熟悉的十进制，要找到一个具有 10 个稳定状态的电子器件是很困难的。

（2）运算规则简单

对 R 进制数进行某类算术运算，需要 $R(R+1)/2$ 种运算规则。例如，十进制的求和运算，由于十进制有 10 个基本字符，所以总共需要 55 种运算规则；而二进制只有“0”和“1”两个基本字符，用其进行求和运算，仅需 3 种运算规则，即 0+0=0、0+1=1 或 1+0=1、1+1=10。运算规则简单，有利于简化计算机内部结构，提高运算速度。

（3）符合逻辑运算

逻辑代数是逻辑运算的理论依据和计算机科学的数学基础。计算机的工作原理、运算方法以及制造工艺与逻辑代数有着非常密切的关系。通过逻辑代数，可以对计算机的逻辑线路进行分析，从而帮助设计和优化线路。而逻辑运算的结果只有真和假两个，正好与二进制中的 1 和 0 吻合。

（4）记忆和传输可靠

用二进制表示的数据每位数只有高低两个状态，当受到一定程度的干扰时，仍能可靠地分辨出它是高还是低。而且具有两种稳定状态的电路工作可靠，其电信号的存储和传输更加方便可行。

2. 二进制的算术运算

二进制的算术运算与十进制运算类似，其四则运算规则如表 2-3 所示。

表 2-3　二进制四则运算规则

加法运算	减法运算	乘法运算	除法运算
0+0=0	0−0=0	0×0=0	0÷0（无意义）
0+1=1	1−0=1	0×1=0	0÷1=0
1+0=1	0−1=1（借一当二）	1×0=0	1÷0（无意义）
1+1=10（逢二进一）	1−1=0	1×1=1	1÷1=1

例 2-12　$X=(10111)_2+(10011)_2$，$Y=(11100)_2-(1011)_2$，求 X、Y 的值。

$$\begin{array}{rl} 10111 & \cdots\cdots\text{被加数} \\ +\quad 10011 & \cdots\cdots\text{加数} \\ \hline 101010 & \cdots\cdots\text{和} \end{array} \qquad \begin{array}{rl} 11100 & \cdots\cdots\text{被减数} \\ -\quad 1011 & \cdots\cdots\text{减数} \\ \hline 10001 & \cdots\cdots\text{差} \end{array}$$

结果为 $X=(101010)_2$，$Y=(10001)_2$。

例 2-13 $X=(1011)_2\times(101)_2$，$Y=(1000010)_2\div(110)_2$，求 X、Y 的值。

```
       1 0 1 1    ……被乘数                    1 0 1 1    ……商
×        1 0 1    ……乘数          1 1 0 ╱ 1 0 0 0 0 1 0  ……被除数
──────────────                           1 1 0
       1 0 1 1                          ─────────────
     0 0 0 0                             1 0 0 1
   1 0 1 1                                 1 1 0
──────────────                          ─────────────
   1 1 0 1 1 1    ……积                       1 1 0
                                             1 1 0
                                        ─────────────
                                                 0   ……余数
```

结果为 $X=(110111)_2$，$Y=(1011)_2$。

3. 二进制的逻辑运算

逻辑运算是针对逻辑“真”“假”值的一种运算，运算结果不表示数值的大小，只能是“真”或“假”两个值。计算机中，逻辑关系是一种二值逻辑，很容易用二进制的 0 和 1 来表示。一般使用 1 表示“真”，用 0 表示“假”。若干位二进制数组成的逻辑数据进行运算时，每位之间相互独立，运算是按位进行的，不存在算术运算中的进位与借位，其结果也是逻辑数据。

逻辑运算有“与”“或”和“非”3 种，其他复杂的逻辑关系都可由这 3 种基本关系组合而成。逻辑“与”运算可用运算符“ × ”或“∧”表示，逻辑“或”可用运算符“ + ”或“∨”表示，逻辑“非”通常是在逻辑变量上加横线来作为运算符。3 种逻辑运算规则如表 2-4 所示。

表 2-4　二进制逻辑运算规则

逻辑“与”	逻辑“或”	逻辑“非”
$0\wedge0=0$	$0\vee0=0$	$\overline{1}=0$
$0\wedge1=0$	$0\vee1=1$	$\overline{0}=1$
$1\wedge0=0$	$1\vee0=1$	
$1\wedge1=1$	$1\vee1=1$	

例 2-14 $A=01101001$，$B=10011100$，求 $A\wedge B$ 和 $A\vee B$ 的值。

```
    0 1 1 0 1 0 0 1          0 1 1 0 1 0 0 1
∧  1 0 0 1 1 1 0 0      ∨  1 0 0 1 1 1 0 0
──────────────────       ──────────────────
    0 0 0 0 1 0 0 0          1 1 1 1 1 1 0 1
```

结果为 $A\wedge B=00001000$，$A\vee B=11111101$。

逻辑运算中，两个逻辑位进行运算时，“与”运算是只要有一个为“假”，结果就为“假”；“或”运算中只要有一个为“真”，结果就为“真”。

2.2　数据的存储与表示

数据是指对客观事件进行记录并可以鉴别的符号，主要分为数值型和非数值型数据两大类。数值型数据主要有整型、实型等，非数值型数据包括西文字符、汉字、音频、视频、动画、图形、图像等。

2.2.1　存储单位及容量

计算机中常用的存储单位主要有位、字节和字。

1. 位

位（bit），即二进制位，是计算机中最小的存储单位，也称为比特，单位是 b，或 bit。一位只能表示一个二进制数，代表一个“0”或“1”。要想表示更多的数，则需要把多个位组合成一个整体，每增加一位，所能表示的数据量就增加一倍。

2. 字节

字节（byte）是计算机中基本的信息单位，单位是 B。一个字节由 8 个二进制位组成，即 1 B=8 b。随着计算机技术的发展，计算机中所存储的信息量越来越大，为了表示大容量信息，在计算机中常用的信息单位还有千字节（KB）、兆字节（MB）、吉字节（GB）、太字节（TB）、拍字节（PB）等，其相互间的关系如下：

$$1\ \text{KB}=2^{10}\ \text{B}=1\,024\ \text{B}$$

$$1\ \text{MB}=2^{10}\ \text{KB}=1\,024\ \text{KB}$$

$$1\ \text{GB}=2^{10}\ \text{MB}=1\,024\ \text{MB}$$

$$1\ \text{TB}=2^{10}\ \text{GB}=1\,024\ \text{GB}$$

$$1\ \text{PB}=2^{10}\ \text{TB}=1\,024\ \text{TB}$$

知识扩展

有趣的递进关系

在计算机中，数据都是以二进制来进行存储和运算的，所以各存储单位之间都是以 2^{10} 也就是 1 024 倍来作为递进关系的。但是，对于存储设备的生产厂商来说，他们认为人们在日常生活中熟悉的是十进制，而不是二进制。因而，千字节应该是 1 000 B 而不是 1 024 B，兆字节应该是 1 000 KB 而不是 1 024 KB，这也成为生产厂商标称存储容量的依据。当我们去购买存储设备时可以发现，存储设备的实际可使用容量要比标称容量小，就是由这一换算差异导致的。比如，购买一个 32 GB 的 U 盘，实际容量只有 30 GB 左右，500 GB 的硬盘实际使用容量只有 466 GB 左右。

3. 字

位的组合称为字，是计算机进行数据处理时，一次所能存取、加工和传送的数据长度。一个字通常由若干个字节组成，其长度称为字长。字长是衡量计算机性能的一个重要指标，是计算机一次所能处理的二进制数的实际位数。字长越长，计算机一次能处理的二进制数位数越多，性能也就越好。在计算机中常说的 32 位机、64 位机中的 32、64 指的就是字长，现在是 64 位机时代。

2.2.2 数的编码

在计算机中，数都是以二进制的形式来表示，并且有正负之分，通常使用最高位来表示符号位，其中，0 表示正数，1 表示负数。这种用最高位的 0 或 1 来表示的正负数就称为机器数，而这个数原来的表示形式就称为真值。如十进制的 +7 使用机器数表示就是 0000 0111，而 −7 就是 1000 0111。一个数在计算机中有三种不同的编码方案：原码、反码和补码。

1. 原码

十进制数的二进制表示形式就是原码，最高位表示符号位，0 为正数，1 为负数。若使用一个字节来表示一个数，则 8 位原码所表示数的范围就是 −127 ~ +127 之间，也就是 -2^7-1 ~ $+2^7-1$。

对于 0，其原码表示并不唯一，有 +0 和 −0 之分，$(+0)_{原}$=0000 0000，$(-0)_{原}$=1000 0000。

2. 反码

对于原码而言，第一位是符号位，人在计算时，会选择真值区域进行计算。但对于计算机而言，它会把符号位也当作这个数的一部分，一样会参与运算。例如，7+7，计算机的计算如下：

	0000 0111	……7
+	0000 0111	……7
	0000 1110	……14

结果为 0000 1110，即 14，没有任何问题。再来计算 7−1。计算机计算没有减法，计算时会将减法转换成加法，即 7+(−1)：

	0000 0111	……7
+	1000 0001	……−1
	1000 1000	……−8

结果是 1000 1000 即 −8，这显然是错误的。为了解决负数计算结果不正确的问题，又引入了反码和补码。

正数的反码和原码一致，而负数的反码，是除符号位外，对其余各位求反。例如，$(7)_{反}$ = $(7)_{原}$=0000 0111，$(-1)_{原}$=1000 0001，$(-1)_{反}$=1111 1110。8 位反码表示数的范围与原码相同。

3. 补码

正数的补码和原码一致，负数的补码是在反码的基础上加 1，进位时不改变符号位。例如，$(7)_{补}=(7)_{反}=(7)_{原}$=0000 0111，$(-1)_{补}$=1111 1111，即

$$\begin{array}{rl} 1111\ 1110 & \cdots\cdots(-1)_{反} \\ +\qquad\qquad 1 & \cdots\cdots(+1) \\ \hline 1111\ 1111 & \cdots\cdots(-1)_{补} \end{array}$$

对于补码而言，补码的补码将还原为原码。例如，$(-1)_{补}$=1111 1111，$((-1)_{补})_{反}$=1000 0000，$(((-1)_{补})_{反})_{补}$=1000 0001=$(-1)_{原}$。

这三种编码中，原码是数的存储编码，反码是转换中间码，补码是计算编码。不管是正数还是负数，计算机都将用补码进行运算。再来计算 7−1，这时将是$(7)_{补}+(-1)_{补}$为

$$\begin{array}{rl} 0000\ 0111 & \cdots\cdots(7)_{补} \\ +\ \ 1111\ 1111 & \cdots\cdots(-1)_{补} \\ \hline 0000\ 0110 & \cdots\cdots(6)_{补} \end{array}$$

结果为 0000 0110，补码计算的结果为补码，即$(6)_{补}$。这是正数，原码、反码、补码一致，转换成原码后为 0000 0110 即 6，结果正确。8 位补码表示数的范围是 $-2^7\sim2^7-1$，即 −128 ~ +127。

2.2.3　字符编码

字符是计算机中最基本的信息类型之一，每一个不同的字符，为了能在计算机中进行存储和传输，都会有一个与之对应的唯一的二进制编码。对于英文字符，计算机中广泛使用的是美国信息交换标准码，即 ASCII（American Standard Code for Information Interchange）码。

ASCII 码由美国国家标准学会（American National Standard Institute，ANSI）制定，最初是美国国家标准，后来它被国际标准化组织（International Organization for Standardization，ISO）定为国际标准，供不同计算机在相互通信时用作共同遵守的西文字符编码标准。ASCII 码是一种标准的单字节字符编码方案，使用 7 位二进制数对一个字符进行编码，占用一个字节，最高位用作奇偶校验位，一般置 0，如图 2-1 所示。ASCII 码共有 128 种不同字符的编码，其中包括 95 种可显示字符、33 种控制字符或通信专用字符，见表 2-5。

表 2-5　ASCII 码表

b3b2b1b0	b6b5b4							
	000	001	010	011	100	101	110	111
0000	NUL	DLE	SP	0	@	P	'	p
0001	SOH	DC1	!	1	A	Q	a	q
0010	STX	DC2	"	2	B	R	b	r

续表

b3b2b1b0	b6b5b4							
	000	001	010	011	100	101	110	111
0011	ETX	DC3	#	3	C	S	c	s
0100	EOT	DC4	$	4	D	T	d	t
0101	ENQ	NAK	%	5	E	U	e	u
0110	ACK	SYN	&	6	F	V	f	v
0111	BEL	ETB	'	7	G	W	g	w
1000	BS	CAN	(	8	H	X	h	x
1001	HT	EM	)	9	I	Y	i	y
1010	LF	SUB	*	:	J	Z	j	z
1011	VT	ESC	+	;	K	[	k	{
1100	FF	FS	,	<	L	\	l	|
1101	CR	GS	-	=	M	]	m	}
1110	SO	RS	.	>	N	^	n	~
1111	SI	US	/	?	O	_	o	DEL

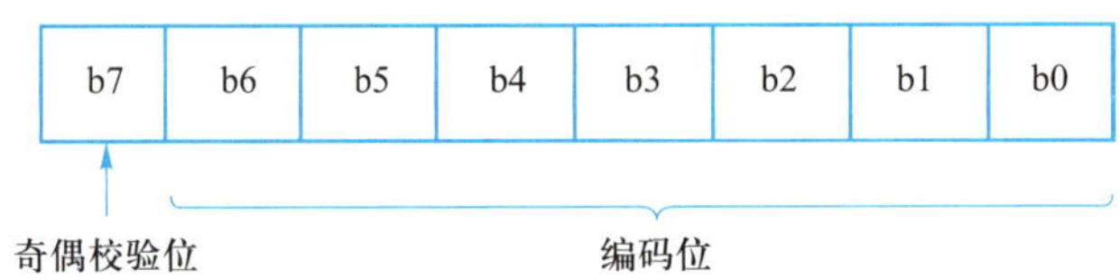

图 2-1　ASCII 码编码

在 ASCII 码表中，同类字符连续编码，大小写字符分别进行编码。如 0 的编码值是 011 0000，即十进制值 48，1 就是 011 0001，即十进制值 49，A 是 100 0001，即十进制值 65，a 是 110 0001，即十进制值 97。前面 31 个编码和最后 1 个编码为控制字符，常用控制字符中，换行符是 000 1010，回车符是 000 1101。

2.2.4　汉字编码

计算机使用的键盘是标准的英文键盘，能很好对应英文字符的输入，而如何解决非英文字符的输入，是计算机在非英语国家发展要解决的重要课题。汉字编码是为汉字设计的一组便于计算机处理的代码。汉字数量庞大、字形复杂、存在大量一音多字或一字多音的情况，根据应用目的的不同，汉字编码又分为输入码、国标码、区位码、机内码和字形码。

1. 输入码

汉字输入码有音码和形码两类。音码是根据汉字的汉语拼音来进行编码，使用简单、入门容易，已成为现在汉字输入的主要方式，但重码率高、速度提升困难。常见的有搜狗拼音输入法、讯飞输入法、微软拼音输入法等。形码是根据汉字的字形特点对汉字进行编码，重码率低、速度提升快，但入门较难、熟练掌握不易。五笔字型输入法是应用最广泛的形码类输入码。

2. 国标码和区位码

为了使每个汉字有一个全国统一的代码，国家标准局于 1980 年颁布了汉字编码的国家标准 GB/T 2312—1980《信息交换用汉字编码字符集　基本集》，即汉字国标码。国标码共对 6 763 个常用汉字规定了二进制编码，每个汉字使用两个字节进行编码，每个字节使用 7 位、最高位为 0。为了便于查询和使用，国家标准将汉字排列在一个 94 × 94 的代码表中，分为 1 ~ 94 行和 1 ~ 94 列，行号、列号分别称为区码和位码，各用两位十进制数进行编码，4 位数就构成了区位码。区位码与国标码不同，国标码是由区位码稍作转换得到。其转换方法为，先将十进制区码和位码转换为十六进制的区码和位码，并分别用一个字节表示，再将第一个字节和第二个字节分别加上 20H，就得到国标码。如汉字“大”的区位码是 2083，转换为十六进制就是 1453H，再对每个字节分别加上 20H，就得到汉字“大”的国标码 3473H。

1995 年发布了《汉字内码扩展规范》GBK 编码方案，收录汉字 21 003 个，仍采用双字节编码。2000 年发布了 GB 18030 编码方案，收录汉字 27 533 个；2005 年发布第二版，收录汉字 70 000 余个以及多种少数民族文字。GB 18030 采用单字节、双字节、四字节分段编码。

3. 机内码

国标码是汉字信息交换的标准编码，但因其前后字节的最高位为 0，与 ASCII 码有冲突，如“大”字，国标码为 3473H，其二进制编码为 00110100 01110011，与西方字符“4”和“s”的编码一致。为了在计算机内部正确区分一个汉字与两个西方字符，又引入了汉字的机内码。机内码是将汉字国标码的每个字节最高位由 0 改为 1，而其余 7 位不变。如“大”字，将原国标码的各字节的最高位由 0 改为 1 后，其机内码为 10110100 11110011，也就是 B4F3H。

4. 字形码

当一个汉字需要显示或打印时，需要将汉字的机内码转换成字形编码，它们是一一对应的，这就是汉字的字形码。汉字字形码又称汉字字模，是表示汉字字形信息（结构、形状、笔画等）的编码，以实现计算机对汉字的输出（显示、打印），字形码最常用的表示方式是点阵形式和矢量形式。

用点阵表示汉字字形时，字形码就是这个汉字字形的点阵代码。根据显示或打印质量的要求，汉字字形编码有 16 × 16、24 × 24、32 × 32、48 × 48 等不同密度的点阵编码。点数越多，显示或打印的字体就越美观，但编码占用的存储空间也越大。一个汉字的字形编码所占用的字节数为，字节数 = 点阵行数 × 点阵列数 ÷ 8。如图 2-2 所示，给出了一个 16 × 16 的汉字点阵字形和字形编码，该汉字字形编码需占用 16 × 2=32 个字节。

	0	1	2	3	4	5	6	7	8	9	10	11	12	13	14	15
0							●	●								
1							●	●								
2							●	●								
3							●	●						●		
4	●	●	●	●	●	●	●	●	●	●	●	●	●	●	●	
5							●	●								
6							●	●								
7							●	●								
8							●	●								
9							●	●	●							
10						●	●			●						
11					●	●					●					
12				●	●						●	●				
13				●								●	●			
14			●										●	●		
15	●	●												●	●	●

十六进制编码			
0	3	0	0
0	3	0	0
0	3	0	0
0	3	0	4
F	F	F	F
0	3	0	0
0	3	0	0
0	3	0	0
0	3	0	0
0	3	8	0
0	6	4	0
0	C	2	0
1	8	3	0
1	0	1	8
2	0	0	C
C	0	0	7

图 2-2 汉字“大”的字形及编码

用矢量表示汉字字形时，存储的是描述汉字字形的轮廓特征。当需要输出汉字时，经过计算机计算，再将汉字字形描述信息生成所需大小和形状的汉字点阵。

点阵和矢量方式的区别在于：点阵的编码和存储简单，无须再转换就直接输出，但字形放大后会失真；矢量方式存储和编码较复杂，字形描述与最终文字显示的大小、分辨率无关，每次输出都需要重新计算，输出质量高，缩放后不会出现失真。

知识扩展

汉字编码杰出人物

王选，计算机文字信息处理专家，计算机汉字激光照排技术创始人，国家最高科学技术奖获得者，中国科学院院士和中国工程院院士，北京大学计算机研究所原所长。王选主要致力于文字、图形、图像的计算机处理研究，针对汉字字数多，印刷用汉字字体多、精密照排要求分辨率很高所带来的技术困难，发明了高分辨率字形的高倍率信息压缩和高速复原方法，为新闻出版全过程的计算机化奠定了基础。1987 年获得首届毕昇印刷奖；2002 年获得国家最高科学技术奖；2009 年被评选为 100 位新中国成立以来感动中国人物；2018 年被授予改革先锋称号，颁授改革先锋奖章，并获评“科技体制改革的实践探索者”；2019 年被评选为“最美奋斗者”。

王永民，教授级高级工程师，五笔字型输入法的发明者。1983 年，王永民首创“汉字字根周期表”，有效解决了进入信息时代的汉字输入难题，极大地推动计算机在中国的普及。1998 年，王永民又发明 98 规范王码即 98 版五笔字型输入法。98 规范王码是符合国家语言文字规范并较早通过鉴定的汉字输入法，其发明技术获得中、美、英等国专利

40 余项。2018 年，王永民获国家颁发的“改革先锋”称号。

杜冰蟾，“汉字全息码”创始人。1989 年 12 月 30 日，年仅 15 岁的杜冰蟾向中国专利局递交了申请“汉字全息码”专利的申请书，获得专利申请号和世界专利申请优先权。此时，她成为世界上提出重大发明年龄最小的发明家。

2.2.5　Unicode 编码

Unicode 编码是计算机中一种字符编码，也称为统一码、万国码或单一码。世界上有各种不同语言，所用字符各不相同，很多传统的编码方式都有一个共同的问题，即容许计算机处理双语环境（通常使用拉丁字母以及其本地语言），但却无法同时支持多语言环境。如 ASCII 码仅对英文字符进行了编码，汉字国标码仅对汉字编码，在中文环境下，这两种字符都能处理，但如果出现第三种或更多语言，计算机则无法处理。Unicode 就是为了解决传统字符编码方案的局限而产生的，它为每种语言中的每个字符设定了统一并且唯一的二进制编码，以满足跨语言、跨平台进行文本转换、处理的要求。Unicode 旨在容纳国际上所有字符，并为其制定字符集和编码方案，为每一个字符设定统一且唯一的二进制编码。常见的编码方式有 UTF-8、UTF-16、UTF-32 三种。

UTF-8 是一种可变长度的 Unicode 字符编码，它可以使用 1 到 4 个字节表示一个符号，根据不同的符号而变化字节长度。它是目前最常用的 Unicode 编码，也是网页和电子邮件的默认编码。UTF-8 的编码规则很简单，只有两条：

① 对于单字节的符号，字节的第一位设为 0，后面 7 位为这个符号的 Unicode 码。

② 对于需要使用 N 个字节来表示的字符（$N>1$），第一个字节的前 N 位都设为 1，第 $N+1$ 位设为 0，剩余的 $N-1$ 个字节的前两位都设为 10，剩下的二进制位则使用这个字符的 Unicode 码值来填充。其编码方式如下：

1 个字节：0*******

2 个字节：110*****　10******

3 个字节：1110****　10******　10******

4 个字节：11110***　10******　10******　10******

* 代表字符的 Unicode 码值。西文字符的 UTF-8 编码与 ASCII 码一致，用 1 个字节表示，中文字符用 3 个字节表示，其他语言字符用 2 个或 4 个字节表示。

2.3　计算机硬件架构

2.3.1　计算机硬件系统结构

计算机硬件是组成计算机的各类物理部件，自第一台电子计算机诞生以来，尽管计算机技术已发生翻天覆地的变化，但其基本结构依然属于冯·诺依曼体系，主要由运算器、控制器、存储器、输入设备和输出设备五大部件构成，如图 2-3 所示。

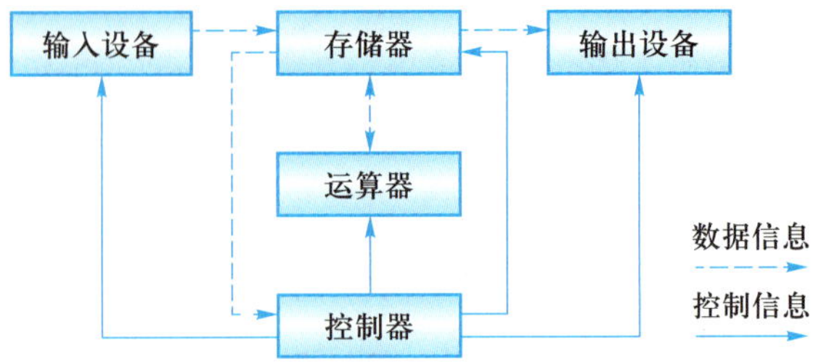

图 2-3 冯·诺依曼体系计算机组成

1．控制器

控制器是整个计算机的大脑和指挥中心，是对输入的指令进行解析、识别，对被控制部件发出指令，接收各被控部件状态反馈的中央控制模块器件。其工作过程是控制器从存储器读取一条指令，经过分析译码，向各部件发出操作指令，控制各部件工作，使得计算机连续、自动地完成各个作业。

控制器一般由指令寄存器、状态寄存器、指令译码器、时序电路和控制电路构成。

2．运算器

运算器又称为算术逻辑单元，是计算机中进行算术（加减乘除）和逻辑（与或非）运算的部件。运算器是将存储器中存储的数据执行算术和逻辑运算，然后再将结果返回给存储器进行存储。

运算器一般由通用寄存器、状态寄存器、累加器和关键的算术逻辑单元组成。

3．存储器

存储器是计算机中存储和记忆的部件。存储器可以保存和读取信息。存储器由主存和外存组成，主存就是通常所说的内存，外存包括硬盘、光盘、U 盘等，存储在外存的信息须载入内存才能被处理。

4．输入设备

输入设备用于接收用户输入的数据和程序，是人机交互的接口。外部的数据和程序通过输入设备进入计算机，并转换为计算机能识别的二进制形式存入内存或外存。

5．输出设备

输出设备是用以输出计算机处理结果的设备。用户输入的数据和程序，经过运算后，结果存回存储器，输出设备再从存储器中将结果取出，并转换为人能理解的信息和符号。

2.3.2 中央处理器

中央处理器（center process unit，CPU）是整个计算机的核心部件，是信息处理、程序运行的最终执行单元，负责在计算机中读取指令、对指令进行译码并执行指令。中央处理器主要包括控制器、运算器两大部件，以及高速缓冲存储器和实现它们之间联系的数据、控制的总线。

1. CPU 的发展历史

CPU 诞生于大规模集成电路时代，其发展主要经历了 6 个阶段。

第一阶段是 4 位处理器和 8 位低端处理器时代。1971 年，Intel 公司生产的 4004 微处理器将运算器和控制器集成在一个芯片上，标志着 CPU 的诞生，4004 是这一阶段的典型代表。

第二阶段是 8 位中高端处理器时代，其典型代表是 Intel 8080，8080 采用 5 μm 制造工艺、集成 6 000 个晶体管、主频为 2 MHz、每秒运算 29 万次。

第三阶段是 16 位处理器时代，典型代表是 Intel 8086 和 80286。1978 年，Intel 公司推出了 8086 微处理器，主频 4.77 MHz，最高可达 10 MHz，采用 16 位寄存器、16 位数据总线和 29 000 个 3 μm 技术的晶体管。80286 集成了 13.4 万个晶体管，时钟频率提高到 20 MHz。内部和外部数据总线皆为 16 位，地址总线 24 位，可寻址内存大小达到 16 MB。

第四阶段的典型代表是 Intel 80386 和 80486，两者均为 32 位处理器。这一阶段的处理器开始支持多任务和多用户作业。1989 年发布的 80486 处理器实现了 5 级标量流水线，标志着 CPU 的初步成熟，也标志着传统处理器发展阶段的结束。

第五阶段是奔腾处理器时代。1992 年 10 月，Intel 公司发布了第五代微处理器——奔腾。奔腾处理器中有两条数据流水线，可以同时执行两条指令，使得它的处理能力比前代的 Intel 芯片要大而快得多。这也就是后来所称的超标量技术，该技术使奔腾处理器能以每周期两条指令的速率更快地工作。

第六阶段是多核心处理器时代。2006 年 5 月 9 日，Intel 公司在北京发布酷睿 2 双核处理器，标志着 CPU 正式进入多核心时代。2023 年 1 月，Intel 公司发布第 13 代酷睿系列 CPU，其核心数最多已达 24 核。而 AMD 的线程撕裂者（Threadripper）系列最多有 64 核。

2. CPU 的性能指标

CPU 的性能指标主要包括主频、核心数、高速缓存容量、插槽类型等，是衡量一个 CPU 性能好坏和购买 CPU 时的重要依据。表 2-6 为某型号 CPU 的主要性能指标及特征。

表 2-6　某 CPU 主要性能指标及特征

CPU 型号	酷睿 i9 13900K		
CPU 主频	3.0 GHz	核心数量	24 核心
制造工艺	10 纳米	二 / 三级缓存	32/36 MB
64 位处理器	支持	线程数量	32 线程
插槽类型	LGA 1700	核心代号	Raptor Lake S
内存规格	DDR4/DDR5	动态加速频率	5.8 GHz
热设计功耗	125 W	是否支持核显	是

（1）主频

CPU 有主频、外频、倍频三个重要参数，三者的关系是，主频 = 外频 × 倍频。主频是 CPU 内核的工作时钟频率，是 CPU 内数字脉冲信号震荡的速度，主频的大小在一定程度上反映了 CPU 速度的快慢，单位是 MHz 或 GHz。外频是系统总线的工作时钟频率，是 CPU 与周边设备数据传输的频率，由 CPU 和主板之间同步运行的速度决定，单位是 MHz。外频越高，CPU 能同时接收外部设备的数据就越多，计算机速度就越快。倍频是主频和外频之间的倍数关系，描述了 CPU 实际频率与外频之间的差距。外频相同，倍频越高，CPU 的频率就越高。

（2）字长

计算机一次处理二进制数的位数称为字长，字长一般是字节的整数倍。在 CPU 的发展历史中，通常是以字长来划分发展阶段，主要经历了 4 位、8 位、32 位和 64 位，现在主流的计算机都是 64 位。字长是表示运算器性能的重要指标，字长越长，运算精度越高，信息处理速度就越快，CPU 性能也就越好。

（3）核心数

CPU 核心数指的是 CPU 内核数量，表示一个 CPU 由多少个核心组成，是 CPU 的重要组成部件。在内核频率、缓存大小等条件相同的情况下，CPU 核心数量越多，CPU 的整体性能越强。目前，Intel 13 代 I3 系列是 4 核、I5 有 10 核和 14 核两种、I7 是 16 核、I9 是 24 核；AMD 锐龙 5 是 6 核、锐龙 7 是 8 核、锐龙 9 是 12 核和 16 核、线程撕裂者是 24 核、32 核和 64 核；服务器至强系列有 32 核和 64 核两种，工作站处理器主要是 64 核。

CPU 的核心又分为性能核心（P-core）和能效核心（E-core）。性能核心专门负责强化单线程处理能力，以最高的时钟速度运行，在游戏、动画创作中都可以提供超强性能，但会消耗最多的能量。性能核心是芯片中的“主要”核心，承担着大部分繁重的工作和最重要的数据任务。能效核心主要加强多线程处理能力，消耗的功率也更少，可以应对大吞吐量负载，并针对后台应用进行优化。性能核心和能效核心的设计架构，主要是为了实现每瓦功率效率的最佳性能。两者配合，可以处理多核工作负载和其他类型的后台任务，同时保证性能核心大部分闲置性能不被占用以备随时处理较重的工作负载。

（4）制造工艺

制造工艺指的是在生产 CPU 过程中，各种电路和电子元件以及导线连接各个元器件的技术，又称为制程。生产的精度指的是芯片中电路与电路之间的距离，通常以微米或纳米来表示。精度越高，生产工艺越先进，CPU 的集成度也越高。在同样的材料中，可以制造更多的电子元件，连接线也越细，CPU 的功耗也越小。现在主流的 CPU 都是纳米制程，PC 主要是 14 纳米或 10 纳米，移动处理器为 7 纳米或 5 纳米，3 纳米工艺也即将量产。

（5）高速缓存容量

CPU 一般有三级高速缓存（简称缓存），计算机在进行数据处理和运算时，会把当前要处理的数据存储到缓存中，从而解决 CPU 速度与内存速度不匹配问题。缓存容量越大，能存放的数据就越多，计算机的处理速度就越快，性能也就越好。

（6）插槽类型

CPU 需要通过某个接口与主板连接才能工作。CPU 采用的接口方式经历了引脚式、卡式、触点式、针脚式等发展阶段。Intel 13 代 CPU 采用的接口是 LGA 1700 架构，共有 1 700 个触点，针脚位于主板上。AMD 是 Socket AM5 架构，针脚位于 CPU 上。CPU 接口类型不同，在插孔数、体积、形状上都有变化，对应到主板上就有相应的插槽类型，不能互相接插。

（7）动态加速频率

动态加速频率称为睿频，是指当启动一个运行程序后，处理器会自动加速到合适的频率，以保证程序流畅运行的一种技术。睿频不是超频，超频是人为提高处理器的速度，而睿频是依靠处理器智能自主调整工作频率。使用睿频加速技术，可以让计算机在闲时（运行轻应用）做到低功耗、长续航，而运行大型应用或游戏时自动提升频率以保证流畅性。智能化的处理场景，最大限度地保证了处理器的稳定性。Intel 的睿频技术为 TB（turbo boost），AMD 的睿频技术叫作 TC（turbo core）。

3. CPU 的发展趋势

在计算机技术发展过程中，有一个著名的定律——摩尔定律。摩尔定律是英特尔公司创始人之一戈登·摩尔提出的，是他的经验之谈。他认为，集成电路上可以容纳的晶体管数目大约每经过 18 个月到 24 个月便会增加一倍。换言之，处理器的性能大约每两年翻一番，同时价格下降为之前的一半。随着芯片中集成晶体管数量的成倍增长，速度越来越快，发热量也急剧增高，使得芯片的制造工艺和性能提升遇到了瓶颈。后来，随着多核心技术的使用，暂时缓解了 CPU 性能提升瓶颈。目前，桌面处理器的核心数最少有 4 核心，最多达 64 核心。多个核心应用在 CPU 中，其实是在技术和晶片最接近当前物理的极限下，功耗、散热、延迟、设计复杂度、响应、体验等问题遇到瓶颈时，为了继续提高 CPU 性能的一种新的技术手段。现在，CPU 正处于单核性能（常见 CPU 中最高频率局限在 5.0 GHz 以内）提升困难、而多核发展已是核心过剩的阶段。就未来发展而言，主要有以下几个趋势。

（1）新材料的研发

芯片制造中使用的都是硅材质半导体，在制造工艺、速度、功耗等方面早已处于极限，无法满足 CPU 性能提升的需要，导体、超导体是未来芯片材质研究的重点领域。目前，热门且取得一定进展的新材料就是石墨烯。石墨烯拥有更快的导热速度和载电速度，这是硅材质受限于物理因素无法做到的。波兰的 Digital Core Design 实验室已经开发出全球首款采用石墨稀制造的处理器 BYT–ON。它能以 99.13% 接近光速的速度来执行所有的操作程序，而且功耗要比等效的传统硅元件减少 99.85%。IBM 公司宣布已经用石墨烯晶体管制造出了频率高达 100 GHz 的电路。我国中科院研究出的石墨烯晶体管，将晶体管的研制时间缩短到原来的 1/1 000。未来，石墨烯处理器可能会给行业带来革命性的提升，使 CPU 主频有望理论上达到 1 000 GHz。

（2）异构计算

异构计算是在同一块芯片上集成各种专有处理单元，如 GPU、NPU、AI 等，通过采用通用的标量、向量计算单元，芯片上的所有部件共享同一地址空间，统一寻址，实现完全的缓存一致性。同时，芯片上所有模块由专门的部件实现路由，按照标准的协议进行通信。英特尔公司现已布局 CPU、FPGA、IPU、GPU 产品线；英伟达公司接连发布多芯片模组 Grace 系列产品；AMD 公司则预计未来走向 CPU+FPGA 的异构整合。异构计算需要有先进的集成封装技术，目前，2.5D 封装技术已发展较为成熟，3D 封装成为各大晶圆厂发力方向。英特尔公司已开始量产 Foveros 技术，三星公司已完成 X–Cube 的验证，台积电公司亦提出了 SoiC 的整合方案。

（3）软件优化

受限于 CPU 制造材质和工艺以及散热问题的研究进展影响，在 CPU 和其他芯片的研发上，软件优化越来越受到重视。Intel 公司高级副总裁 Raja Koduri 提出：全新的硬件架构每一个数量级的性能提升，软件就能带来两个数量级的性能提升。Intel 公司由此推出了 oneAPI 项目，以简化跨 CPU、GPU、FPGA、AI 和其他加速器的各种计算引擎编程，充分体现了 Intel 公司的软件先行战略。通过软件优化，Java、Ruby 工作负载中，减少了 30% 的 CPU 占用率，效果非常明显。更夸张的是，在第三代至强可扩展处理器上，软件优化之后性能可以提升多达 40%。

2.3.3　存储器

存储器是计算机的记忆装置，用来存放程序和数据。按存储介质的不同，主要有半导体存储器、磁存储器和光存储器，按在系统中的地位不同，主要有外存储器和内存储器。现代计算机采用三级存储器结构，如图 2-4 所示。

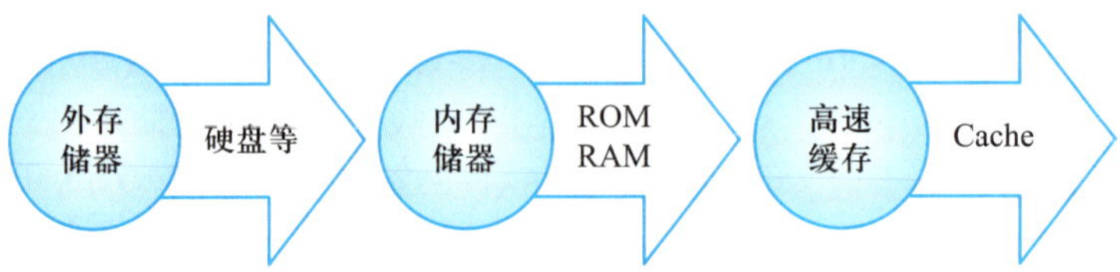

图 2-4　三级存储器结构

1. 内存储器

内存储器简称内存，也称为主存。内存是计算机中的重要部件，是 CPU 与外存进行信息交换的桥梁，所有数据和程序必须载入内存后才能被计算机所调度和执行。内存是 CPU 能直接寻址的存储空间，由半导体器件制成，存取速率快。内存主要有只读存储器 ROM（read only memory）和随机访问存储器 RAM（random access memory）两种。

（1）随机访问存储器 RAM

RAM 用于存储 CPU 中正在运行的程序和数据，数据可以随机读出或写入，读写速度快，关机或断电时其存储数据会丢失。计算机在使用过程中，发生一些小的软故障时，通过重启计算机，故障就会消失，正是利用 RAM 断电数据会丢失这一特点。

RAM 主要有静态存储器 SRAM（static RAM）和动态存储器 DRAM（dynamic RAM）两类。静态存储器指的是数据或程序一旦写入后，只要未写入新数据或关机，数据将保持不变。高速缓存 Cache 就是属于静态存储器。动态存储器是由存储器控制电路按一定周期对存储器刷新，以维系数据保存，目前计算机中使用的内存条主要是同步动态存储器（synchronous DRAM，SDRAM）。

RAM 中目前使用的都是 DDR 型号。DDR 又称为双倍速率 SDRAM（double date rate SDRAM），是由固态技术协会（Joint Electron Device Engineering Council，JEDEC）所发布的动态存储器规范标准，历经 DDR、DDR2、DDR3、DDR4、DDR5 几个发展阶段。目前主流的内存条是 DDR4 和 DDR5，如图 2-5 所示。2008 年 8 月，在美国旧金山举行的英特尔开发者论坛（IDF）上公布了关于 DDR4 的相关信息。2011 年 11 月，三星公司发布了全球第一款 DDR4 内存条，2014 年 DDR4 正式获得商用。DDR4 工作频率主要有 2 133 MHz 和 2 400 MHz，后来最高提升到 4 266 MHz。2020 年 7 月，JEDEC 协会正式公布了 DDR5 标准，起步频率 4 800 MHz，目前最高已达到 7 200 MHz。与 DDR4 内存相比，DDR5 性能更强，电压从 1.2 V 降低到 1.1 V，功耗更低。同时每通道 32/40 位内存纠错机制 ECC（error correcting code）、高总线效率、增加预取的 Bank Group 数量等有效地改善了性能。

图 2-5　DDR4 和 DDR5 内存条

内存性能参数主要有适用平台、内存容量、内存类型、针脚数、内存频率等，如表 2-7 所示。

表 2-7　某内存性能参数

平台	台式机内存
内存容量	32 GB
内存类型	DDR5
针脚数	288-pin DIMM
内存频率	6 000 MHz

适用平台表示该内存条适用于哪种计算机平台，主要有台式机内存和笔记本电脑内存两种。

内存容量是内存条最重要的性能指标，决定了可使用的随机存储器的大小，以 GB 为单位，一般是 2 的 n 次方倍。

内存类型是指不同类型的内存各有差异，在传输率、工作频率、工作方式、工作电压等方面有所不同。

针脚数是指内存金手指的数量，是正反面数量之和。内存都有防接反设计，针脚中间的缺口用于定位，但它并不位于内存正中央，一般是长短边设计。DDR4 和 DDR5 采用的都是 288 个针脚，但两者在长边针脚数和短边针脚数上有略微变动，并不能相互兼容。

内存频率是指内存主频，是内存所能达到的最高工作频率，单位是 MHz。内存频率越高，数据传输速率就越快，计算机性能也就越好。DDR4 内存频率主要有 2 133 MHz、2 666 MHz、3 200 MHz 和 3 600 MHz，DDR5 主要有 4 800 MHz、5 200 MHz、5 600 MHz、6 000 MHz 以及 7 200 MHz 几种。

（2）只读存储器 ROM

ROM 是只读存储器，数据通常只能读不可写，一般用来存放需要长期保存的数据和程序。计算机中，BIOS（basic input output system）是指基本的输入输出系统，它含有计算机最重要的基本输入输出程序、开机后自检程序和系统自启动程序，不能被修改和破坏，BIOS 就是存储在 ROM 中。ROM 主要分为 PROM（programmable ROM）、EPROM（erasable programmable ROM）、EEPROM（electrically erasable programmable ROM）以及 Flash ROM。

PROM是可编程只读存储器，数据由厂商或用户一次固化写入，写入后数据不能被修改。

EPROM是可擦除可编程只读存储器，数据写入后可由紫外光线进行擦除，然后再重新写入。EPROM数据写入需要借助专门的编程器。

EEPROM是电可擦除可编程只读存储器，是一种具有可擦除功能，然后即可进行再编程的ROM内存。EPROM芯片可重复擦除和写入，解决了PROM芯片只能写入一次的弊端。

FlASH也是电擦除的ROM，属于广义的EEPROM。相比于EEPROM，FlASH的擦除不再以字节为单位，而是以块为单位，并对电路进行了简化，数据密度更高，降低了成本。

2. 外存储器

外存储器是指不与CPU直接交换程序或数据，并且存储的信息可以长期保存的存储器，用户数据和程序都是存储在外存储器上的。外存储器一般有硬盘、光盘和移动存储器。

（1）硬盘

硬盘是计算机最主要的存储设备，主要有机械硬盘和固态硬盘两种，如图2-6和图2-7所示。

图2-6　机械硬盘

图2-7　固态硬盘

机械硬盘（hard disk drive，HDD）指的是传统普通硬盘，是一种存储装置和读写装置集成在一起的存储设备，主要由盘片、读写头、驱动马达等几个部分组成。机械硬盘是利用特定的磁粒子的极性来记录数据，以盘片作为存储介质，一个硬盘通常有多个盘片。盘片上以转动轴为轴心、以一定的磁密度为间隔的若干个同心圆被划分成磁道（track），每个磁道又被划分为若干个扇区（sector），数据就按扇区存放在硬盘上。工作时，马达带动盘片高速旋转，产生浮力使磁头飘浮在盘片上方，根据地址（存储数据的扇区编号）寻找到相应扇区，通过读写头来完成数据读写。

机械硬盘的性能指标主要有容量、转速、缓存大小和接口类型。

容量是硬盘最重要的参数，决定了硬盘所能存储数据量的多少，以GB或TB为单位。容量通过以下公式计算：

$$硬盘容量 = 磁头数 \times 柱面数 \times 扇区数 \times 每扇区字节数$$

转速是硬盘内电机主轴的旋转速度，也就是硬盘盘片在一分钟内所能完成的最大转数，单位是r/min，主要有5 400 r/min和7 200 r/min两种，用于服务器的SCSI接口硬盘转速可达 10 000 r/min。机械硬盘是通过盘片旋转来完成数据读写的，其转速的快慢影响数据读写效率。

缓存是硬盘内部存储和外界接口之间的缓冲器，是硬盘控制器上的一块存储芯片，具有极快的存取速度。缓存的大小与速度将直接影响硬盘数据的传输速度，大缓存能够大幅度地提高硬盘整体性能。

接口是硬盘和主板连接的重要媒介，主要有 IDE、SATA、SCSI 和 SAS 四种。IDE（integrated drive electronics）接口的硬盘价格低廉、兼容性强、性价比高，但是，数据传输速度慢、不支持热插拔。SATA（serial advanced technology attachment）接口基于串行总线，速度快，不依赖系统总线的带宽，支持热插拔，是目前主流的硬盘接口，已发展到 3.0 版本。SATA 3.0 将总线最大传输带宽提升到 6 Gb/s，实际传输速度大约 600 MB/s。SCSI（small computer system interface）接口主要用在服务器上，速度快，稳定性很好，比较适合做磁盘阵列。SAS（serial attached SCSI）是新一代的 SCSI 技术，采用串行技术。

固态硬盘（solid state disk 或 solid state drive，SSD）是用固态电子存储芯片阵列制成的硬盘，其主体就是一块 PCB 板，由控制芯片、缓存芯片（部分低端硬盘无缓存芯片）和存储数据的闪存芯片组成。固态硬盘普遍采用 SATA 接口、PCI-Express 接口、M.2 接口和 NVME/AHCI 协议。PCI-Express（peripheral component interconnect express）是一种高速串行计算机扩展总线标准，用于实现高速串行点对点双通道高带宽传输。M.2 接口是一种新的主机接口方案，可以兼容多种通信协议，如 SATA、PCIe、USB、HSIC、UART、SMBus 等。M.2 接口具有小巧的规格尺寸、更高的传输性能等优点。NVMe（NVM express）是一种非易失性内存主机控制器接口规范，基于设备逻辑接口的总线传输协议，用于访问通过 PCI-Express 总线附加的非易失性存储器。目前主流的固态硬盘基于 PCI-E NVMe 协议控制器，通过 M.2 接口，获得极高的传输速率，最高可达 7 000 MB/s，是 SATA 3.0 接口的 10 倍以上。

（2）光盘存储器

光盘存储器是指利用光学原理存取信息的存储器，是一种将存储介质与读装置、写装置完全分离的存储设备，以光盘作为存储介质，光驱用于读数据、刻录机用于写数据，如图 2-8 所示。光盘存储器在工作时，利用激光改变一个存储单元的性质，通过存储性质的改变来存储的数据，并通过识别性质状态的变化来读取存储的数据。光盘可以存放各种文字、声音、图形、图像和动画等多媒体数字信息，主要作为多媒体信息传播的载体。

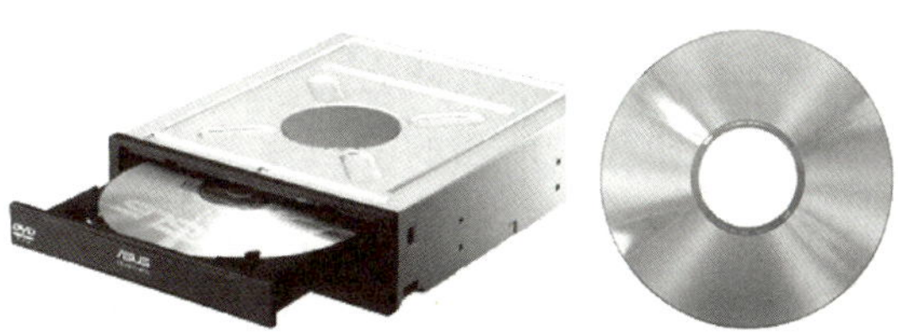

图 2-8　光盘存储器

常见光盘可分为 CD 盘、VCD 盘和 DVD 盘三类。

CD 盘一般用来存储音乐和声乐，以音轨方式存储声音资料。

VCD 是全动态、全屏播放的激光影视光盘。

DVD 是数字多用光盘，以 MPEG-2 为标准，拥有 4.7 GB 的大容量，可存储 133 min 的高分辨率全动态影视节目，包括 5.1 个数字环绕立体声音道，图像和声音质量是 VCD 所不能及的。

同时，根据是否可以读写，光盘盘片又分为只读型光盘、一次写型光盘和可擦写型光盘。

只读型光盘只可读不可写，数据在光盘出厂时一次固化写入，通过光驱读取数据。

一次写型光盘可通过刻录机和刻录软件，将数据写入到光盘中。一次写入后，不管容量是否用完，都不可再次写入数据。随着刻录技术和软件的升级，通过分段技术，一次定型光盘在容量未用完时，也可实现多次写入。

可擦写型光盘可通过刻录机和刻录软件将数据写入到光盘，也可将盘片中的数据擦除后重新写入。

光盘的技术参数主要是光盘容量。不同类型的光盘，其存储容量不同。CD 盘的存储容量一般最大为 700 MB，DVD 盘又分为单面单层、单面双层、双面单层、双面双层四种，容量各不相同。单面单层的 DVD 盘容量为 4.7 GB，单面双层为 8.5 GB，双面单层为 9.4 GB，双面双层为 17.1 GB。

（3）移动存储器

移动存储器是一种外接的存储设备，常见的主要有 U 盘、移动硬盘、SD 卡、TF 卡和 DV 带等，如图 2-9 所示。

图 2-9　各类移动存储器

U 盘也称为闪存盘，是目前使用最广泛的移动存储设备。U 盘集磁盘存储技术、闪存技术及通用串行总线技术于一体，不需要外接电源，通过 USB 接口与主机相连，即插即用，携带方便，容量大。为适应智能手机和平板电脑的使用，现在 U 盘一般有 USB、Mini USB、Type-C 和 Lightning 等几种接口。

移动硬盘主要由外壳、电路板（包括控制芯片以及数据和电源接口）和硬盘三部分组成。外壳一般是铝合金或者塑料材质，起到抗压、抗震、防静电、防摔、防潮、散热等作用；控制芯片控制移动硬盘的读 / 写性能；硬盘作为存储介质存放数据。使用时通过 USB

接口与计算机连接，即插即用，能以较高的速度与系统进行数据传输。

SD 卡是一种基于半导体快闪记忆器的新一代记忆存储设备，具有高记忆容量、快速数据传输、移动灵活、安全性好、体积小、可热插拔等优点，被广泛用于便携式装置上，目前较专业的数码相机就是以 SD 卡作为存储装置。

TF 卡也称为 Micro SD 卡，是一种极细小的快闪存储器卡。TF 卡和 SD 卡性能相差不大，但体积要比 SD 卡小很多，被广泛用于体积较小、结构紧凑的智能移动设备，比如录音笔、智能手机、平板电脑、行车记录仪等。

DV 带是以磁信号作为存储介质的存储设备，主要用于专业的数码摄像机。DV 带以数字信号来录制影像，带宽尺寸为 6.35 mm，一盒 DV 带的录制时间为 60 min，可使用 LP 模式延长录制时间。DV 带主要有普通 DV 带以及专业级的 DVCAM 和 DVCPRO 带。与其他类型摄像机存储介质相比，DV 带的图像分辨率高，画质清晰，色彩逼真，失真极小，使用起来非常灵活、方便。

3. 高速缓存 Cache

高速缓存 Cache 是介于 CPU 和主存之间的一种高速小容量存储器，由静态存储芯片（SRAM）组成。容量虽小，但速度比主存高得多，和 CPU 的速度接近。高速缓存 Cache 的大小也是衡量 CPU 性能好坏的重要指标。它既可以作为一个主存的高速缓冲区，也可以作为独立的高速存储设备。CPU 可以直接从 Cache 中读取数据，而不必访问主存，从而提高 CPU 的利用效率。当 CPU 要从主存读取一个数据时，会首先在 Cache 中查找。当查找成功时，则立即从 Cache 中读出并送到 CPU 中；如果查找失败，则用一个存储读周期的时间从主存中读出这个数据送到 CPU，同时将包含这个数据的内存数据块从主存传输到 Cache，以便下一次调用时直接从 Cache 中读取。

现代 CPU 一般采用三级高速缓存架构，分别为一级（L1）缓存、二级（L2）缓存和三级（L3）缓存，如图 2-10 所示。

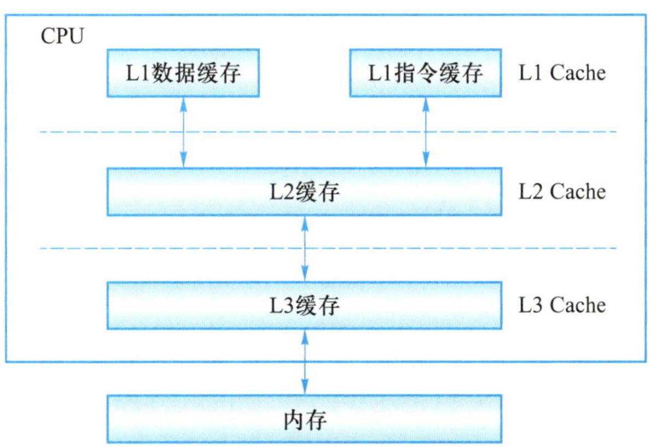

图 2-10　CPU 三级缓存架构

一级缓存可与 CPU 同速运行，可以有效地提高 CPU 的运行效率。一级缓存越大，CPU 的运行效率越高，但受成本和内部结构影响，一级缓存容量通常都很小。

二级缓存是为了协调一级缓存和内存之间的速度而设计的，主要作为一级缓存和内存之间数据临时交换区使用。

三级缓存是为 CPU 读取二级缓存后查找失败的数据设计的一种缓存。三级缓存在工作时，会首先使用较快速的存储装置保留一份从慢速存储装置中所读取的数据并进行备份，当需要从较慢的存储器中读写数据时，缓存能够使得读写的动作先在快速的装置上完成，使得系统的响应速度加快。在拥有三级缓存的 CPU 中，只有约 5% 的数据需要直接从内存中调用，进一步提高了 CPU 的效率。

2.3.4 主板

主板也称为主机板、系统板、母板，是承载 CPU 与外部设备协同工作的重要部件，是计算机硬件系统集中管理的核心载体。

1. 主板的结构

主板一般为一块矩形的印制电路板。主板结构指的是主板的尺寸、形状和主板上各元器件的布局方式。目前市场上主流的结构主要有 ATX 和 MATX（micro ATX）两种，除此之外还有 BTX、Mini-ITX 结构。

ATX 结构的主板大小为 30.5 cm × 24.4 cm，在常见主板中尺寸最大。ATX 结构的主板具有丰富的接口类型，采用 7 个 I/O 插槽；空间大，具有良好的散热性；优化了各元器件的布局，CPU 与 I/O 插槽、内存插槽位置更加合理，提高了主板的兼容性与可扩充性。同时，配合 ATX 电源，真正实现计算机的软件开机 / 关机和绿色节能功能。

MATX 主板俗称小板，是在 ATX 主板的基础上，减少了部分接口，只保留最基本的接口插槽，从而实现将主板尺寸变小，以适应小机箱的需求。MATX 主板上扩展插槽减少为 3 ~ 4 个，DIMM 插槽为 2 ~ 3 个，从横向减小了主板宽度，比 ATX 标准主板结构更为紧凑。

BTX 主板是 ATX 的改进型和替代者，由 Intel 公司提出。BTX 使用窄板设计，能够在不牺牲性能的前提下做到体积更小，使部件布局更加紧凑。相比于 ATX 结构，BTX 结构最革命性的改进是针对机箱内外气流的运动特性进行了优化设计，增加了散热器和气流通道，使计算机的散热性能和效率更高，噪声更小，主板的安装拆卸也变得更加简便。

Mini-ITX 结构的主板主要用于嵌入式系统，体积小，功能相对齐全，但可扩充性较差。

2. 主板的功能

主板主要有两大功能，一是为 CPU、内存和各种功能卡提供插槽；二是为各种常用外部设备提供接口。主板不同，其提供的插槽数量和接口类型也是不一样的。随着计算机网络技术和多媒体技术的发展，现在主流的主板都已集成声卡和网卡，以满足网络和多媒体的需求。主板的基本结构和提供的接口如图 2-11 所示。

在主板型号中，首字母 X 代表服务器主板，定位最高级；Z 代表高端芯片组，定位高端，做工用料较好，可超频，扩展性能好，接口丰富，是大型游戏玩家的必备；B 代表商用芯片组，主板接口较丰富，扩展性较强；H 代表主流芯片组，定位中低端，接口、插槽比较少，可扩展性差。

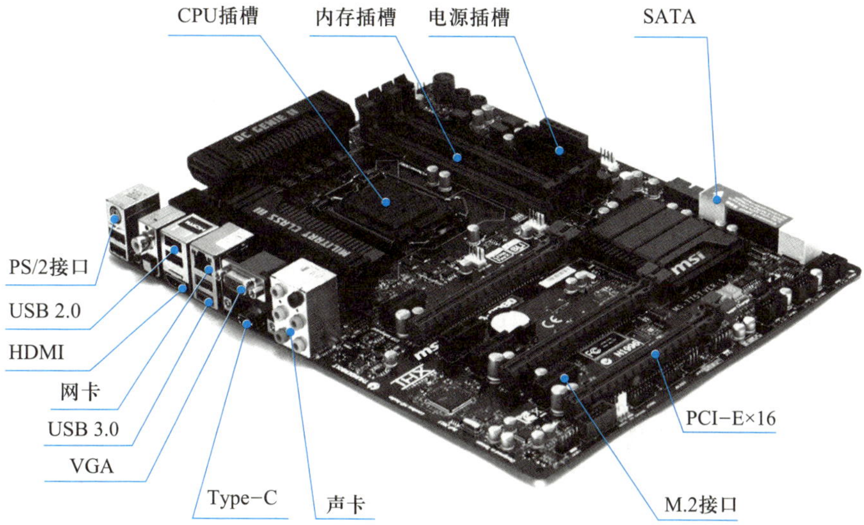

图 2-11　主板的基本结构和接口

3. 主板芯片组

芯片组（chipset）是主板的核心组成部分，如果说 CPU 是整个计算机系统的心脏，那么芯片组将是整个身体的躯干，几乎决定了该主板的功能。芯片组性能的优劣，决定了主板性能的好坏与级别的高低。芯片组只有与 CPU 良好地协同工作，计算机才能正常工作，也才能发挥其整个性能优势。

主板上的芯片组主要有北桥芯片、南桥芯片和 BIOS 芯片。

北桥芯片是系统控制芯片，位于 CPU 的旁边，由于工作时发热量大，都会为其安装散热装置。北桥芯片主要负责管理 CPU、控制内存、PCI-E 显卡以及高速 PCI-E 端口的数据流动，提供对 CPU 类型和主频、系统高速缓存、主板系统总线频率、内存管理类型、内存容量、内存性能、显卡插槽规格、ECC 纠错等的支持，并实现与南桥芯片之间的数据通信。主板支持什么 CPU，支持多少倍速的显卡，支持何种频率的内存，都是由北桥芯片决定。

南桥芯片主要用于处理低速信号，通过北桥芯片与 CPU 连接，主要负责 I/O 接口电路控制、高级能源管理以及 IDE 设备的控制管理等。主板上的各种接口、PS/2 鼠标控制、USB 控制、PCI 总线、IDE 以及主板上的其他芯片（如集成声卡、集成网卡等），都归由南桥芯片控制。

BIOS 是基本的输入输出系统，是一组固化到计算机主板上一个 ROM 芯片上的程序。BIOS 保存着计算机最重要的基本输入输出程序、开机自检程序和系统自启动程序，并从 CMOS 中读写系统设置的具体信息。其主要功能是为计算机提供最底层的、最直接的硬件设置和控制。

4. 总线

总线是一组进行互连和传输信息（指令、数据和地址）的信号线，用来连接多个部件并为其提供信息交换和传输通道。总线由传输导线和总线协议构成，同时为了提高兼容性和可替换性，还制定了一系列总线规范，如机械结构规范、功能规范、电气规范等。

（1）总线的分类

按照不同的分类方式，可将总线划分为不同种类。按照连接对象的不同，可分为内部总线、外部总线和系统总线；按照传输信息的不同，总线分为数据总线、地址总线和控制总线；按照通信方式的不同，可分为并行总线和串行总线。

内部总线将处理器的所有结构单元内部相连，是计算机内部各外围芯片与处理器之间的总线，用于实现芯片级互连；系统总线是各插件板与系统板之间的总线，实现插件板互连；外部总线是计算机和外部设备之间的总线，实现设备间互连，常见的 USB、SATA 等就属于外部总线。地址总线是传送存储单元或 I/O 接口的地址信息的总线；数据总线在 CPU 与内存或 I/O 接口电路间传送数据；控制总线主要传送一个部件对另一个部件的控制信号。

并行总线是计算机系统设计中最早出现的总线，可一次传输多位二进制数。串行总线是一次只能传输一位二进制数的总线。并行总线传输 1 个字节的数据需要 8 根线，而串行总线只需要 1 根线即可完成。并行总线在传输多位数据时需要考虑数据的协同性，这就导致了并行总线的频率不能很高，而串行总线一次只传输一位数据不需要考虑协同，可以有很高的频率，通过提高传输速度，弥补一次只能传输一位数据的缺陷。现在的计算机主要使用串行总线，如 PCI-Express、USB、SATA 等。

（2）总线的控制原理

主板上数据、指令、地址等信息的传输由 CPU 控制，通过总线传递信息，实现计算机各部件运行的协同和管理，其控制原理如图 2-12 所示。

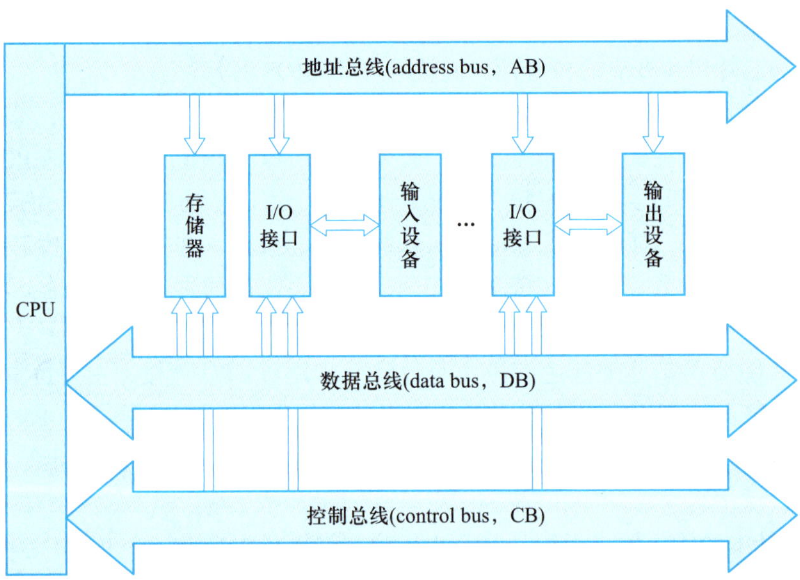

图 2-12 总线控制原理

总线的性能指标主要包括总线带宽、总线位宽、总线工作频率，三者的关系如下：

$$总线的带宽 = 总线的工作频率 \times 总线的位宽 \div 8$$

总线的带宽是指单位时间内总线上传送的数据量，单位是 B/s，常用 MB/s 或 GB/s 即每秒传送 MB 的最大稳态数据传输率。总线的位宽是指总线能同时传送的二进制数据的位数。总线的位宽越宽，每秒数据传输量越大，总线的带宽越宽。总线的工作时钟频率以

MHz 为单位，工作频率越高，总线工作速度越快，总线带宽越宽。

5. 主板的性能指标

主板的性能指标是选购主板和衡量主板好坏的重要依据，表 2–8 是某型号主板主要性能参数。

表 2–8　某主板主要性能参数

主芯片组	Intel Z790
芯片组描述	Intel Z790 芯片组
显示芯片	CPU 内置显示芯片（需要 CPU 支持）
音频芯片	集成 Realtek ALC4080 音效芯片
网卡芯片	板载 2.5 GB 网卡
CPU 类型	第十三代酷睿
CPU 插槽	LGA 1700
内存类型	4 × DDR5 DIMM
最大内存容量	128 GB
内存描述	支持双通道 DDR5 7 800 MHz（OC）内存
主板板型	ATX 板型

显示芯片是指主板板载的显示芯片，有显示芯片的主板不需要独立显卡就能实现普通的显示功能，以满足一般的家庭娱乐和商业应用，节省用户购买显卡的开支。现在的主板都提供显示器的接口，是否需要配置独立的显卡，由 CPU 型号决定。对于 Intel 而言，无后缀字母的 CPU 都集成了显卡。

音频芯片和网卡芯片用于实现音频和网络功能，目前主流的主板都已集成。

CPU 插槽和类型用以标识该主板可适配的 CPU，内存类型标识了内存插槽数目和适用的 DDR 规范。

2.3.5　输入输出设备

1. 输入设备

常见的输入设备主要有键盘、鼠标、扫描仪、手写板、音频输入装置等，如图 2–13 所示。

（1）键盘

键盘是输入指令和字符的设备，通过键盘可以将英文字母、汉字、数字、标点符号等输入到计算机中，从而向计算机发出命令、输入数据等，主要有机械式键盘和电容式键盘两种。机械式键盘是最早被采用的结构，以类似接触式开关的原理使触点导通或断开；电容式键盘是基于电容式开关的键盘，通过按键改变电极间的距离产生电容量的变化来实现输入。常见键盘接口主要有 PS/2 和 USB 键盘两种，以 USB 接口为主流，现在基于红外线或蓝牙通信的无线键盘也广泛被使用。

图 2-13 常见输入输出设备

键盘操作熟练程度是计算机应用水平的重要体现，快捷键的使用能有效提高键盘操作速度，表 2-9 是键盘操作中常用的快捷键。

表 2-9 键盘常用快捷键

快捷键	功能说明	快捷键	功能说明
Ctrl+Alt+Delete	打开“安全选项”窗口	Ctrl + 空格	中英文切换
Ctrl+Shift+S	快速截屏	Ctrl+Shift	输入法切换
Ctrl+A	全选	Shift + 空格	全角和半角切换
Ctrl+C	复制	Shift+Delete	永久删除
Ctrl+X	剪切	Windows+R	启动“运行”窗口
Ctrl+S	保存	Windows+D	显示桌面
Ctrl+Y	恢复	Windows+L	锁定计算机
Ctrl+Z	撤销	Windows+M	最小化当前窗口
Ctrl+F	查找	Windows+E	打开“此电脑”窗口
Alt+F4	关闭当前窗口	Alt+Tab	切换任务窗口

说明：①“安全选项”窗口包括锁定、切换用户、注销、修改密码、任务管理器以及关机、重启等功能，还可以打开“讲述人”帮助和指导使用 Windows 系统。② Windows 键指的是键盘上带有微软图标的键，一般位于左边 Ctrl 键和 Alt 键中间。

（2）鼠标

鼠标是一种屏幕定位装置，最先应用于苹果计算机。随着 Windows 操作系统的流行，鼠标变成了标准配置。鼠标可以使用户在桌面上移动、快速定位屏幕上对象的输入设备，其功能和键盘的光标相似。用户通过鼠标上的按键和滚轮实现对光标指定位置上的屏幕元素进行操作。

鼠标按其工作原理可分为机械鼠标、光机鼠标和光电鼠标，使用接口主要为 PS/2 和

USB，目前常见的鼠标主要是 USB 接口的光电鼠标。光电鼠标是通过检测鼠标的位移，将位移信号转换为电脉冲信号，再通过程序的处理和转换来控制屏幕上的光标箭头的移动。随着无线通信技术的发展，基于 WiFi、IrDA、ZigBee 和蓝牙的无线鼠标也迅速获得广泛应用，特别是在移动设备领域。

鼠标按键一般由左键、右键和滚轮组成。滚轮主要用来实现内容的前后移动显示；右键是功能键，主要用于弹出快捷菜单；左键是确认键，用来执行菜单的命令、选择文字或图案、单击对话框中的按钮或选项。在使用过程中，可以通过 Windows 设置中的“鼠标”项实现对左右键的交换以及灵敏度调节。

鼠标的基本操作包括指向、单击、双击、拖动和右击。指向是指移动鼠标，将鼠标指针移到操作对象上。单击指快速按下并释放鼠标左键，一般用于选定一个操作对象。双击指连续两次按下并释放鼠标左键。双击有两种，连续双击一般用于打开窗口、启动应用程序，有间隔的双击可用于修改文件名。拖动指按下鼠标左键，移动鼠标到指定位置，再释放按键的操作。拖动一般用于选择多个操作对象，复制或移动对象等，也可以用来拖动窗口。右击指快速按下并释放鼠标右键，用于打开一个与操作相关的快捷菜单。

2. 输出设备

常见的输出设备主要有显示适配器、显示器、打印机、投影仪、音频输出装置等。

（1）显示适配器

显示适配器俗称显卡，是将计算机系统需要显示的信息进行转换并驱动显示器，向显示器提供逐行或隔行扫描信号，控制显示器正确显示的重要组件。

显示芯片决定了显卡的档次和基本性能，核心是 GPU（graphics processing unit，图形处理单元），主要任务是对系统要输出的视频信息进行构建和渲染。GPU 承担部分原本 CPU 的工作，减少了显卡对 CPU 的依赖。借助硬件 T&L（几何转换和光照处理）、立方环境材质贴图和顶点混合、纹理压缩和凹凸映射贴图、双重纹理 4 像素 256 位渲染引擎等核心技术，在进行 3D 图形处理时具有强大的运算能力。显示芯片非常复杂，设计和制造的厂商主要有 NVIDIA 和 AMD（2006 年收购 ATI），也就是通常所称的 N 卡和 A 卡厂商。

计算机中，CPU 由较少数量的强大核心组成，优先保障低延迟，用来处理通用任务。GPU 是通过大量的弱核心构建的，优先保障吞吐量，主要用来处理计算性强而逻辑性不强的计算任务，具有强大的并行计算能力。

显卡的性能参数主要包括芯片组、核心频率、显存容量、显存位宽、接口类型等。显卡与显示器适配的接口有 VGA、DVI、HDMI 和 DP 等。

VGA（video graphics array，视频图形阵列）是 IBM 公司于 1987 年提出的使用模拟信号的计算机显示标准，用于传输红、绿、蓝模拟信号以及水平和垂直同步信号。VGA 接口共有 15 针，分成 3 排，每排 5 个孔。

DVI（digital visual interface，数字视频接口）主要用于满足未经压缩的数字化视频传输需要。

HDMI（high definition multimedia interface，高清多媒体接口）是一种全数字化视频和声音发送接口，可以同步发送未压缩的音频及视频信号。

DP（display port，显示端口）是一个由视频电子标准协会发布的数字式视频接口，免认证、免授权，主要用于视频源与显示器等设备的连接，同时也支持音视频和其他形式的数据同步传输。

知识扩展

独立显卡和集成显卡

独立显卡是将显示芯片及相关器件制作成一个独立于计算机主板的板卡，集成显卡一般集成在主板或 CPU 中，现在主要是将 GPU 封装在 CPU 中。独立显卡性能强大，能够提供更强大的图形处理能力，在运行游戏、3D 设计、视频编辑、图像处理等任务时能提供更流畅、更逼真的画面效果，散热性能也更好，但价格高、功耗大，也需要额外空间。集成显卡价格实惠、功耗低、节省空间，但性能弱，散热差，一般仅适用于日常学习办公、电子文档编辑和上网浏览等对显卡要求不高的场景。

（2）显示器

显示器是将 CPU 和 GPU 的处理结果显示到屏幕上的显示工具，已经由阴极射线管（cathode ray tube，CRT）显示器和液晶显示器（liquid crystal display，LCD）发展为现在主流的发光二极管（light emitting diode，LED）显示器，未来将向 3D 显示方向发展。

LED 显示器主要有平面转换面板（in-plane switching，IPS）、垂直对齐面板（vertical alignment，VA）和扭曲向列型面板（twisted nematic，TN）三种。IPS 是硬屏，TN 和 VA 是软屏，当用手指触摸时，如果产生水波纹则为 TN 屏，梅花纹为 VA 屏，否则为 IPS 屏。三者相比，TN 屏价格便宜，响应速度快，是追求响应速度的用户首选，但色彩表现力和视觉效果差，可视角较小；IPS 屏价格相对较高，色彩精度和广度表现很好，对动态显示效果和动态画质也具有明显优势，但响应速度较慢、对比度较小；VA 屏对比度高，黑白均匀性好，价格便宜，但可视角很小、响应速度很慢。

显示器的主要性能指标有尺寸、分辨率和刷新率等。

显示器的尺寸是指显示器对角线的长度，单位为英寸（1 英寸 = 2.54 cm）。分辨率是指显示器本身的物理分辨率，是单位长度含有的像素数，但通常用“水平像素数 × 垂直像素数”的形式表示。刷新率是指电子束对屏幕上的图像重复扫描的次数。刷新率越高，所显示的画面稳定性就越好。刷新率与分辨率两者相互制约，在高分辨率下能达到高刷新率的显示器则性能优秀。

（3）打印机

打印机在日常计算机应用中占据着重要的地位。随着人们生活水平的提高，家庭选购打印机也越来越普遍。打印机有很多种类，家庭及办公常用的有针式打印机、喷墨打印机、热敏打印机和激光打印机等，3D 打印机也得到了相应的应用。

针式打印机是通过打印针撞击色带，使色带上的印油在打印纸上印出字符或图形。由于其工作方式的特殊性，打印针的撞击可作用于多页纸张上，一般用于需要同时打印多份相同信息的场景，如财务系统中多联票据的打印。

喷墨打印机是将彩色液体油墨经喷嘴变成细小微粒喷到印纸上，一般有两个墨盒和四个打印喷头。其中，彩色墨盒有三个喷头，用于打印黄色、品红和蓝色，黑色墨盒只有一个喷头，打印黑色。喷墨打印机的价格较便宜，打印时噪声较小，图形质量较高，成为当前家庭打印机的主流。

激光打印机是将激光扫描技术和电子照相技术相结合的打印输出设备。相比于其他类型打印机，它更趋于智能化，没有电源开关，平时自动处于关机状态，当有打印任务时自动激活。并且有自己的内存和处理器，能单独处理打印任务，大大减轻了计算机的负担。

对比来说，在针式、喷墨、激光打印机中，激光打印机的效果最好、速度最快，喷墨打印机次之，而且这两种打印机的噪声都很小，针式打印机的噪声相对较大，但它可以打印多层纸，而且耗材相对较便宜。

热敏打印机是通过打印头加热并接触热敏打印纸后打印出需要的图案。热敏打印机打印头上安装有半导体加热元件，需要专门的热敏纸才能打印。当热敏纸遇到发热的打印头时，打印头所打印之处的显色剂与无色染料发生化学反应而变色，形成图文。热敏打印机已在 POS 终端系统、银行系统、医疗仪器等领域得到广泛应用。热敏打印机打印出来的文字在光照下容易消失，不能长期保存。

习　　题

一、思考题

1. 计算机系统的硬件体系由哪几部分构成？
2. CPU 的主要性能指标有哪些？
3. 主板有什么功能？
4. 计算机中是如何对数值型信息进行编码的？
5. 十进制和 *R* 进制如何进行相互转换？

二、选择题

1. 在计算机内部，一切信息的存取、处理和传送都是（　　）。
   A. 八进制　　B. 二进制　　C. 十六进制　　D. 十进制
2. 数制是用一组固定的（　　）和一套统一的规则来表示数据的方法。
   A. 数字　　B. 基数　　C. 权　　D. 方法
3. 八进制的基数是（　　）。
   A. 2　　B. 8　　C. 10　　D. 16
4. 二进制 1111001100 转换成十六进制数是（　　）。
   A. 369H　　B. 3ABH　　C. 3CDH　　D. 3CCH
5. 十进制数 899 转换成八进制数是（　　）。
   A. 1599　　B. 1600　　C. 1603　　D. 1601
6. 二进制 1001111BV1011101 的结果是（　　）。
   A. 1011111　　B. 1001101　　C. 0100000　　D. 0110010
7. 二进制 1100110−1001101 的结果是（　　）。
   A. 1101011　　B. 0101011　　C. 0011001　　D. 0101001

8. BIOS 信息是存储在（　　）。
A. RAM　　B. ROM　　C. 内存　　D. 外存
9. 二进制数 11101001 的补码是（　　）。
A. 11101001　　B. 00010110　　C. 10010110　　D. 10010111
10. 已知 A 的 ASCII 码是 41H，则 C 的 ASCII 码是（　　）。
A. 43H　　B. 53H　　C. 63H　　D. 65H
11.（　　）是 CPU 内部高速独立的存储单元。
A. 运算器　　B. 控制器　　C. 寄存器　　D. 缓冲区
12. 以下不属于 CPU 性能指标的是（　　）。
A. 高速缓存 Cache　　B. 主频　　C. 倍频　　D. 总线数目
13. 存储 400 个 24×24 点阵汉字字形所需要的存储容量是（　　）。
A. 255 KB　　B. 75 KB　　C. 37.5 KB　　D. 28 KB
14. 运算器的主要功能是（　　）。
A. 实现算术运算和逻辑运算
B. 保存各种指令信息供系统其他部件使用
C. 分析指令并进行译码
D. 按主频指标规定发出时钟脉冲
15. 微型计算机中的内存储器，通常采用（　　）。
A. 光存储器　　B. 磁表面存储器　　C. 半导体存储器　　D. 磁芯存储器
16. 下列存储器中，访问速度最快的是（　　）。
A. 硬盘存储器　　B. 软盘存储器　　C. 磁带存储器　　D. 内存储器
17. 固定在计算机主机箱体上，用于连接计算机各部件并起桥梁作用的是（　　）。
A. CPU　　B. 主板　　C. 外存　　D. 内存
18. 总线按传输的数据不同，可分为数据总线、控制总线和（　　）。
A. 地址总线　　B. 并行总线　　C. 串行总线　　D. 外部总线

第 3 章　计算机软件系统

学习目标

1. 理解计算机软件的概念和分类。
2. 掌握操作系统的概念。
3. 了解操作系统的发展。
4. 了解常见操作系统。
5. 了解操作系统的功能。
6. 熟练掌握办公软件及应用。

3.1　计算机软件概述

计算机系统由两部分组成：计算机硬件系统和计算机软件系统。第 2 章介绍了计算机硬件系统。计算机硬件是计算机中实实在在存在的物理部件，看得见，摸得着。只有硬件系统的计算机被称为裸机（bare machine)，如果计算机只是裸机，普通用户是无法完成任何事情的。因为裸机不能处理文件、编写程序、听音乐、上网、聊天、打游戏……所以，计算机还必须在硬件系统基础之上，安装相应的软件，才能发挥出它的作用。计算机软件系统是计算机系统中必不可少的部分。

3.1.1　软件的定义

计算机软件系统（computer software system）是建立在计算机硬件系统之上的，由计算机程序、数据以及相应的文档组成。

计算机程序是一组计算机能识别和执行的指令代码，利用计算机编程语言编写，必须安装在计算机上才能工作。

数据是依附于程序之上的，能输入计算机并且能被计算机程序处理的所有符号的总称。这些符号包括数字、字母，甚至图像、音频、视频等。如果一个程序没有对应的数据，那么不能称之为软件。

文档则是与程序相关的资料的集合。面向用户的文档一般在安装软件或者软件更新时，一同存入计算机中。早期的软件设计往往只是为了一个特定的任务而在计算机上编写程序代码，这种软件的规模非常小，没有相应的文档资料。随着计算机的发展，计算机的应用需求越来越大，这时的程序代码需要多人合作才能实现。所以，复杂程度增加，软件可靠性问题变得棘手，程序员在计算机软件的开发和维护过程中会遇到很多非常复杂甚至严重的问题，这就是软件危机。为了解决这个危机，就有了软件工程学，一门专门研究用工程化方法构建和维护软件的学科，随之就有了规范性的文档。针对不同开发阶段，相应的文档也各不相同。

计算机软件是计算机硬件与用户之间的接口。用户通过各种软件与计算机硬件进行“通信”。在设计计算机系统时，不仅仅要考虑硬件，也要和软件相结合，考虑其软件需求，这样才能提高计算机系统的总体功效。

计算机的硬件和软件也是密不可分的一个整体。计算机硬件是软件的运行基础。不同的硬件之上，能运行的软件也不同。部分软件还对硬件有一定的要求，达到要求的硬件才能发挥出软件的全部功能。计算机软件是对硬件的扩充，软件最终要在硬件之上才能运行。软件运行的本质其实就是对硬件相应设备的操作。

计算机的硬件和软件是分工合作的关系。从整个计算机系统的发展来看，计算机的硬件和软件之间都是相互依存的。随着硬件技术的发展，软件的功能也越加强大。同样的道理，软件的发展，也需要硬件提供更强大的支持。

计算机软件又是与硬件不同的。硬件是真实存在的物理部件，而软件是无形的，只能通过运行才能被感知到。软件是人类脑力劳动的结晶，不是传统意义上的硬件制造。所以软件不会像硬件一样老化。软件也不是一成不变的，在实际的使用中，软件需要一直被维护和更新。

3.1.2 软件的分类

软件分为三大类，即系统软件、应用软件和支撑软件。

1. 系统软件

系统软件（system software）是指控制和协调计算机系统中的各种硬件和软件资源，为应用软件开发和运行提供支持的系统。系统软件使得计算机使用者与计算机硬件分开，让其他软件无须顾及每个硬件是如何工作的。

一般来讲，系统软件包括操作系统、数据库管理系统、语言处理程序等。

操作系统（operating system，OS）是一系列管理和控制计算机系统的系统软件。操作系统需对计算机系统中的每一个硬件和软件资源进行管理，有进程管理、主存管理、设备管理和文件管理等。操作系统是用户与计算机的接口，也是计算机硬件与软件的接口。根据运行的环境不同，操作系统包括桌面操作系统、移动操作系统、服务器操作系统、嵌入式操作系统等。

数据库管理系统（database management system，DBMS）是一种操纵和管理数据库的系统软件，其作用是建立、使用和维护数据库。它负责对数据库进行定义、操纵、保护、组织、存储、管理、维护以及通信。用户通过数据库管理系统访问数据，数据库管理员也通过数据库管理系统进行数据库的日常维护工作。

语言处理程序（language processor）是将程序设计语言编写的源程序（源代码）转换成机器语言，能够被计算机直接运行的系统软件。由翻译程序来完成这种转换过程。翻译程序又称为语言处理程序，主要包括汇编程序、编译程序和解释程序。

2. 应用软件

应用软件（application software）是指用户使用任何一种程序设计语言编写的应用程序，包括两大类：用户程序和应用软件包。用户程序是指为满足特定用户需求而专门设计的应用程序。应用软件包则是指为多用户解决领域问题而设计的应用程序，其规模更大、功能性更强、通用性更佳。

一般来讲，应用软件包括办公软件、互联网软件、多媒体软件、电子商务软件、工业设计软件等。

办公软件一般指文字处理软件、电子表格软件、演示文稿软件等。例如，Microsoft Office、WPS、iWork等。随着互联网技术的不断发展，传统的办公软件系统已无法满足信息交流频繁的现代办公需求，与Office软件技术有机结合，并基于Web技术的协同办公软件，可实现资源共享、协同办公。国内有钉钉、腾讯等多家公司推出了云编辑软件，国外比较流行的是GoogleDocs、Office365、腾讯文档等。

互联网软件是指拥有互联网特性的应用软件，有即时通信软件（QQ、微信等）、电子邮件E-mail、网页浏览器（百度、IE、Microsoft Edge、Chrome、Firefox、Safari等）、下载工具（网际快车Flashget、迅雷Thunder等）。

多媒体软件包含对所有媒体操作的应用软件，包括图形图像处理软件（Adobe公司开发的Photoshop、CorelDRAW等）、音频播放软件、视频播放软件、媒体编辑软件、动画制作软件等。

电子商务软件是为了适应现代商务活动，利用信息交换技术，对各种商品交易相关业务进行综合处理和管理的应用软件，包括网上商城、物流中心、网络银行等。

3. 支撑软件

支撑软件（support software）是指支撑系统软件和应用软件的设计、开发、运行、测试、评估、维护等辅助功能的软件。软件开发环境（software development environment，SDE）是现代支撑软件的代表，包括环境数据库、各种接口软件和工具组。

环境数据库（environmental database）是软件开发环境的核心组成成分，是面向软件的环境数据系统集合，用来支撑各种软件工具。环境数据库存储的数据是动态的，并且可以共享使用。

接口软件（interface software）也称为中间件（middleware）。由于中间件位于操作系统、计算机网络以及数据库之上，应用软件之下，所以称之为中间件。中间件是一种独立的系统软件或者服务程序，用于分布式系统中。只有分布式应用软件才能借助这种软件在不同的技术之间实现资源共享、网络通信。

工具组是软件开发环境的一系列开发维护工具，工具间的联系通过存储在信息库中的共享数据得以实现。工具组包括网络连接工具、数据库管理工具等。

3.2 操 作 系 统

对于每一台计算机，都需要配置一种甚至多种操作系统。对于普通用户而言，使用没有操作系统的计算机是寸步难行的。可以说，没有操作系统的计算机就相当于没有灵魂的人类。从普通用户的角度，操作系统为其提供交互式的操作界面和各种各样的服务；从系统管理员的角度，操作系统实现软硬件资源的管理和调配，协调计算机高效工作。

3.2.1 操作系统的概念

计算机系统的层次结构如图 3–1 所示。

第四层	应用软件
第三层	其他系统软件
第二层	操作系统
第一层	裸机

图 3–1 计算机系统的层次结构

第一层：裸机，就是计算机的硬件部分，也包括所有网络设备。裸机不包含任何软件，它处于计算机系统层次结构的最底层。

第二层：操作系统，可以直接在裸机上运行。操作系统负责管理所有计算机系统资源，包括硬件系统和软件系统。裸机之上安装的操作系统被称为虚拟机（virtual machine）。操作系统不仅能够直接与硬件“打交道”，而且还是其他系统软件和应用软件能够运行的根本所在，是其他软件的基础。

第三层：其他系统软件，即除了操作系统之外的所有系统软件。在裸机上安装好操作系统之后就可以安装其他的系统软件了。

第四层：应用软件。应用软件处于计算机系统层次结构的最上层。用户根据计算机性能不同，操作系统不同，自身需求不同，安装的应用软件也不同。

操作系统是一系列管理和控制计算机系统的系统软件。

操作系统有以下两个重要作用：

（1）提高计算机系统的效率

操作系统能使计算机系统资源在合理的调配和管理下得到充分而有效的利用，以提高计算机系统的效率。操作系统是计算机硬件与软件的接口。

（2）方便用户使用

操作系统为用户使用计算机提供了一个良好的界面，使得用户不必知晓计算机是如何实现具体操作的，只需按照流程要求就可以实现用户需求。所以，操作系统是用户与计算机的接口。

3.2.2 操作系统的发展

1. 批处理操作系统

当计算机处于电子管时期，计算机的运行速度比较慢，人工干预并不多见。当计算机处于晶体管时期，计算机的性能得到了提高，人工干预增多，但是慢速的手工操作和高速的计算机运算之间产生了矛盾。这种人机矛盾在于，人工干预时间过长，而计算机在人工干预期间无事可做，将处于长时间等待状态，计算机的利用率过低。为了解决这种矛盾，提高计算机的效率，必须减少这种人工干预，实现计算机作业（job）的批量完成，这就是批处理操作系统产生的原因。

批处理（batch processing）是指用户将成批量作业提交给操作系统，用户后期不再干预，由操作系统控制作业按照一定的顺序自动运行。这种操作系统被称为批处理操作系统，简称批处理系统。批处理操作系统分为早期的单道批处理系统和现今的多道批处理系统。

单道批处理系统，也称为顺序批处理系统，由用户一次性提交多个作业，计算机系统顺序处理这些作业。由于计算机一次只能处理一个作业，所以当一个作业处理完成，第二个作业才能调入到系统中运行。这种系统的好处是减少了两个作业之间的等待时间，提高了计算机资源的利用率。但是，当作业进入输入或者输出数据阶段时，计算机的 CPU 将处于等待状态。计算机输入和输出设备都是低速设备，这使得 CPU 的等待时间变得漫长，所以 CPU 使用效率仍然低下，如图 3-2 所示。

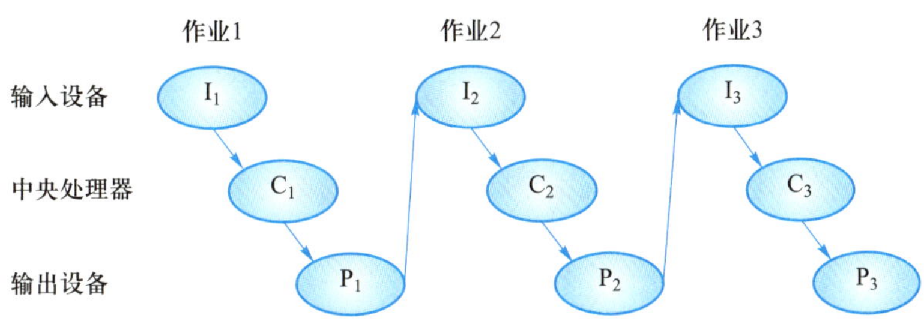

图 3-2　单道批处理系统的执行示例

如果一个作业是由输入（I）、计算（C）、输出（P）三部分组成，则图 3-2 所示是三个作业在计算机中顺序批处理执行的情况。每个作业按照输入（I）、计算（C）、输出（P）的顺序执行，只有当第一个作业全部完成，才能进行第二个作业的执行。单道批处理系统节约了 P_1 到 I_2 之间、P_2 到 I_3 之间的人工处理等待时间，但是 CPU 仍然效率低下。单道批处理系统不具有交互性。

多道批处理系统，也不具有交互性，它是为了提高 CPU 的利用率而产生的一种操作系统。如果一台计算机能同时处理多个作业，则称之为多任务。现代操作系统多为多任务操作系统。多道批处理系统把多个作业同时调入计算机内存，作业并发执行，这样就提高了系统资源的利用率，如图 3-3 所示。

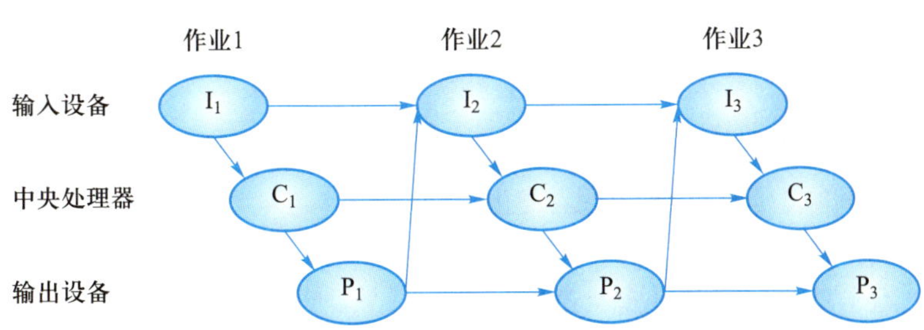

图 3-3　多道批处理系统的执行示例

在多道批处理系统执行三个作业时第一个作业没有结束，仍然可以去完成第二个作业。当第一个作业因某种原因不能继续运行（例如，等待外部设备输出时），多道批处理系统会将第二个作业投入运行。

批处理系统的缺点是没有人机交互，这使得在作业批处理过程中发生错误，用户并不能及时修改这些错误。用户只能耐心等待批处理结束，才能修改这些错误。由此，产生了一种新的操作系统——分时操作系统。

2. 分时操作系统

分时操作系统是指一台主机采用时间片轮转法同时为多个终端服务的一种操作系统。把一台主机与多个终端连接起来，分时操作系统将系统处理机时间按一定时间间隔（即时间片），轮流使用各终端用户的联机作业，主机通过交互方式在终端上显示作业运行结果。由于时间间隔很短，每个用户很难感觉到在和其他用户共享主机。分时操作系统的特点有四个：

（1）交互性

用户与主机之间可以进行人机交互，用户通过输入设备（例如，键盘、鼠标等）输入命令请求，主机能够及时响应这个请求，并将结果通过输出设备（例如，显示器、打印机等）显示出来。

（2）多路性

当一台主机连接多个终端，联机用户同时通过自己的终端使用主机，充分发挥系统的效率。

（3）独立性

联机用户之间互不干扰，独立使用主机。一个作业的运行并不会干扰到其他用户的联机使用。用户好像独占主机，并不能发现其他用户的存在。

（4）及时性

由于时间片足够短，用户的请求都能在有限时间内得到响应。一般分时操作系统的响应时间为秒级。例如，一台拥有 100 个终端用户的系统，时间片长度为 20 ms，则每个终端最多间隔 $100 \times 0.02 = 2$ s 就能得到一次主机响应。

常见的 UNIX 操作系统和 Linux 操作系统属于分时操作系统。

3. 实时操作系统

当计算机进入集成电路时期，计算机的性能再一次得到提升，具有应对实时控制以及实时处理应用的要求，也就产生了实时操作系统。实时操作系统的特点有三个：

（1）实时计时系统

实时的一个重要因素是高精度计时。精确的时间计算是完成某个操作的关键。

（2）中断处理机制

对于不同的外部事件，实时操作系统会将其分级处理。级别较高的事件将得到立即响应，级别较低的事件将延时处理，甚至终止响应。

（3）实时调度机制

实时操作系统要求及时调度实时请求任务。

实时操作系统分为两类：

（1）实时控制系统

实时控制系统用于过程控制。例如，宇航控制、导弹发射、工业控制、铁路运输控制等。

（2）实时处理系统

实时处理系统用于对信息进行及时的处理。例如，航班订票、图书管理、银行业务处理等。

因此，实时操作系统比分时操作系统要求更“及时”。一般实时操作系统的响应时间为毫秒级、微秒级，甚至更短。

嵌入式操作系统（embedded operating system，EOS）属于实时操作系统，常见的有 VxWorks、嵌入式 Linux、Windows CE 等。

4. 网络操作系统

网络操作系统（network operating system）是一种针对网络计算机并为其提供联网服务的操作系统。网络操作系统的功能是进程管理、内存管理、设备管理、文件管理和网络通信服务。其中，网络通信服务包含网络通信协议、通信控制程序、终端处理程序等。

在客户机 / 服务器模式中，网络操作系统是运行在服务器之上的，所以也称之为服务器操作系统。

现代操作系统都具有网络功能，能够实现网络共享、网络通信等操作。

5. 分布式操作系统

分布式系统（distributed system），又称为分布式软件系统，即实现分布式处理的系统，是在网络通信互联的多处理机体系结构之上运行的软件系统。分布式系统具有高内聚和全透明的特性。分布式系统的一个主要组成部分是分布式操作系统（distributed operating system）。

分布式操作系统负责分布式处理系统资源（包括物理资源和逻辑资源）和分布式控制消息通信。相对于网络操作系统，分布式系统内部结构对用户而言是完全透明的，且所有资源是自治合作的关系。

3.2.3　常见操作系统

按照应用领域可将操作系统分为三类：桌面操作系统、服务器操作系统和嵌入式操作系统。

1. 桌面操作系统

桌面操作系统是根据人通过台式机或者笔记本电脑的键盘或者鼠标发出的指令进行工作的操作系统，其包括以下五种：

（1）DOS 操作系统

DOS 操作系统，即 disk operation system（磁盘操作系统），是最早的个人计算机操作系统。DOS 4.0 以下版本都是单用户单任务操作系统，DOS 4.0 以上版本改为多任务操作系统。DOS 操作系统一般为黑底白字、命令行界面，输入 EXE 或 BAT 文件运行程序。早期的版本是由微软公司为 IBM 公司的个人计算机开发的，称为 MS-DOS（Microsoft disk operating system）；1981 年 IBM 公司推出 PC-DOS；增加汉字功能的有 CC-DOS。

Windows NT 问世以来，DOS 则是一个后台程序，是 Windows 命令提示符，可通过运行 cmd 命令进入。

（2）Windows 操作系统

Microsoft Windows 是微软公司开发的、具有图形用户界面（GUI）的操作系统，主要运用于计算机、智能手机等设备。Microsoft Windows 有很多版本，包括普通版本（Windows 10 等）、服务器版本（Windows Server）、手机版本（Windows Phone 等）、嵌入式版本（Windows CE 等）。

Windows 是多任务、多线程的操作系统，便捷的鼠标操作深受大众用户喜爱。友好的交互式界面，提供窗口（Windows）便捷操作，易学易懂。Windows 拥有众多的应用软件，例如，办公自动化、多媒体软件等。

Windows 普通版本从 1985 年开始，有 Windows 1.0/2.X/3.X、Windows 95/98/2000、Windows XP、Windows 7/8/10 等。

2021 年 Windows 11 发行，应用于计算机和平板电脑等设备。

（3）UNIX 操作系统

UNIX 操作系统是贝尔实验室开发的操作系统，可以作为单机操作系统和网络操作系统使用。

UNIX 操作系统是一个分时操作系统，最早由汇编语言开发，后来改为 C 语言开发。UNIX 操作系统应用广泛，在微型机、小型机、中型机、大型机之上均有应用。2020 年，苹果公司将操作系统升级，UNIX 操作系统与苹果计算机结合，不仅提高了计算机的运行速度，而且也增加了电池的使用寿命。

UNIX 操作系统是多用户、多任务的操作系统，UNIX 系统从软件结构上分为核心程序和外围程序两个部分。

类 UNIX 操作系统可靠性高、安全性强，包含 System V、BSD 和 Linux。

（4）Linux 操作系统

Linux（GNU/Linux）是一种类 UNIX 操作系统，可免费使用，开源代码，并且能自由传播。

其内核是芬兰赫尔辛基大学学生 Linus 于 1991 年 10 月 5 日首次发布，开发后并通过网络供所有人免费下载。经全世界软件爱好者修正更新，其功能完善，系统稳定。

Linux 操作系统是一个基于 POSIX 的多用户、多任务、多线程和多处理机的操作系统。常见的 Linux 版本主要有 Red Hat、Debian 和 SUSE 三个。Red Hat 目前最新版本是 RHEL 8，该系统具有极强的稳定性，在全球范围内都可以获得完善的技术支持。Debian 系统具有很强的稳定性和安全性，并且提供了免费的基础支持，可以良好地适应各种硬件架构以及提供近十万种不同的开源软件，在国外拥有很高的认可度和使用率。Debian 系统主流版本有 Debian 和 Ubuntu。SUSE 是欧洲大陆最流行的 Linux，起源于德国，主要版本有 SUSE Linux，针对个人用户，可以免费下载。

知识扩展

Windows 系统如何使用 Linux 系统中的应用

Windows 下有很多的收费商业软件，但很多同类软件在 Linux 系统下是免费、开源的，因而在需要使用此类软件时，可以通过 Linux 系统来使用。在 Windows 系统中使用 Linux，可以借助虚拟机软件（如 VMware、VirtualBox 等）或 Windows 集成的 WSLG（Windows subsystem for Linux GUI）。此处介绍通过 Windows 的 WSLG 运行 Ubuntu 系统中的软件。Ubuntu 是当今最受欢迎的免费操作系统，是一个以桌面应用为主的 Linux 操作系统，Ubuntu 的目标在于为一般用户提供一个最新的、同时又相当稳定的主要由自由软件构建而成的操作系统。

Windows 10 开始集成 WSLG，但无图形界面，Windows 11 提供的 WSLG 集成了 GUI，其安装的应用也会出现在 Windows 的“开始”菜单中，就像 Windows 原生应用一样，具体使用步骤如下：

① 安装 vGPU 驱动。在 Windows 官方网站，根据自身计算机的 GPU 类型安装指定的驱动程序。

② 下载安装 Ubuntu。在“开始”按钮右击，选择“ Windows Powershell（管理员）”命令，打开 Windows 终端，然后输入“wsl –install –d Ubuntu”开始下载和安装。

③ 输入用户名和密码。安装完 Ubuntu 后，重启计算机，按提示输入账户名和密码。

④ 安装 Ubuntu 软件。在 Windows 中启动 Ubuntu，在终端输入并执行“ sudo apt update”命令更新软件列表。更新完成后，输入并执行“ sudo apt-get install < 应用程序名 >”命令安装软件即可。

（5）macOS 操作系统

macOS 是由苹果公司开发的，并运行于 Macintosh 系列计算机上的操作系统。macOS 是基于 XNU 混合内核的图形化操作系统，一般情况下在普通 PC 上无法安装。由于 macOS 的架构与 Windows 不同，所以很少受到计算机病毒的袭击。

苹果公司从 1984 年开始发布了诸多版本，有 System 1/2/3/4/5/6/7、macOS 8/9、macOS X 10.X，macOS 10/11/12。2022 年 8 月 26 日发布了 macOS 13。

macOS 具有以下四个特点：每个应用都具有全屏幕窗口模式，避免了其他应用干扰；任务控制整合了程序坞和控制面板，并可以窗口模式或者全屏模式查看各种应用；快速启动面板简化了操作，用户可以很容易地找到各种应用；当用户从 Mac App Store 应用商城购买或者下载一个应用后，计算机会自动将它安装到启动台中。

2. 移动操作系统

移动操作系统属于嵌入式操作系统的一种。

（1）安卓（Android）操作系统

安卓操作系统由美国谷歌公司开发，是一种基于 Linux 内核（不包含 GNU 组件）的自由及开放源代码的移动操作系统。

谷歌公司从 2007 年 11 月 5 日开始发布了诸多版本，从 Android 1.0 Beta 版本开始到目前的 Android 14 版本。

安卓操作系统由操作系统、中间件、用户界面和应用软件组成。安卓操作系统具有以下四个特点：允许任何移动终端开发商加入到 Android 大家庭中；丰富的资源；自由的环境给第三方开发商提供了方便；Google 全面服务。

（2）iOS 操作系统

iOS，原名是 iPhone OS，是由苹果公司开发的操作系统，属于类 UNIX 操作系统。iPad、iPhone、iPod touch 均可使用。

苹果公司从 2008 年 3 月 6 日开始发布了诸多版本，从 iOS 1.X 版本开始到目前的 iOS 16.X 版本。

iOS 的用户界面支持多点触控直接操作；个性化设置更加丰富；内置应用特点突出，包括“邮件”、Safari 浏览器、Pages 文稿、Numbers 表格、Keynote 讲演、地图、信息、提醒事项和日历等。

（3）鸿蒙（Harmony）操作系统

鸿蒙操作系统是华为技术有限公司开发并于 2019 年发布的一种移动操作系统，是一款全新的面向全场景的分布式操作系统，将消费者在全场景生活中接触的多种智能终端，实现极速发现、极速连接、硬件互助、资源共享，用合适的设备提供场景体验。鸿蒙操作系统架构中的内核会把之前的 Linux 内核、鸿蒙操作系统微内核与 Lite 操作系统合并为一个鸿蒙操作系统微内核。鸿蒙操作系统创造了一个超级虚拟终端互联的世界，将人、设备、场景有机联系在一起。由于鸿蒙系统微内核的代码量只有 Linux 宏内核的千分之一，其受攻击的概率也大幅降低。2022 年 7 月，华为发布 HarmonyOS 3.0 版。HarmonyOS 3.0 在上一代成功的基础上，进行了全面的更新与优化，为用户带来“常用常新、更进一步”的升级体验，并将视频通话广泛应用在智慧办公、运动健康、智能家居、智慧出行等场景上，鸿蒙系统的重心已从手机转向物联网。2023 年 8 月 4 日，鸿蒙 4 操作系统正式发布；2024 年 1 月 18 日，HarmonyOS NEXT 星河版发布，华为宣布将与头部企业、顶尖高校和人才培养机构等共同开启鸿蒙生态的新战役，面向开发者全面开放申请。

3.2.4　操作系统的功能

1．进程管理

（1）进程与程序

程序（program）是指一组能被计算机识别并执行的有序指令序列。程序是静态的，存储在外存中。程序的特性有三个：

① 顺序性：在单道程序系统中，程序独占 CPU，程序的执行与进入系统的顺序有关。

② 封闭性：程序的执行与外界环境无关，其结果只与程序自身相关。

③ 可再现性：程序无论执行多少次，其结果只与程序的输入有关。相同的程序输入，只能得到相同的程序输出。

在多道程序系统中，一台计算机可以同步执行多个程序，程序是并发执行的，一组程序执行未结束之前，另一组程序已开始执行。这种情况下，程序的概念无法很好地解释程序的执行状态，由此，就有了“进程”的概念。

进程（process）是可并发执行的程序在给定数据集合上的一次执行过程。进程也是 CPU 资源的分配单位。进程的特征有四个：

① 动态性：进程是程序在多道程序系统中的一次执行过程，进程因创建而动态产生，因执行结束而动态消亡。所以，进程具有生命周期。

② 并发性：任何进程都可以同其他进程一起并发执行。在一段时间内，处理器交替执行进程。

③ 独立性：进程是一个独立运行的基本单位，是系统资源分配和调度的基本单位。

④ 异步性：进程是以异步方式运行的，内存中一个进程何时执行，执行多少时间都是不可知的，处理机需要负责各个进程之间的协调运行。实际上，处理器仍然是独占使用的。微观上看，处理器在某个时间点只能处理一个进程，进程串行执行；宏观上看，多个进程同时执行，进程并行执行，异步占用处理器。所以，进程在执行过程中处于“走走停停”的状态。

（2）进程的状态

就绪态（ready）：进程已获得除处理器外的所有资源，已具备执行条件，但处理器忙，进程处于等待状态，进入等待队列排序。就绪进程可以按多个优先级来划分队列。

运行态（running）：进程已获得处理器，处理器执行进程。

等待态（wait）：也称为阻塞态（blocked），进程因等待而无法继续执行，等待下一个事件的发生。

进程的状态转换如图 3-4 所示。

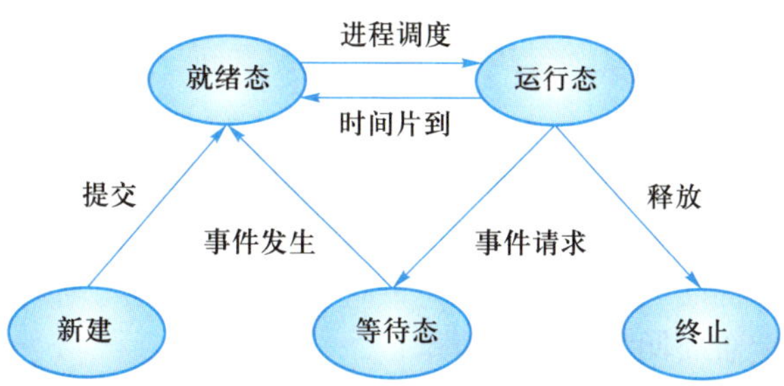

图 3-4　进程状态转换

就绪态→运行态：操作系统按照某种策略使就绪队列中的某个进程占用处理器。

运行态→就绪态：由于时间片到，或者出现更高级别的进程时，使正在运行态的进程让出处理器，回到就绪队列。

运行态→等待态：当运行态的进程因受阻而等待下一次调度。例如，等待外设，等待主存等资源分配，等待人工干预等。

等待态→就绪态：当等待的事件发生，重新进入就绪队列排队。

（3）线程

线程（thread）是操作系统中进行运算调度的最小单位。它被包含在进程之中，是进程中的实际运作单位。一条线程是进程内一个相对独立的控制流，一个进程中至少包含一个线程，也可以有多个线程，每个线程执行的任务不相同。线程是进程的一部分，所以线程也被称为轻量级进程（light-weighted process）。线程与进程不同，区别有四点：

① 进程是资源的分配单位，线程是 CPU 的调度单位。

② 线程的上下文切换速度比进程快，仅改变堆栈寄存器即可。

③ 线程的通信速度比进程快。由于同进程内的线程共享通信地址，一个线程写入的数据可被同进程内的其他线程直接读取。

④ 线程的系统开销比进程小，只涉及内存分配。

进程和线程的关系如图 3-5 所示。

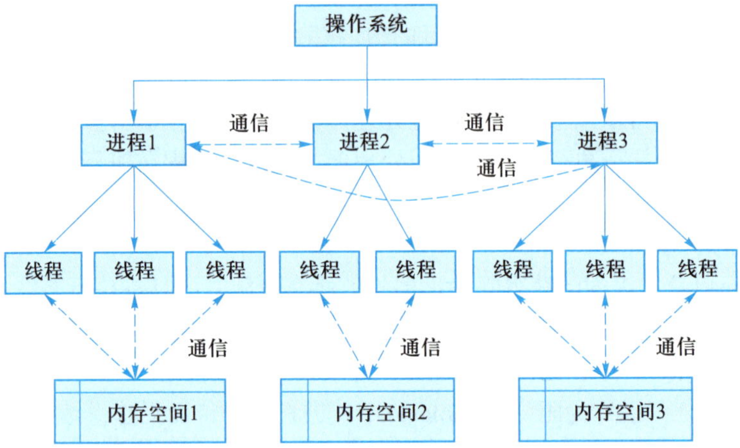

图 3-5 进程和线程的关系

图 3-5 中拥有三个进程，每个进程拥有的线程数量不等，不同的进程拥有的内存空间并不相同。由于同一进程的线程之间共享同一个内存空间，所以通信容易，速度快。

（4）作业

在计算机操作系统中，作业（job）是计算机操作员提供给操作系统执行任务的工作单元。作业包括程序、相应的数据和作业说明书。作业有四个状态：提交状态、后备状态、执行状态和完成状态。提交状态到后备状态的过程是作业建立。后备状态到执行状态的过程是作业调度。作业生命周期如图 3-6 所示。

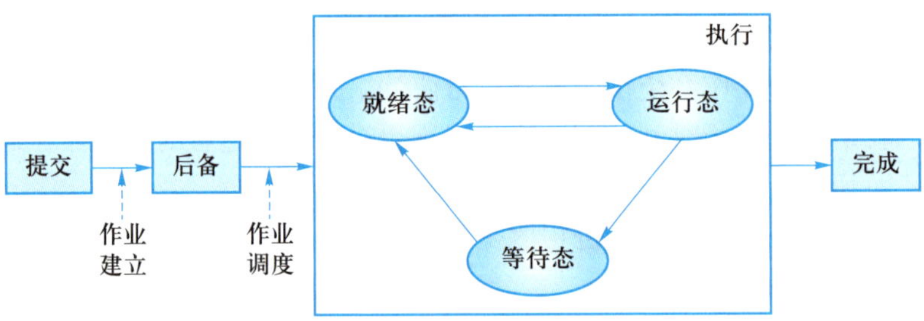

图 3-6 作业生命周期

当用户将程序和数据提交给操作系统后，建立作业，并在后备队列中排队，等待作业调度。作业按照一定的调度策略进入执行状态。在完成执行之后，作业完成或终止。

2. 主存管理

任何程序的执行，都需要从主存中存取指令和数据。主存管理在早期也叫作存储管理，有分区管理、分页管理、分段管理和段页式管理等。主存管理主要有四个管理功能：地址映射、存储分配、存储保护和虚拟存储。

地址映射：也称为地址变换，是将用户程序的逻辑地址转换成主存中物理地址的过程。用户程序的逻辑地址划分成若干个页，主存中物理地址划分成若干个块。由页向块的转换过程就是地址映射。

存储分配：将用户程序载入主存，并安置到主存一定的位置。主存空间可以根据用户程序大小划分成大小不等的区域，分区管理和分段管理采用这种方法；主存空间也可以划分成统一大小的区域，分页管理采用这种方法。

存储保护：在多道程序系统中，用户程序共享主存空间，每个用户程序占用一定的存储空间。这个空间被操作系统保护起来，用户程序只能在规定空间中活动，不被其他用户程序干扰。

虚拟存储（virtual memory）：为弥补主存不足而采用的一种主存和辅存交换的技术。由于现代计算机软件需求主存空间越来越大，常常出现主存空间不够用的情况。而辅存空间往往较大，可以用来“扩充”主存空间。操作系统将需要立刻执行的用户数据和程序一部分放入主存中，另一部分不被立即使用的放入辅存中，以得到一个比实际主存空间大得多的存储空间。但是，辅存空间的数据和程序并不能直接执行，必须将主存中的数据和程序放入辅助，再将辅存中的数据和程序调入主存，这种交换技术就是虚拟存储。

3. 文件管理

文件（file）是由文件主名和文件扩展名组成的且在逻辑上有完整意义的信息集合体。在早期的 DOS 操作系统中，支持 8.3 命名格式，即文件主名不超过 8 个字符，文件扩展名不超过 3 个字符。现今的 Windows 操作系统允许使用长文件名格式，其规则如下：

① 文件主名可以使用 1 到 255 个字符。文件主名中允许使用空格，但不允许使用下列字符：< > / \ | : " * ?（英文输入法状态）。

② 文件扩展名表示文件的类型，可使用多点间隔符格式命名。例如，hello.in.txt 是一个合法的文件名，其文件类型由最后一个文件扩展名决定，即 .txt 才是文件扩展名。

③ 文件名中出现的大小写字母在显示时虽然不同，但是在使用时不区分大小写。例如，hello.txt 和 Hello.txt 是没有区别的。

文件系统对文件采用多级目录结构（树形目录结构）进行管理。在 Windows 操作系统中，目录被称为文件夹。计算机通过文件的目录来实现对文件的按名存取。相同目录下面不能有完全同名的文件。但是，文件主名相同，文件扩展名不相同是可以同时存在于一个目录下面的。例如，w.txt 和 w.docx 可以存在于同一个目录下面，如图 3-7 所示。

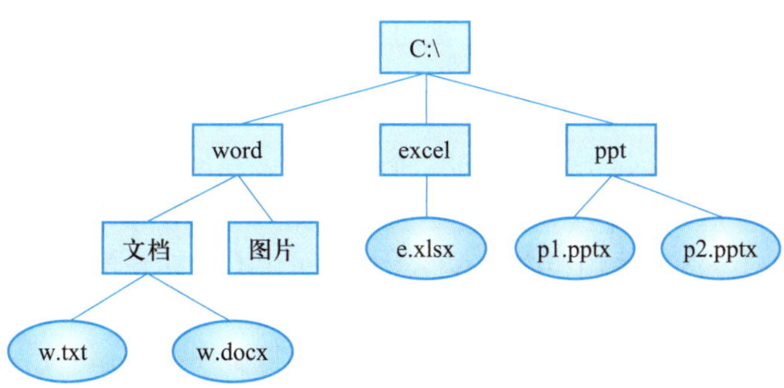

图 3-7　树形目录结构

树形目录结构就像一棵倒生的树，根在最上面（例如，C:\）；枝干在中间（例如，word 文件夹），图 3-7 中除根以外的所有矩形框属于枝干；叶子在最下面（例如，e.xlsx），图 3-7 中所有椭圆形框属于叶子。

为了保证文件的安全，对于不同的用户或者不同的文件，可以给予不同的安全性保护。有四种方式保护文件的安全：

（1）存取控制矩阵

存取控制矩阵用一个二维矩阵实现存取控制，矩阵的一维是所有用户或者用户组，另一维是所有文件，对应的矩阵元素则是用户对文件的存取控制权。存取权限有只执行（E）、只读（R）、只写（W）、追加（A）等，如表 3-1 所示。

表 3-1 存取控制矩阵

用户	文件			
	w.docx	e.xlsx	p1.pptx	p2.pptx
教师组	RWE	RWE	RWE	RWE
学生组	R	R	W	W
其他	NONE	NONE	NONE	NONE

（2）用户权限表

以用户或用户组为单位，将用户可存取的文件集中起来存入表中，表中每个表目表示该用户对文件的存取权限，如表 3-2 所示。

表 3-2 学生组用户权限表

文件	权限		
	R	W	E
w.docx	√	×	×
e.xlsx	√	×	×
p1.pptx	×	√	×
p2.pptx	×	√	×

（3）口令

用户在创建文件时，为每个文件设置一个口令，若允许其他用户访问，只需告诉其口令即可。用户为每一个文件制定一条口令，并写入用户文件目录中。存取文件时，必须提供与目录中一致的口令才能使用相应的文件。口令可以有效防止信息的泄露。

（4）加密

为了防止信息泄露，除了口令方式外，还可以对文件进行编码。用户将文件写入存储设备时对文件进行编码加密，在读出文件时进行译码解密。

4. 设备管理

设备管理是指对计算机除 CPU 和主存以外的其他外部设备的管理，可把这些设备分为四类：

① 输入设备：如键盘、鼠标、麦克风、扫描仪等。

② 输出设备：如显示器、打印机、音箱等。

③ 外存：如硬盘、光盘、U 盘等。

④ 数字通信与控制设备：详见 7.1 节。

输入输出设备简称 I/O 设备。

按资源分配的角度可将设备分为三类：

① 独占设备（exclusive device）：是指操作系统将这种设备分配给某个进程后，会被进程所独占，直到释放为止。例如，低速的 I/O 设备、终端等。

② 共享设备（shared device）：是指操作系统允许多个进程交替使用的设备。例如，硬盘等。

③ 虚拟设备（virtual device）：是指通过虚拟技术将一台独占设备虚拟成多台可被多进程使用的共享设备。例如，虚拟光驱、虚拟网卡等。

按信息交换的单位可将设备分为两类：

① 块设备（block device）：按连续数据区组织和存取数据的设备。例如，磁盘、磁带等。这种设备的传输速率较高。

② 字符设备（character device）：指以字符流方式逐字符存取数据的设备。例如，键盘、鼠标等。这种设备的传输速率较低。

3.3 办公软件

3.3.1 办公软件简介

Microsoft Office 是由 Microsoft（微软）公司开发的一套办公软件套装。Office 组件主要包括 Word、Excel、PowerPoint 等，这些组件都在其相对应的领域拥有绝对的统治地位。

文字处理软件 Word：它具有强大的图文表混排功能，对于办公族是必不可少的工具，私有的 DOC 格式是文字处理行业的标准。早期版本文件后缀为 .doc，最近的版本文件后缀为 .docx。

电子表格软件 Excel：它内置了海量的函数与公式，可以对数据进行分类、排序、查找以及绘制图表等。早期版本文件后缀为 .xls，最近的版本文件后缀为 .xlsx。

演示文稿软件 PowerPoint：它能够将多媒体素材糅合在一起，形成精美的幻灯片。例如，会议报告、年度总结、策划方案等都可使用。早期版本文件后缀为 .ppt，最近的版本文件后缀为 .pptx。

Office 办公软件的最新版本为 Office 365（Office 2021）。Office 365 是一项基于云的付费订阅服务，汇集了很多在工作中经常使用的工具，可灵活按年或按月续费。完整的 Office 2021 套件有 Word、Excel、PowerPoint、Access、Outlook、OneNote、InfoPath、Publisher 和 Visio，可以在 Windows PC、Mac、iPad、Windows 平板和智能手机（iOS、Android 和 Windows Phone）上使用。

Office 办公软件中所有组件的工作界面有类似之处，下面就以 Word 2016 为例，来讲解工作界面的操作和使用方法。

1. 启动 Word 文字处理软件

常见的启动方法有 3 种：

① 单击【开始】菜单，选择【所有程序】→【Word 2016】命令。

② 可以在桌面创建 Word 2016 的快捷方式，双击这个快捷方式图标。

③ 双击已有的 Word 2016 文字处理文件（后缀是 .doc 或者 .docx 的文件）。

2. Word 2016 的工作界面

启动 Word 2016 后看到的第一个页面，称之为 Word 2016 的工作界面，如图 3-8 所示。

图 3-8 Word 2016 的工作界面

① 标题栏：位于窗口顶端，显示正在运行的文件名称，左边是快速访问工具栏，右边是【最小化】【最大化】（或者【还原】）和【关闭】三个按钮。

② 快速访问工具栏：一般将最常用的快捷按钮放在这里，例如，Word 2016 的快速访问工具栏默认有三个按钮：【保存】【撤销】和【重复】按钮，如图 3-9 所示。如果想对这些按钮进行调整，可以单击最右边的【自定义快速访问工具栏】下拉按钮，对相应的命令进行修改即可，如图 3-10 所示。

③ 选项卡：打开 Word 2016 时，有 8 个默认选项卡，分别是【开始】【插入】【设计】【布局】【引用】【邮件】【审阅】和【视图】，如图 3-8 所示。有些选项卡只有在进行特定操作时才会显示。例如，选中一幅图片，此时【图片工具 | 格式】选项卡会自动出现，如图 3-11 所示。选项卡可以折叠起来。例如，只需要输入文字，不需要对格式等做修改，就可以双击任意选项卡，将选项卡折叠起来，如图 3-12 所示。

图 3-9　快速访问工具栏

图 3-10　自定义快速访问工具栏

图 3-11　选中图片后的工作界面

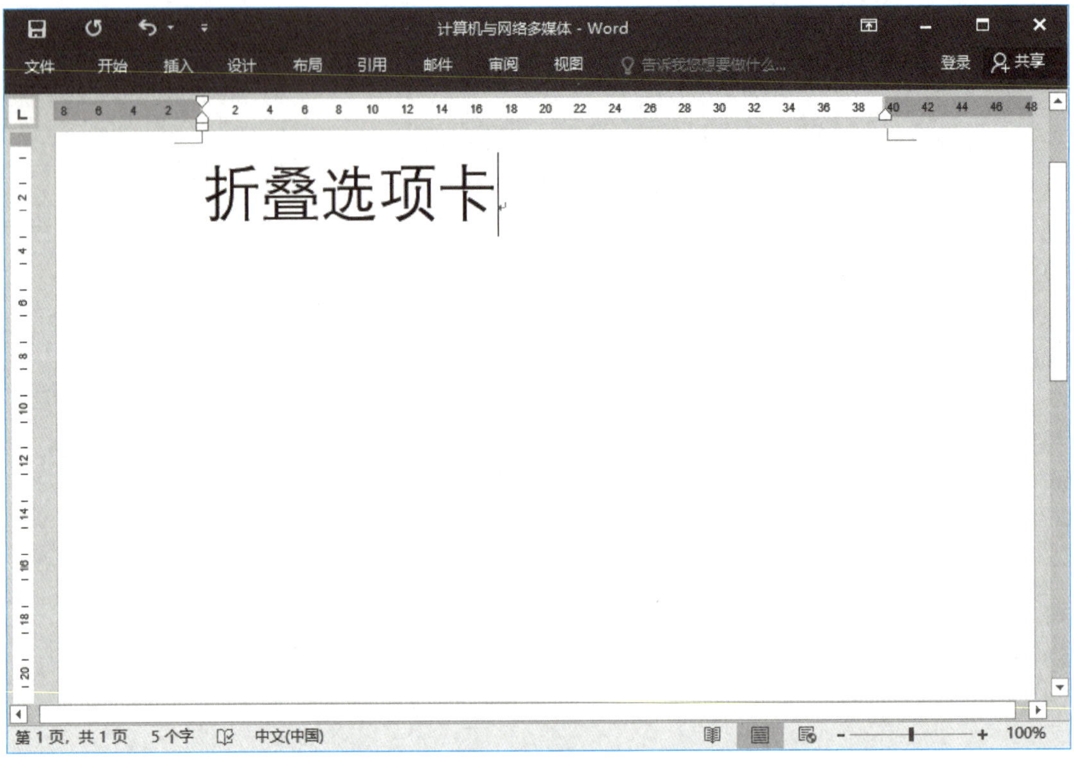

图 3-12 折叠选项卡后的工作界面

④ 选项组：每个选项卡都包含若干个选项组。例如，在【开始】选项卡中，有 5 个选项组，分别是【剪贴板】【字体】【段落】【样式】和【编辑】，如图 3-13 所示。

⑤ 按钮：每个选项组都有若干个常用按钮，其他按钮可以通过选项组右边的对话框启动器按钮找到，如图 3-13 所示。

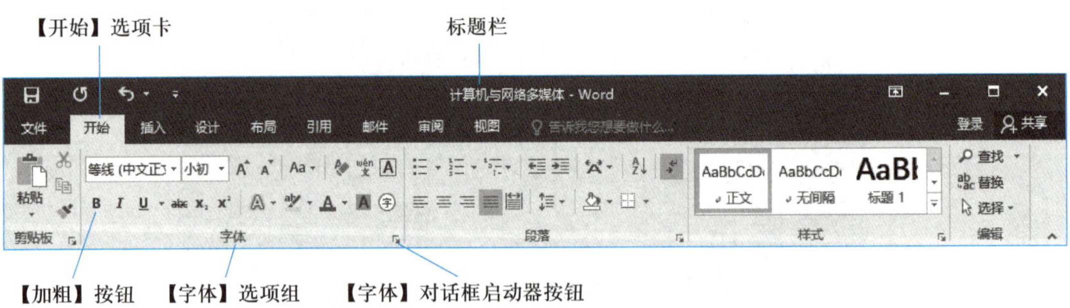

图 3-13 选项卡、选项组、按钮和对话框启动器按钮

⑥ 文本编辑区域：打开一个新的 Word 2016 后，就需要在文本编辑区域输入文本。在制作后期，还需要在这个区域编辑文字、插入图片、创建表格等。

⑦ 状态与视图栏：位于窗口底端，Word 2016 会显示当前打开文档的信息，例如，当前文档的总页数、当前页码、总字数等。在窗口的右下角还会显示视图状态和显示比例，如图 3-14 所示。

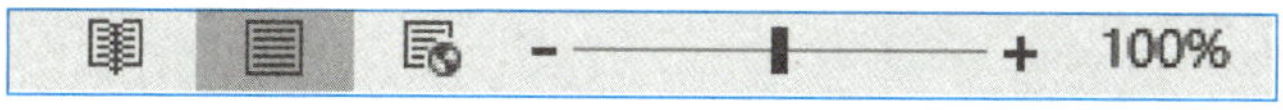

图 3-14　状态与视图栏的视图状态和显示比例

3. 关闭 Word 文字处理软件

常见的关闭方法有 5 种：

① 单击 Word 2016 窗口右上角的【关闭】按钮。

② 双击 Word 2016 窗口左上角的图标按钮。

③ 在 Word 2016 窗口最上方单击右键，在弹出的快捷菜单中选择【关闭】选项。

④ 单击 Word 2016 窗口左上角的【文件】菜单，在打开的菜单中选择【退出】命令。

⑤ 快捷方式：按 Alt+F4 键。

3.3.2　Word 文件处理

1. 文档排版

① 字符排版：在【开始】选项卡的【字体】选项组中，可以修改文字的字体、字号、大小写、加粗、倾斜、上标、下标、字体颜色等，如图 3-13 所示。

② 段落简单排版：在【开始】选项卡的【段落】选项组中，可以修改段落的项目符号、编号、多级列表、文本对齐、底纹等，如图 3-13 所示。

③ 段落排版：在【开始】选项卡的【段落】选项组中，启动【段落】对话框，可以修改段落的首行缩进、缩进、行距、间距等，如图 3-15 所示。

④ 页面设置：在【页面布局】选项卡的【页面设置】选项组中，可以对整篇文档或文档中的部分节内容进行修改纸张方向、纸张大小、分栏、插入分隔符等，如图 3-16 所示。

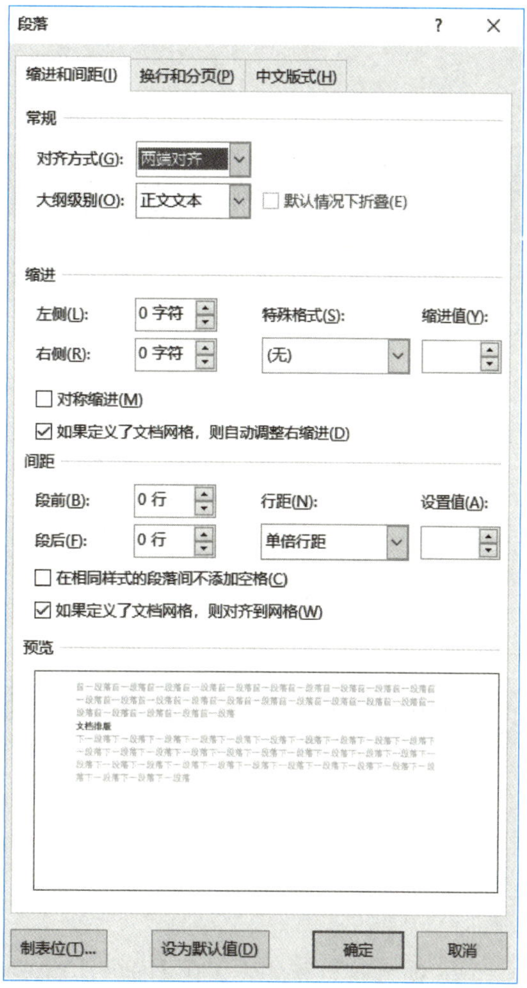

图 3-15　【段落】对话框

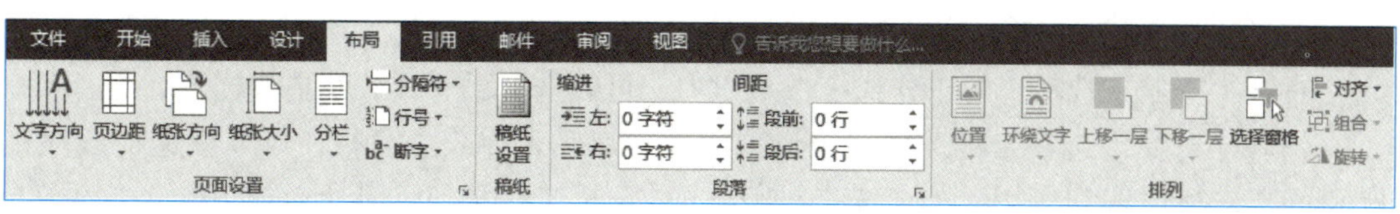

图 3-16　“布局”选项卡

2. 图文表混排

① 插入表格：在【插入】选项卡的【表格】选项组中，选择【表格】下拉菜单，可以插入任意大小的表格，如图 3-17 所示。在插入表格后，【表格工具 | 设计】和【表格工具 | 布局】选项卡会自动出现，可以修改表格样式、增删行列、合并拆分单元格、设置对齐方式等，如图 3-18 所示。

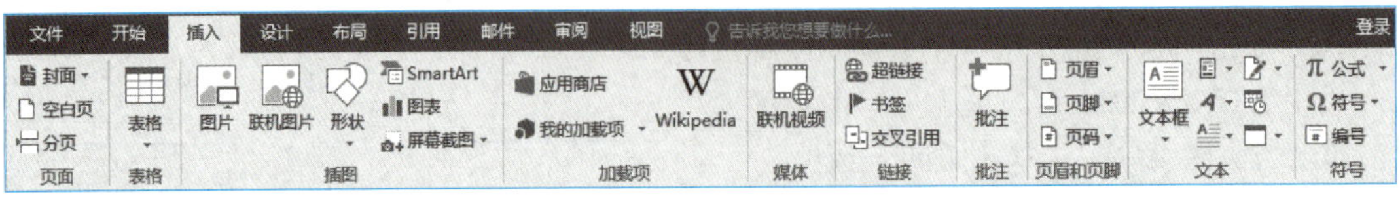

图 3-17 【插入】选项卡

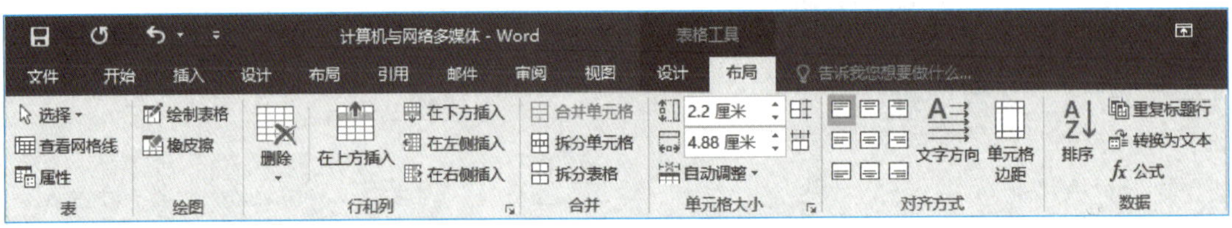

图 3-18 “表格工具 | 布局”选项卡

② 插图：在【插入】选项卡的【插图】选项组中，可以插入图片、剪贴画、形状、SmartArt 图形、图表等，如图 3-11 所示。

③ 插入艺术字：在【插入】选项卡的文本】选项组中，选择【艺术字】下拉菜单，可以插入规定样式的艺术字。在插入艺术字后，【艺术字工具 | 格式】选项卡会自动出现，可以修改艺术字样式、阴影效果、排列、大小等，如图 3-19 所示。

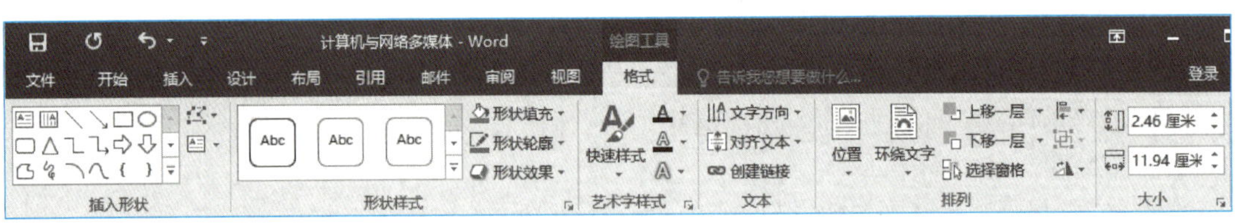

图 3-19 【艺术字工具 | 格式】选项卡

④ 插入符号和公式：在【插入】选项卡的【符号】选项组中，选择【公式】下拉菜单，可以插入各种数学公式。在【插入】选项卡的【符号】选项组中，选择【符号】下拉菜单，可以插入各种符号。

3. 长文档排版

① 在【开始】选项卡的【样式】选项组中，可以选择已有样式和更改样式。

② 在【开始】选项卡的【样式】选项组中，启动【样式】窗格，可以对文档各级标题和正文进行设置和应用，如图 3-20 所示。每篇长文档都包含若干标题和正文。例如，本书就有若干章节。可以将所有的章设置为“标题 1”，所有的节设置为“标题 2”，其他

内容设置为“正文”。这样就使得整本书有了统一的格式，方便修改和查找需要的章节内容。

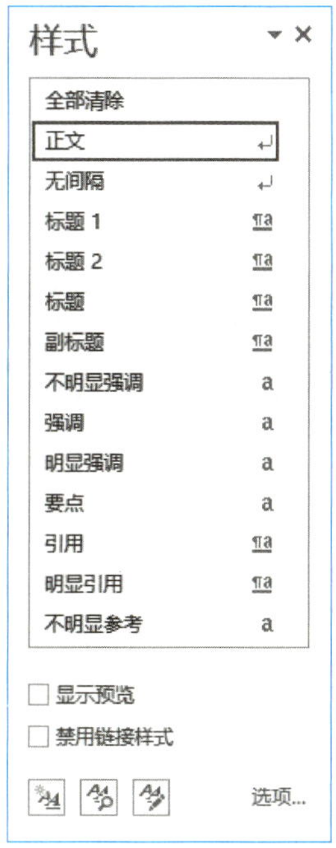

图 3-20　【样式】窗格

③ 在【插入】选项卡的【页眉和页脚】选项组中，可以插入页眉、页脚和页码，如图 3-17 所示。这时，会出现【页眉和页脚工具 | 设计】选项卡，可以修改页眉和页脚的格式，设置首页不同、奇偶页不同等。例如，长文档的首页一般是封面，没有页眉和页脚，可以勾选【首页不同】复选框；除了首页外的奇偶页页码位置不同，一个在左下角，一个在右下角，可以勾选【奇偶页不同】复选框，如图 3-21 所示。

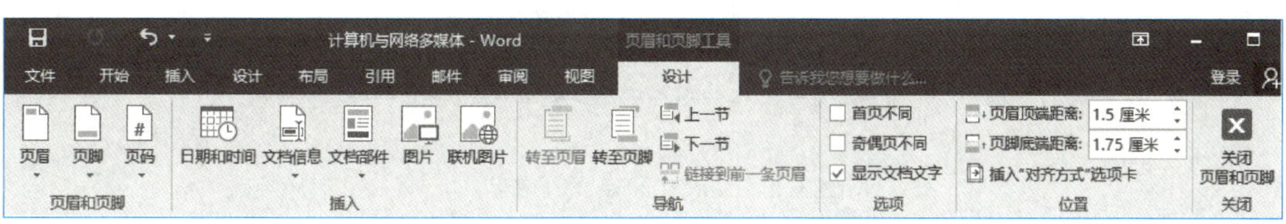

图 3-21　【页眉和页脚工具 | 设计】选项卡

④ 选择【引用】选项卡，可以插入或者修改文章目录、脚注、尾注、索引等，如图 3-22 所示。

图 3-22　【引用】选项卡

3.3.3　Excel 电子表格处理

1. 工作簿、工作表与单元格

工作簿就是一个 Excel 电子表格的文件名，如图 3-23 所示，在 Excel 2016 的工作界面中，最上方的标题栏显示一个默认新建的 Excel 文件名为“工作簿 1”。

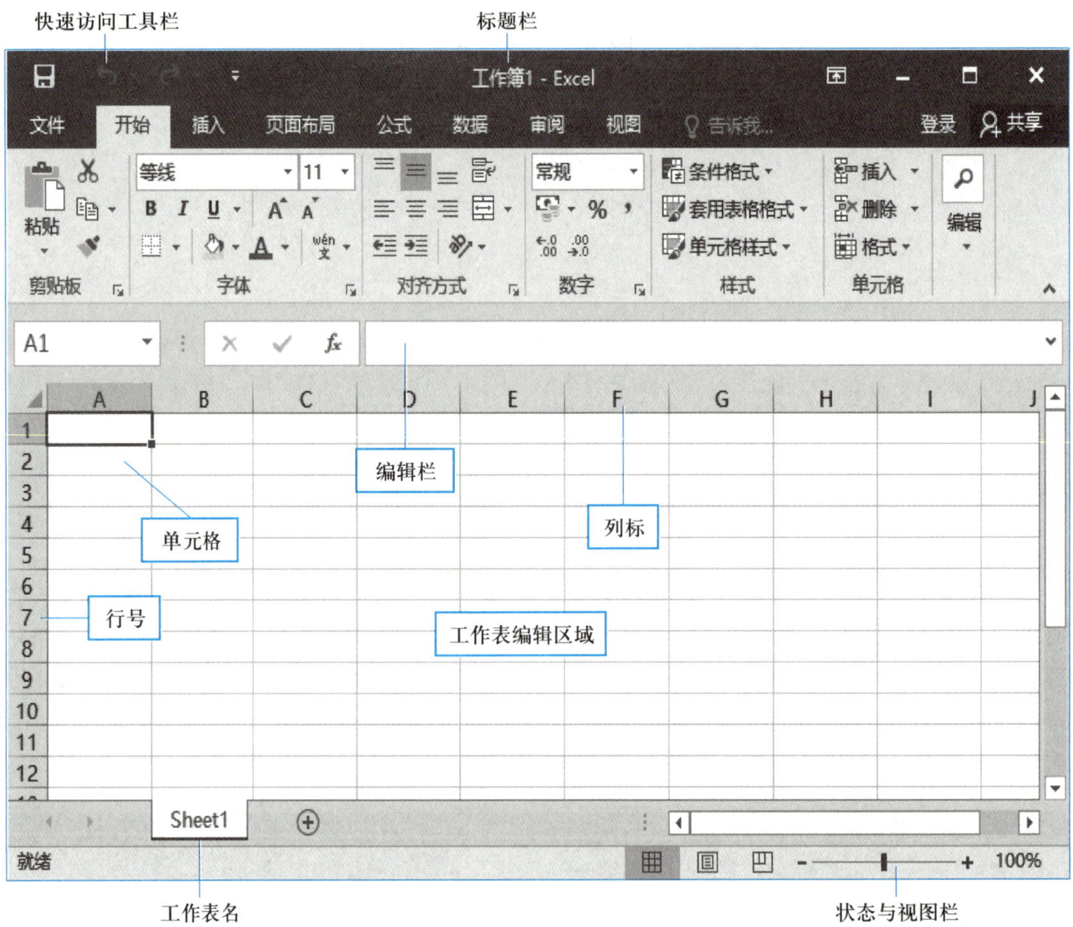

图 3-23　Excel 2016 的工作界面

每个工作簿默认打开工作表 Sheet1，如图 3-23 左下角所示。单击工作表名，可以在工作表之间任意切换。右击工作表名时，会弹出如图 3-24 所示的快捷菜单，可以对工作表进行插入、删除、重命名、移动、复制等操作。

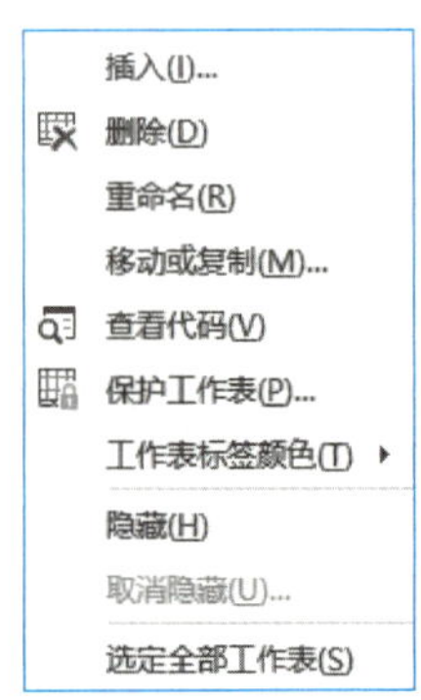

图 3-24　工作表快捷菜单

与 Word 不同的是，这里的工作表编辑区域是由列和行组成的一个一个单元格构成。列标用 A、B、C、……等英文字母表示，行号用 1、2、3……阿拉伯数字表示。表示单元格时，列标写前面，行号在后面。例如，单元格 F4 表示列标为 F、行号为 4 的单元格。

2. 相对地址与绝对地址

单元格地址有三种表示方式：

① 相对地址：由列标和行号组成，例如，K6。如果公式中引用的是相对地址，使用自动填充柄功能时，公式将随着地址的改变而改变。

② 绝对地址：由绝对列标和绝对行号组成，例如，K6。如果公式中引用的是绝对地址，使用自动填充柄功能时，公式将不会随着地址的改变而改变。

③ 混合地址：列标和行号中只有一个是绝对值，另一个是相对值，例如，K$6、$K6。如果公式中引用的是混合地址，使用自动填充柄功能时，引用相对值部分，公式将随着地址的改变而改变；引用绝对值部分，公式不会改变。

3. 运算符

Excel 2016 常用的运算符及其优先级如表 3-3 所示，优先级数字越小，表示优先级越高。

表 3-3　Excel 2016 常用运算符

类型	优先级	运算符	含义	示例
引用运算符	1	:（冒号）	区域运算符	A1 : B3（表示 A1、A2、A3、B1、B2、B3 共 6 个单元格）
		,（逗号）	联合运算符	A1，B3（表示 A1 和 B3 两个单元格）
		（空格）	交叉运算符	A1 : B3　B2 : D4（表示交集部分 B2 和 B3 两个单元格）
算术运算符	2	+	加	1+2
		−	减或负数	1−2　−3
		*	乘	1*2
		/	除	1/2
		%	百分比	99%
		^	幂运算	2^3（表示 2 的 3 次方）
文本连接运算符	3	&	文本连接	count&if
比较运算符	4	=	等于	如果 A1 为 2，B3 为 3，则 A1>B3 的运算结果为 False A1<>B3 的运算结果为 True
		>	大于	
		>=	大于或等于	
		<	小于	
		<=	小于或等于	
		<>	不等于	

4. 公式与函数

在电子表格中输入数据后，通过 Excel 的公式，可以自动、快速地运算处理这些数据，这就是公式。

例如，要在单元格 A1 计算 B1、C1、D1、E1 这 4 个单元格的和，可以使用如下三类方法：

① 直接输入型：选中单元格 A1，然后输入 =B1+C1+D1+E1，或者输入 = sum(B1 : E1)，按 Enter 键表示确认。

② 通用型：选中单元格 A1，单击编辑栏的【插入函数】按钮，在弹出的【插入函数】对话框中选择【选择函数】选项组中的函数 SUM，单击【确定】按钮。在弹出的【函数参数】对话框中，在【Number1】文本框中输入内容 B1:E1，单击【确定】按钮。

③ 插入函数型：可以在【开始】选项卡【编辑】选项组中【自动求和】右边的下拉菜单中找到常用函数。也可以在【公式】选项卡【函数库】选项组中找到更多更全的常用函数，如图 3-25 所示。

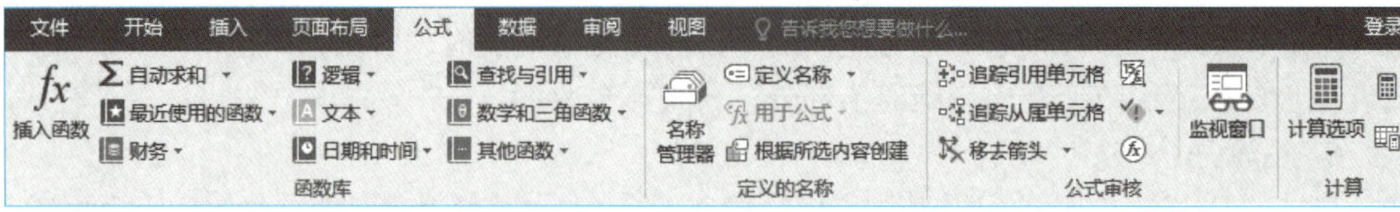

图 3-25 【公式】选项卡

Excel 提供了丰富的函数库，在【公式】选项卡【函数库】选项组【自动求和】下拉菜单中有以下函数：

（1）求和函数

格式：SUM（数据域）

功能：求出指定数据域中数值的总和。

（2）平均值函数

格式：AVERAGE（数据域）

功能：求出指定数据域中数的平均值。

（3）计数函数

格式：COUNT（数据域）

功能：求出指定数据域中数的个数。

（4）最大值函数

格式：MAX（数据域）

功能：求出指定数据域中数的最大值。

（5）最小值函数

格式：MIN（数据域）

功能：求出指定数据域中数的最小值。

除了这些函数，Excel 函数库将函数分成财务、逻辑、文本、日期和时间、查找与引用、数学和三角函数等几类，为不同的需求提供相应的配套函数。

但是当公式使用错误时，会出现相应的错误提示，如表 3-4 所示。

表 3-4 错误信息及含义

错误信息	含 义
####	单元格数据超出单元格宽度
#DIV/0	除数是 0
#N/A	函数格式不正确，或者缺少函数参数

续表

错误信息	含　义
#NAME?	输入公式的文本引用错误
#NULL	引用了错误的单元格
#NUM!	输入函数的数字值不正确
#REF!	引用了无效的单元格
#VALUE!	公式的参数不正确

5. 数据管理与分析

数据管理与分析属于数据的高级操作。面对海量数据，迅速准确地提取出需要的数据，或整理出数据的顺序，在【数据】选项卡中可以找到相应的按钮，如图 3–26 所示。

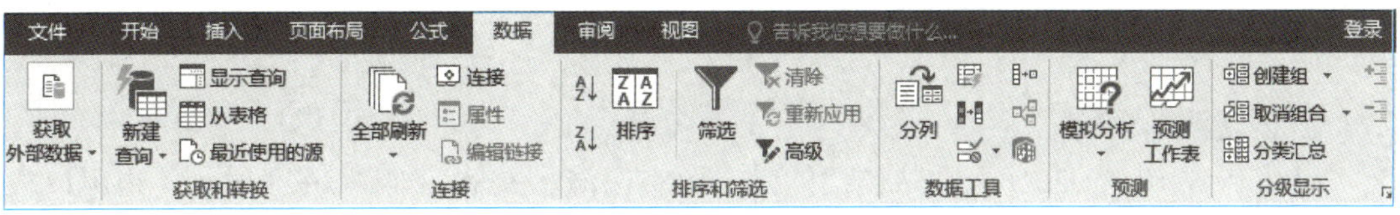

图 3–26 【数据】选项卡

通过【排序和筛选】选项组中的【排序】按钮，可以实现数据的递增排序和递减排序。并且 Excel 支持多个关键字排序，关键字可以依据其数值、单元格颜色、字体颜色、单元格图标排序。

通过【排序和筛选】选项组中的【筛选】按钮，可以实现数据的简单筛选。通过【排序和筛选】选项组中的【高级】按钮，可以实现数据的“与”筛选和“或”筛选。

通过【数据工具】选项组中的【数据有效性】下拉菜单，可以设置输入数据的条件。

通过【分级显示】选项组中的【分类汇总】按钮，可以实现已排序数据的关键字作为分类字段，按照求和、计数、平均分、最大值、最小值、偏差、方差等进行汇总统计。

6. 数据透视表和数据透视图

数据透视表具有较强的交互性，实现按照不同方式分析各种汇总数据。数据透视图可以理解为是数据透视表的图表化，更形象地分析各种汇总数据。选择【插入】选项卡【表格】选项组【数据透视表】下拉菜单【数据透视表】选项或者【数据透视图】选项，即可创建数据透视表或者数据透视图，如图 3–27 所示。

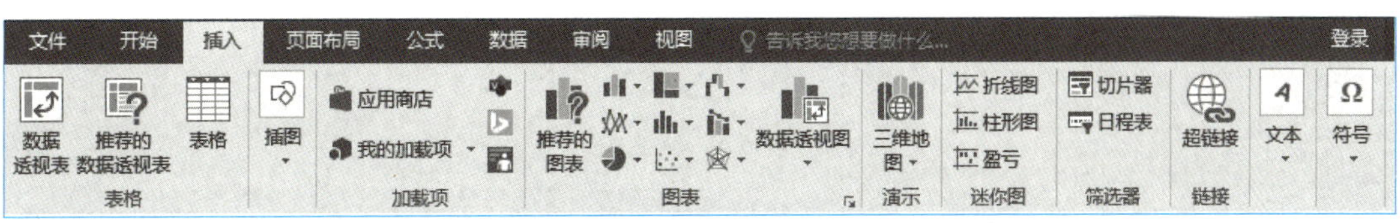

图 3–27 【插入】选项卡

7. 数据的图表化

最直观的表现数据特征的方式是图表。在【插入】选项卡【图表】选项组中提供了大量的图表类别，如柱形图、折线图、饼图、条形图、面积图、散点图等，如图 3-27 所示。

不同的需求，需要制作不同的图表，如表 3-5 所示。

表 3-5 图 表 类 型

图表类型	特　点	实　例
柱形图	可以直观地对数据进行对比分析	
折线图	显示数据的走势情况	
饼图	显示数据的占有比例	
条形图	就是横向的柱形图，可以直观地对数据进行对比分析	

3.3.4 PowerPoint 演示文稿制作

1. 创建演示文稿

启动 PowerPoint 2016，默认创建的是一个空白演示文稿，如图 3-28 所示。也可以根据需求创建演示文稿。方法是选择【文件】菜单中的【新建】命令，打开如图 3-29 所示界面，可以根据已有【模板】或者【主题】创建。

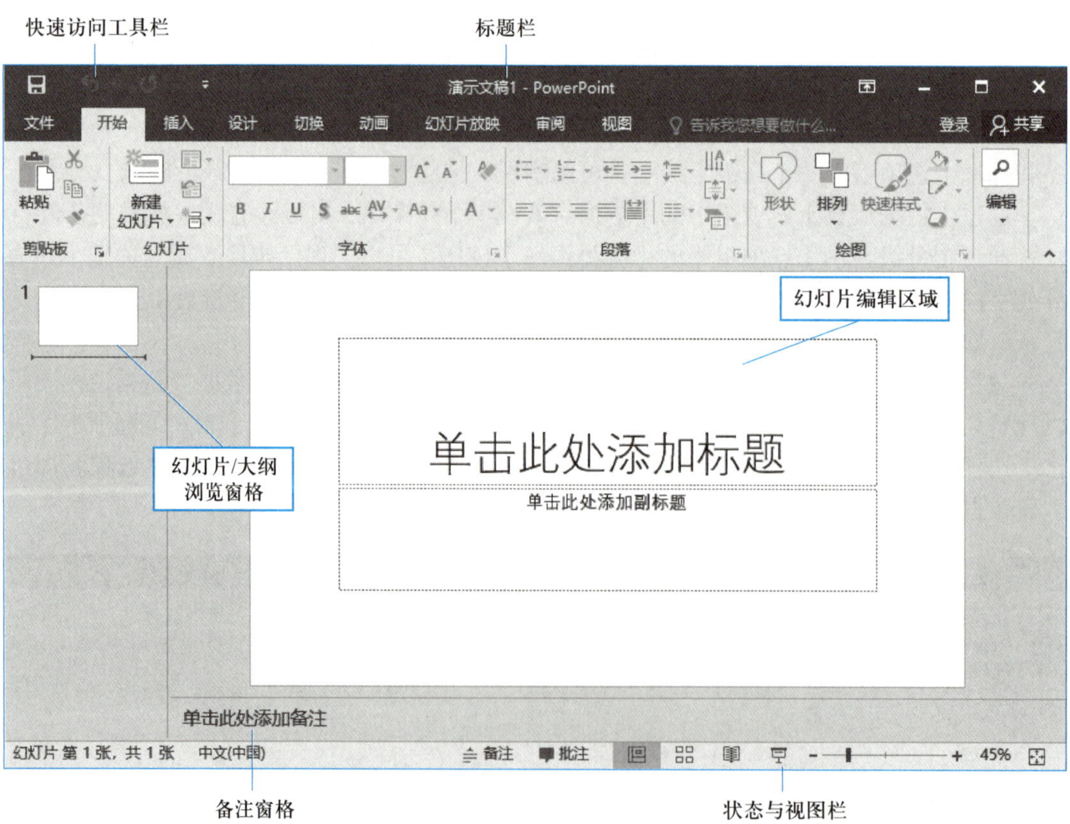

图 3-28 PowerPoint 2016 的工作界面

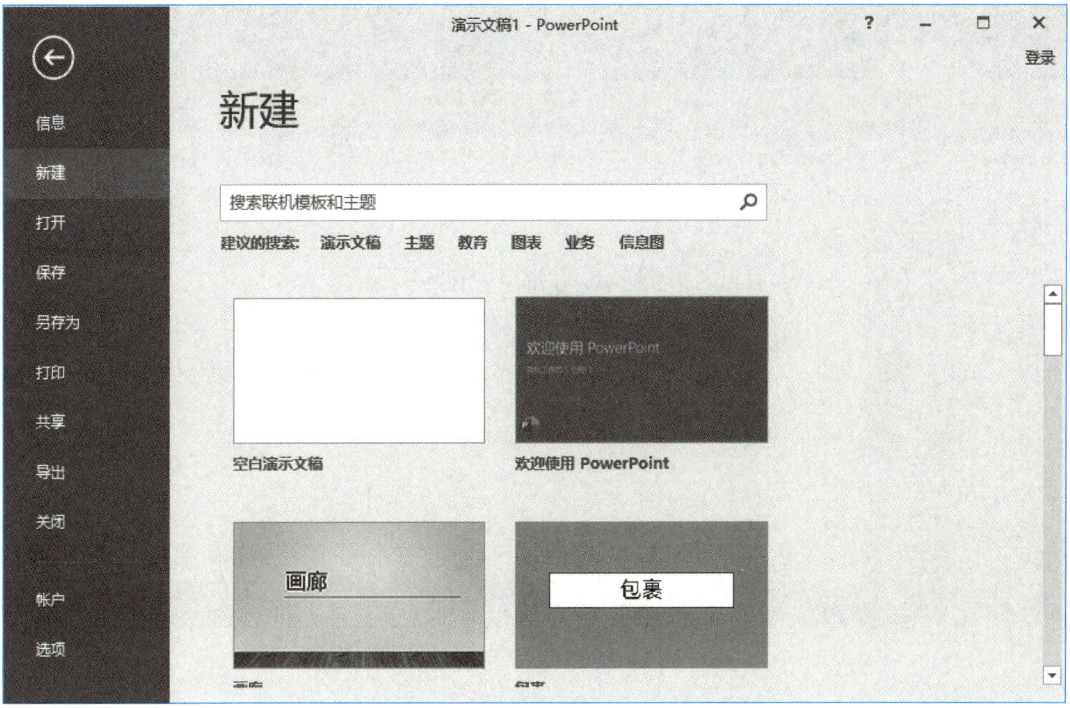

图 3-29 创建新的演示文稿

2. 新建幻灯片

演示文稿中的每一页称为幻灯片。在制作完一张幻灯片之后，可以在【开始】选项卡【幻灯片】选项组中的【新建幻灯片】下拉菜单中选择下一页幻灯片的版式，如图 3-30 所示。

如果需要对幻灯片进行移动、复制、删除或者隐藏等操作，可以在【幻灯片大纲 / 浏览窗格】的【幻灯片】选项卡上对幻灯片进行相应操作。

3. 幻灯片母版

幻灯片母版可以使整个演示文稿有统一的演示风格。在【视图】选项卡的【母版视图】选项组中，单击【幻灯片母版】按钮，就会弹出【幻灯片母版】选项卡，如图 3-31 所示。在左边窗格中选择一种版式，就可以在右边的幻灯片编辑区域，对该版式的占位符大小、颜色、字体、字号等做修改。还可以在该版式中插入其他样式的占位符、图片、表格等。这样，在关闭母版视图之后，可以看到应用该版式的所有幻灯片都得到了统一修改。

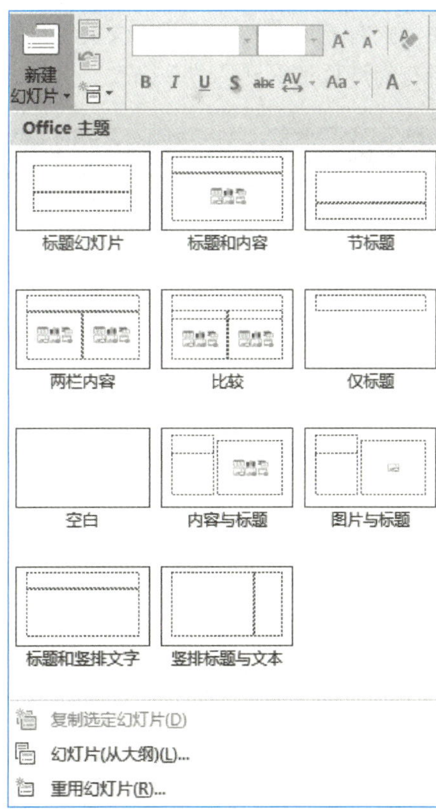

图 3-30 【新建幻灯片】下拉菜单

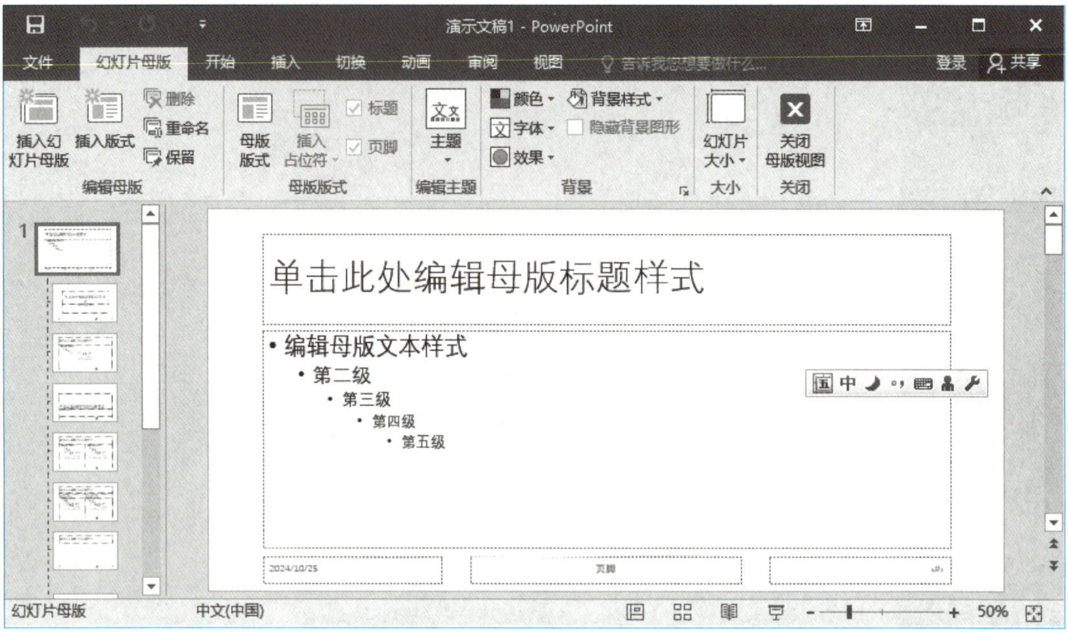

图 3-31 【幻灯片母版】选项卡

例如，如图 3-32 所示，有如下 6 张幻灯片，其中第 1、3、5 张幻灯片版式为“标题幻灯片”。如图 3-33 所示，修改母版的“标题幻灯片”版式，修改标题的字体和字号，并在样式右上角插入一幅图片。关闭母版视图之后，如图 3-34 所示，可以看到该版式应用的所有幻灯片都得到了统一修改。例如，第 1、3、5 张幻灯片的右上角都有了同样一幅图片。

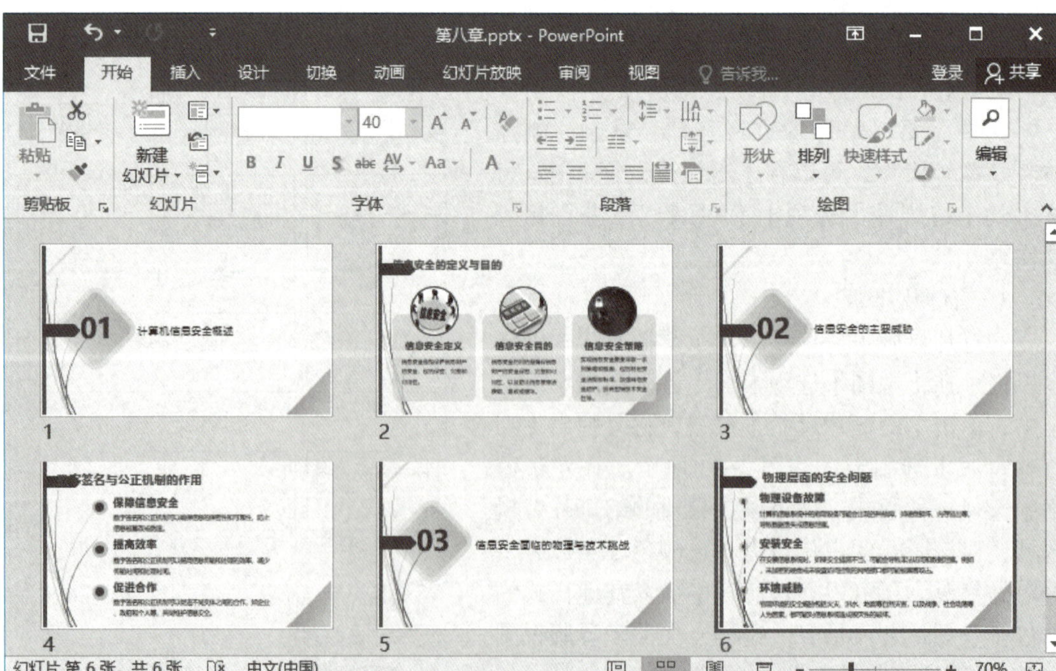

图 3-32 修改母版前

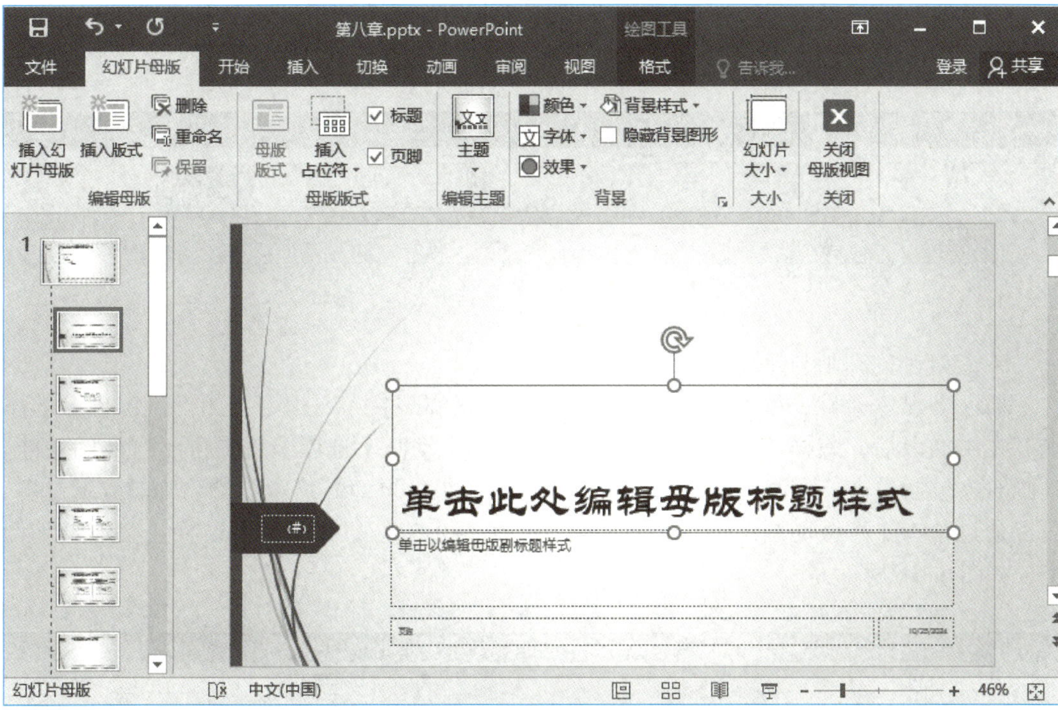

图 3-33　修改母版

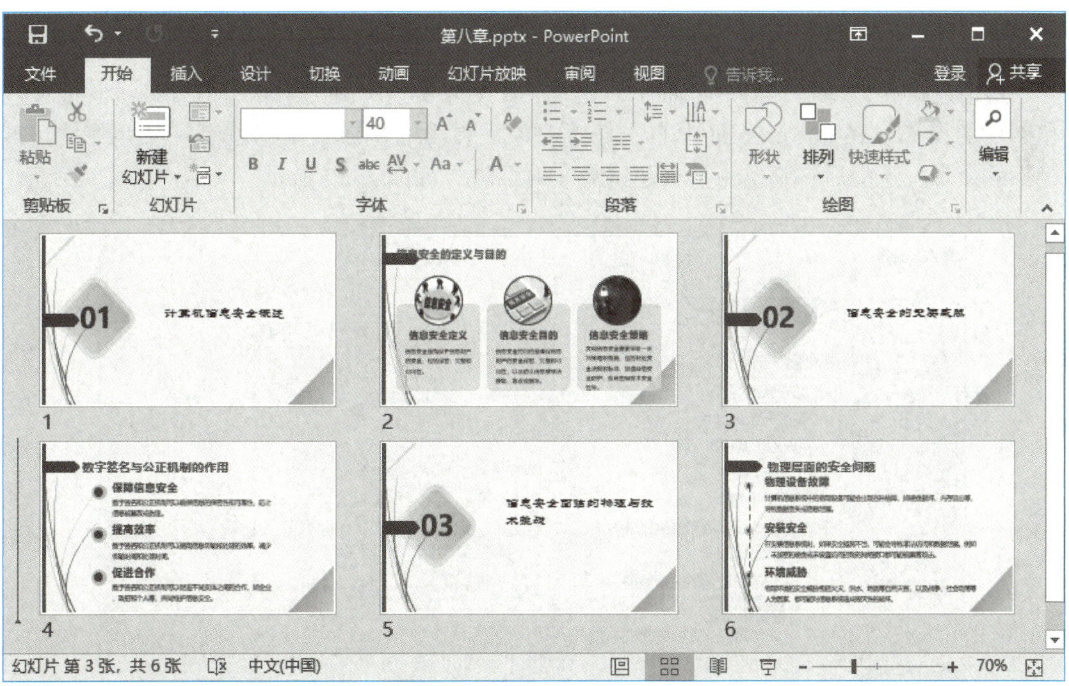

图 3-34　修改母版后

4. 幻灯片设计

PowerPoint 为用户提供了丰富的主题样式和背景样式，可以呈现出较好的幻灯片色彩和文字搭配效果，不需要用户自行设计。【设计】选项卡中的【主题】和【背景】选项组提供了这项功能，如图 3–35 所示。

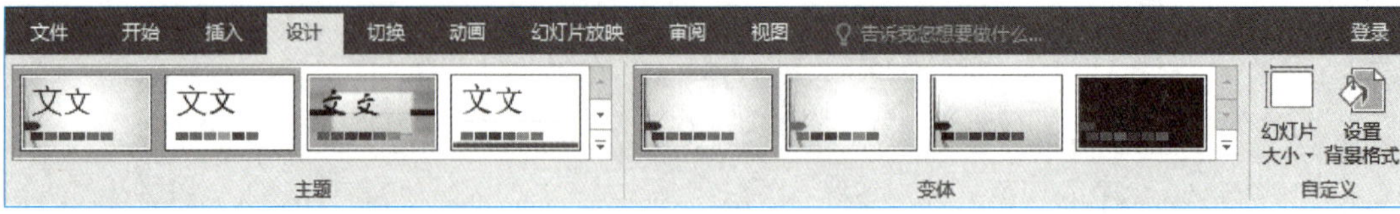

图 3–35 【设计】选项卡

5. 幻灯片内动画与超链接

插入多媒体素材，可以通过【插入】选项卡来实现文字、声音、图形、图像等的添加。在添加以后，怎样使这些素材“动”起来呢？【动画】选项卡就提供了这样的功能。动画对象包括进入、强调、退出、动作路径等。如果一页幻灯片中对象动画的数量过多，可以通过单击【高级动画】选项组中的【动画窗格】按钮，打开动画窗格进行设置和调整，如图 3–36 所示。

图 3–36 【动画】选项卡

所谓超链接是指在幻灯片放映中，通过某个对象能访问到另一张幻灯片或者其他文件和网页的操作。在 PowerPoint 中右击任意对象，弹出的快捷菜单中就有一项叫作“超链接”的命令。选中后，弹出【插入超链接】对话框，如图 3–37 所示。

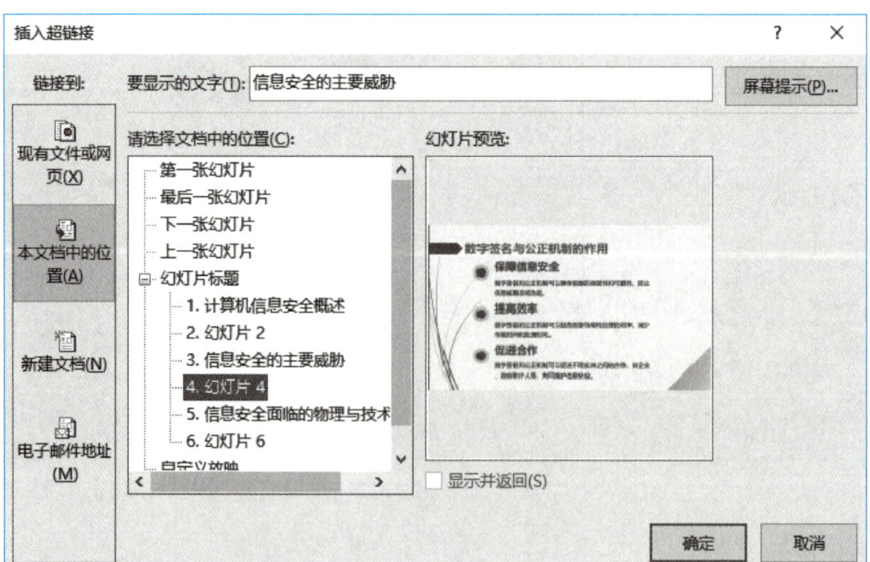

图 3–37 【插入超链接】对话框

6. 幻灯片的切换

【切换】选项卡可以设计两张幻灯片之间切换时的动画。【切换到此幻灯片】选项组提供了细微型、华丽型、动态内容等切换效果，【计时】选项组提供了设置切换幻灯片时的声音、时间、换片方式等按钮，如图 3-38 所示。

图 3-38　【切换】选项卡

7. 幻灯片放映

幻灯片放映是幻灯片制作的最后一步。在【幻灯片放映】选项卡【开始放映幻灯片】选项组中可以设置放映幻灯片的方式。【设置】选项组中的【排练计时】选项可以设置放映幻灯片的时间，如图 3-39 所示。在排练计时的过程中通过演讲速度设定幻灯片放映时每一次单击鼠标的时间以及整个演示文稿的总放映时间。设定好以后，会得到如图 3-40 所示幻灯片放映共需时间。单击【是】按钮，在下一次幻灯片放映时无须鼠标控制，幻灯片会按照排练计时自动播放。

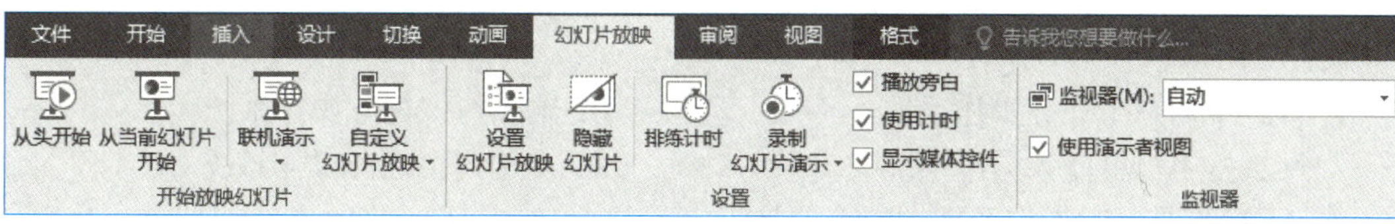

图 3-39　【幻灯片放映】选项卡

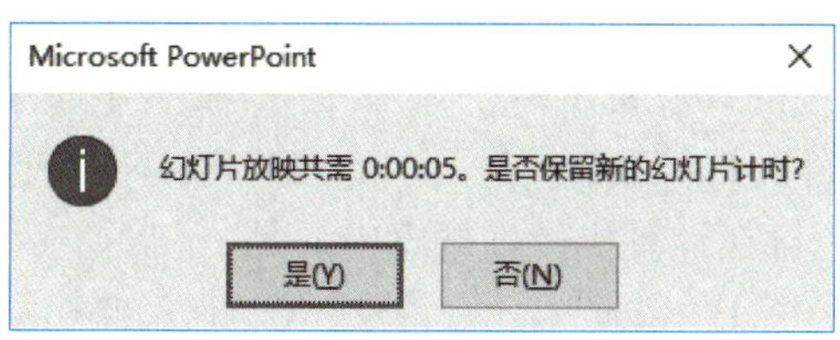

图 3-40　排练计时对话框

习　　题

一、思考题

1. 简述计算机系统的组成。
2. 什么是计算机软件系统？它和程序的区别是什么？
3. 软件的分类有哪些？
4. 什么是操作系统？操作系统的功能有哪些？

5. 目前流行的移动操作系统有哪些？

6. 什么是进程？它和程序有什么不同点？什么是线程？它和进程的区别是什么？

7. 主存管理有哪些管理功能？

8. 什么是虚拟存储？什么是虚拟设备？

二、选择题

1. 操作系统有多种类型，其中允许多个用户以交互方式使用计算机的操作系统称为（　　）。

A. 批处理操作系统　　B. 分时操作系统

C. 实时操作系统　　D. 微机操作系统

2. 操作系统中负责对进程进行调度的是（　　）。

A. 存储器　　B. 设备　　C. 文件　　D. 处理器

3. 操作系统是一种（　　）。

A. 软件包　　B. 中间件　　C. 应用软件　　D. 系统软件

4. 下列关于进程状态的说法中，错误的是（　　）。

A. 进程是程序的一次执行过程

B. 进程具有就绪、执行和阻塞 3 种状态

C. 一个进程往往包含多个线程

D. 进程的 3 种状态是独立的，相互间不能进行转换

5. UNIX 是（　　）。

A. 单用户单任务操作系统　　B. 单用户多任务操作系统

C. 多用户单任务操作系统　　D. 多用户多任务操作系统

6. 下面不是分时操作系统的特点的是（　　）。

A. 多路性　　B. 分布性　　C. 独立性　　D. 交互性

7. “裸机”指的是（　　）。

A. 安装了操作系统的计算机　　B. 安装了应用程序的计算机

C. 安装了系统软件的计算机　　D. 没有安装任何软件的计算机

8. 下列选项中，不包含在计算机软件概念中的是（　　）。

A. 程序　　B. 数据　　C. 有关文档资料　　D. 语言

9. 多个进程的实体能存在于同一内存中，在一段时间内都得到运行。这种性质称作进程的（　　）。

A. 动态性　　B. 并发性　　C. 调度性　　D. 异步性

10. 已经获得除（　　）以外的所有运行所需资源的进程处于就绪状态。

A. 存储器　　B. 打印机　　C. CPU　　D. 磁盘空间

11. 进程的 3 种状态中，不能直接转换的是（　　）。

A. 就绪态到执行态　　B. 执行态到就绪态

C. 执行态到等待态　　D. 等待态到执行态

12. 主存管理中，地址映射是指（　　）。

A. 逻辑地址向物理地址的转换过程

B. 逻辑地址向外存地址的转换过程

C. 物理地址向逻辑地址的转换过程

D. 外存地址向逻辑地址的转换过程

13. 虚拟存储是为弥补主存不足而采用的一种（　　）交换的技术。

A. CPU 和外设　　B. CPU 和辅存　　C. CPU 和主存　　D. 主存和辅存

14. 下列文件名合法的是（　　）。

A. word/1.docx　　B. word_1.docx　　C. word<1.docx　　D. word*1.docx

15. 下列说法错误的是（　　）。

A. 打印机是输出设备，也是独占设备　　B. 硬盘是共享设备，也是块设备

C. 扫描仪是输入设备，也是独占设备　　D. 终端是独占设备，也是块设备

16. 下列关于线程的说法，错误的是（　　）。

A. 线程是资源的分配单位

B. 线程是 CPU 的调度单位

C. 线程是进程内一个相对独立的控制流

D. 线程是操作系统中进行运算调度的最小单位

17. 各种应用软件都必须在（　　）的支持下才能运行。

A. 计算机语言程序　　B. 字处理程序　　C. 编程程序　　D. 操作系统

18. 在 PowerPoint 中，如果要对所有的幻灯片都设置统一风格（如 logo 图片、版权、日期等信息），就必须在（　　）下设置。

A. 幻灯片放映　　B. 自定义动画

C. 幻灯片母版　　D. 幻灯片浏览视图

19. 对工作表中单元格区域 A2∶A6 进行求和运算，在选中存放计算结果的单元格后，输入（　　）。

A. SUM(A2∶A6)　　B. =SUM(A2∶A6)　　C. =SUM(A2, A6)　　D. SUM(A2, A6)

20. Word 添加项目符号或编号时是以（　　）为基本单位的，即为每个基本单位添加一个项目符号或编号。

A. 节　　B. 行　　C. 页　　D. 段落

第 4 章　算法与程序设计基础

学习目标

1. 理解算法的基本概念。
2. 了解算法的表示，熟悉流程图的使用。
3. 了解算法的基本结构。
4. 掌握程序设计的基本概念、类型和过程。
5. 了解常见的计算机编程语言。
6. 理解编译和解释。

4.1　算法的基本概念

4.1.1　算法的定义

算法（algorithm）是对解题方案准确而完整的描述，指在有限步骤内求解某类问题所使用的一组定义明确的规则，是一系列解决问题的指令集合。算法代表着用系统的方法描述解决问题的策略机制。也就是说，经过有穷个步骤，能够对一定规范的输入，在有限时间内获得所要求的输出。

欧几里得算法又称辗转相除法，被人们公认为是世界上第一个算法。该算法用于计算两个非负整数 a、b 的最大公约数（greatest common divisor，GCD）。算法步骤如下：

步骤 1：输入两个非负整数 a、b。

步骤 2：比较 a、b 两个数的大小，将较大的数赋值给 a，将较小的数赋值给 b。

步骤 3：将 a 除以 b 的余数赋值给 r。

步骤 4：如果 r 为 0，则 b 为最大公约数；否则，将 b 赋值给 a，r 赋值给 b，返回到第 2 步。

同一算法可使用多种编程语言实现。

4.1.2　算法的特征

一个算法应该具有以下 5 个重要的特征：

1. 有穷性

算法的有穷性是指算法必须能在执行有限个步骤之后终止或者结束。任何情况下，算法都不能出现无限循环的情况。

2. 确定性

算法的确定性是指每一个步骤必须有确切的定义，都能够被计算机所理解和执行，而不是抽象和模糊的概念。算法的执行都有确定的顺序，必须明确，无二义性。

3. 输入项

一个算法有零个或者多个输入，以刻画运算对象的初始情况。如果是零个输入，则算法本身已定出了初始条件，无须再输入数据。

4. 输出项

一个算法有一个或多个输出，以反映对输入数据加工后的结果。没有输出的算法毫无意义。对于任何可能的输入数据，包括合理的输入数据与不合理的输入数据，总能得到一个相应的输出结果。如果一个算法只对合理的输入数据才能得到相应的输出结果，而在异常情况下却无法得到相应的输出结果，那么这个算法就是错误的。

5. 可行性

算法中执行的任何计算步骤都可以被分解为基本的可执行的操作步骤，即每个计算步骤都可以在有限时间内完成（也称为有效性）。

4.2　算法的表示

算法的表示方法有多种：自然语言、流程图、N-S 图、伪代码、PAD 图和程序设计语言等。

4.2.1　自然语言

自然语言（natural language），即自然产生的语言。例如，汉语、英语、法语等。自然语言是人类交流和思维的主要工具之一。

例 4-1　求三个任意整数的最大值。

步骤 1：输入三个变量 x、y、z。

步骤 2：如果 x>y，则将 x 的值赋值给 max；否则，将 y 的值赋值给 max。

步骤 3：如果 z>max，则将 z 的值赋值给 max。

步骤 4：输出 max 的值。

用自然语言的好处在于通俗易懂、学习方便；缺点是描述起来较为冗长、结构不够清晰、句子成分不固定。

4.2.2 流程图

流程图（flowchart），即程序流程图，是常见的算法表示方法。它用规定的符号去描述算法所需的各种操作。流程图强调算法的逻辑顺序，当算法较为复杂时，阅读比较困难。流程图用画图的方式使阅读者能清晰感受到算法流向，直观地表示出算法的图形化求解方法。

常见的流程图符号有起止框、处理框、判断框、输入输出框、连接点、流程线、注释框等，如图 4–1 所示。

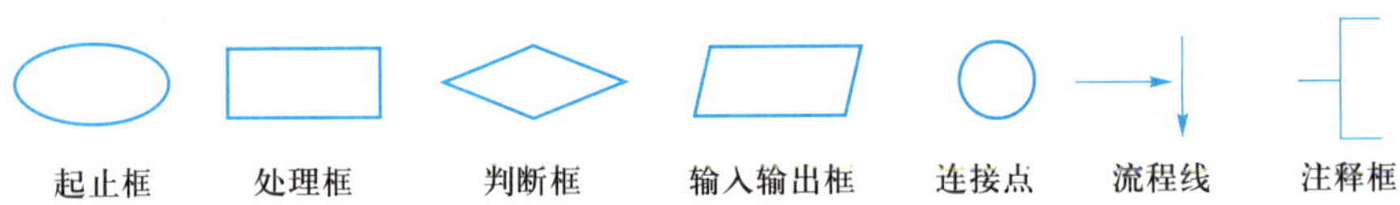

图 4–1　流程图符号

起止框：起止框内书写开始或者结束，用来标识算法的开始和结束。

处理框：表示计算操作，例如，赋值、自增自减等。

判断框：表示对某个给定条件进行判断，并根据判定结果来决定流程走向的操作。有一个入口，两个出口。判断框中书写判定条件，可以是关系运算，也可以是逻辑运算。出口必须给出某个条件，当条件成立时走一个出口，当条件不成立时走另一个出口。

输入输出框：表示算法的输入或输出。可以是某个或者某些变量的输入，也可以是某个或者某些常量、变量、表达式的输出。

连接点：是将画在不同地方的流程线连接起来。如果流程图过长或者过于复杂，可以增加连接点，以增强流程图的可阅读性。连接点成对出现，并标注相同编号，才能实现连接操作。

流程线：表示算法的执行方向和路径。流程线上可以标注条件，表示有条件的流程走向。流程线在流程图中必不可少。

注释框：解释或者阐明操作内容。注释框不是必须存在。

用流程图实现例 4–1，如图 4–2 所示。

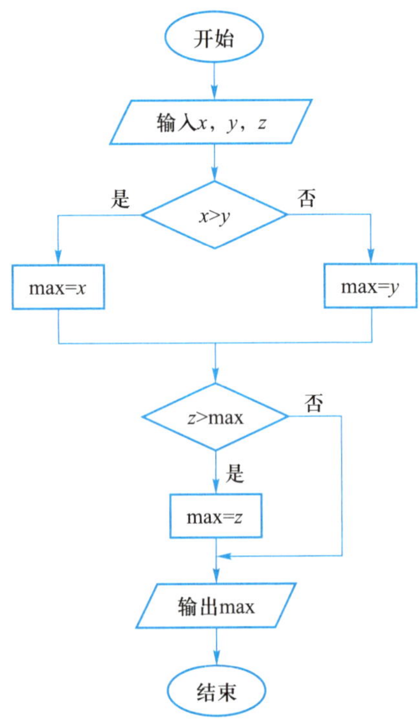

图 4–2　例 4–1 的流程图实现

4.2.3 N–S 图

N–S 图也被称为盒图或 NS 图，是美国学者 I.Nassi

和 B.Shneiderman 于 1972 年提出了一种全新的算法表示，N、S 就是这两个学者姓名的首字母。该算法表示将流程图中所有流程线去掉，并将全部算法写在一个矩形框内，在矩形框内还可以嵌套其他矩形框。

N–S 图与流程图相比较，形象更加直观，数据作用域更加明确，层次更加清晰。在 N–S 图中，不可能任意转移控制，是结构化编程中的一种可视化建模。它强制设计人员严格按照结构化程序设计方法描述设计方案，因为 N–S 图只有顺序、选择、循环三种结构，有效地保证了设计质量。N–S 图中没有 GOTO 语句，和结构化程序设计中不能使用 GOTO 语句的理念一致。

N–S 图的缺点是，若遇上重写或者修改算法，就需要重新绘制。C 语言中常用的 break 及 continue 语句无法用 N–S 图表示。

用 N–S 图实现例 4–1，如图 4–3 所示。

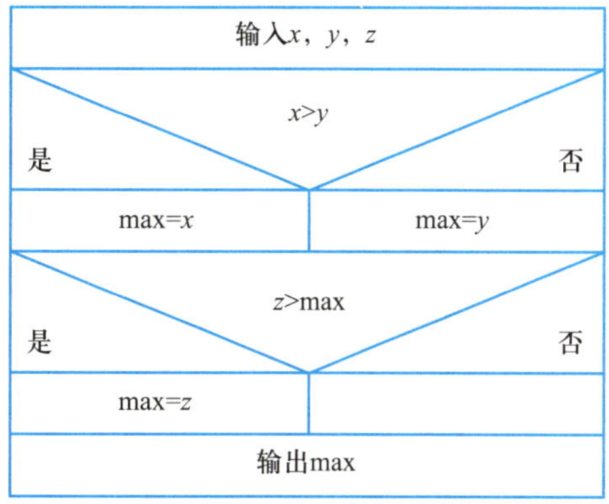

图 4–3　例 4–1 的 N–S 图实现

4.2.4　伪代码

伪代码（pseudocode）是一种介于自然语言和编程语言之间的用文字和符号来描述的算法，使算法更加容易被编程语言实现。程序员在用不同的编程语言实现同一算法时，方式各不相同，这使得编程的各种语言形式限制了程序员对算法关键部分的理解。伪代码很好地解决了这个问题。

用伪代码实现例 4–1，如下：

```
begin（算法开始）
  输入 x，y，z
  if x>y
  then
     max=x
  else
     max=y
  end if
  if c>max
  then
     max=c
  end if
  输出 max
end（算法结束）
```

4.3 算法的基本结构

算法的基本结构有三种：顺序结构、选择结构和循环结构。

1. 顺序结构

顺序结构（sequence structure）是最简单且使用最多的一种算法基本结构，模块严格按照从上至下的顺序执行。

若顺序结构模块有三个：A、B、C，按顺序执行时，如图 4–4 所示。

顺序结构的执行过程是从第一个 A 模块开始，待 A 模块执行完后，接着执行 B 模块，再执行 C 模块……直到整个算法结束。

例 4–2 交换两个变量 x 和 y 的值。

算法如下：

步骤 1：输入 x、y 的值。

步骤 2：t=x。

步骤 3：x=y。

步骤 4：y=t。

步骤 5：输出 x、y 的值。

该算法的流程图如图 4–5 所示。

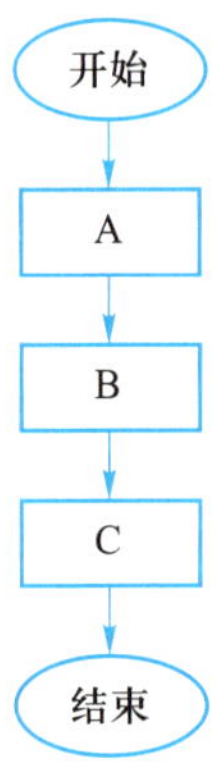

图 4–4 顺序结构流程图

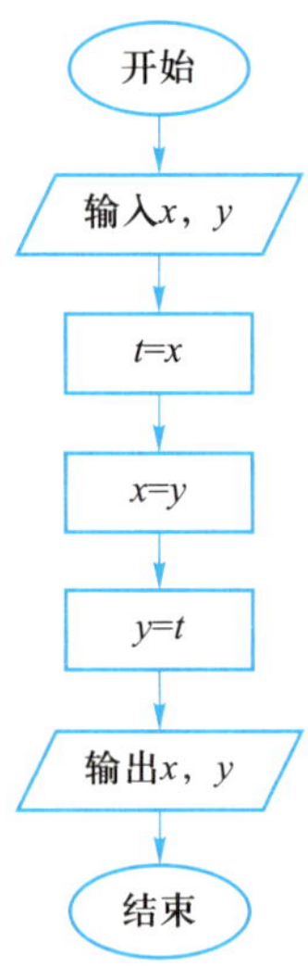

图 4–5 “交换两个变量 x 和 y 的值”的流程图

2. 选择结构

选择结构又称分支结构。有两种选择结构：单分支结构和多分支结构。

如图 4–6 所示，单分支结构的执行过程是，若条件 P 成立，则执行模块 A，然后结束整个算法；若条件 P 不成立，则不执行模块 A，并结束整个算法。

如图 4–7 所示，双分支结构是多分支结构的一种，其执行过程是，若条件 P 成立，则执行模块 A，然后结束整个算法；若条件 P 不成立，则执行模块 B，然后结束整个算法。

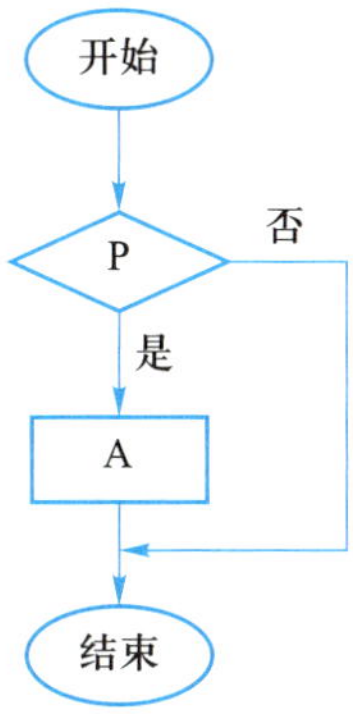

图 4-6　单分支结构的流程图

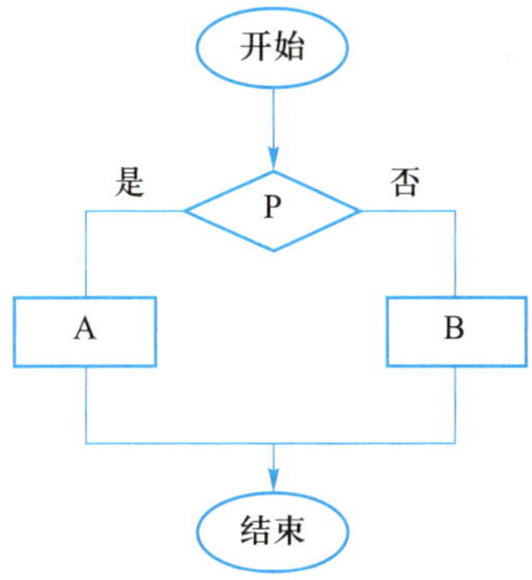

图 4-7　双分支结构的流程图

在图 4-2 中，判断框“x>y”属于双分支结构，判断框“z>max”属于单分支结构。

3. 循环结构

循环结构又称重复结构。有两种循环结构：当型循环结构（while）和直到型循环结构（until）。

如图 4-8 所示，当型循环结构的执行过程如下：

① 判断条件 P 是否成立。如果成立，则执行②，否则执行③。

② 执行模块 A，返回执行①。

③ 结束整个算法。

如图 4-9 所示，直到型循环结构的执行过程如下：

① 执行模块 A。

② 判断条件 P 是否成立。如果成立，则执行③，否则返回执行①。

③ 结束整个算法。

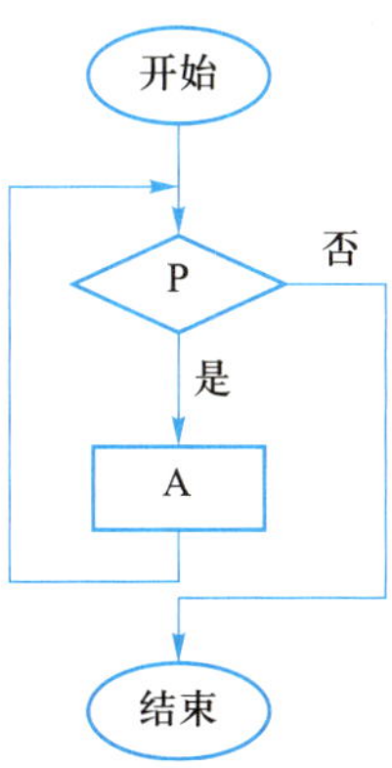

图 4-8　当型循环结构的流程图

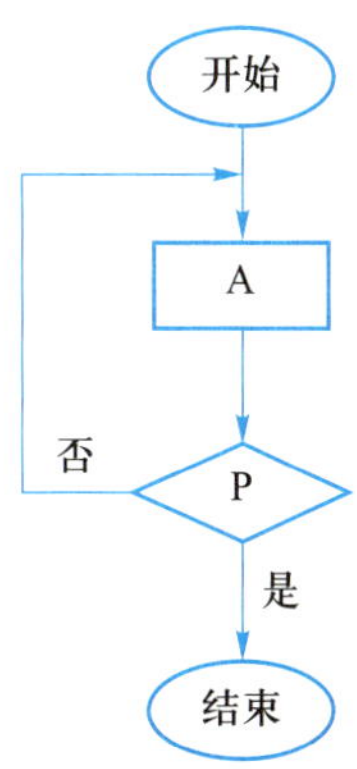

图 4-9　直到型循环结构的流程图

当型循环结构和直到型循环结构的共同点是都有一个返回执行的过程，在多数情况下，这两种算法均可完成。区别在于当型循环结构需先进行判断，再执行循环体内容；直到型循环结构先执行循环体内容，再进行判断。在第一次判断不成立的情况下，两者循环体内容执行的次数并不相同：当型循环结构的循环体内容一次都没有执行，直到型循环结构的循环体内容要执行一次。

例 4-3 求 1+2+3+…+10 的结果。

该题可用两种循环结构算法完成。

方法 1：当型循环结构

算法如下：

步骤 1：i=1。

步骤 2：sum=0。

步骤 3：如果 i<=10，则执行步骤 4，否则执行步骤 7。

步骤 4：sum=sum+i。

步骤 5：i=i+1。

步骤 6：返回执行步骤 3。

步骤 7：输出 sum 的值。

该算法的流程图如图 4-10 所示。

方法 2：直到型循环结构

算法如下：

步骤 1：i=1。

步骤 2：sum=0。

步骤 3：sum=sum+i。

步骤 4：i=i+1。

步骤 5：如果 i>10，则执行步骤 6，否则返回执行步骤 3。

步骤 6：输出 sum 的值。

该算法的流程图如图 4-11 所示。

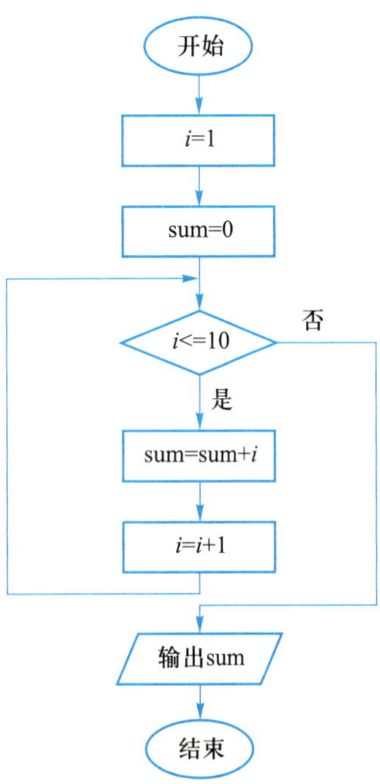

图 4-10 例 4-3 的当型循环结构流程图

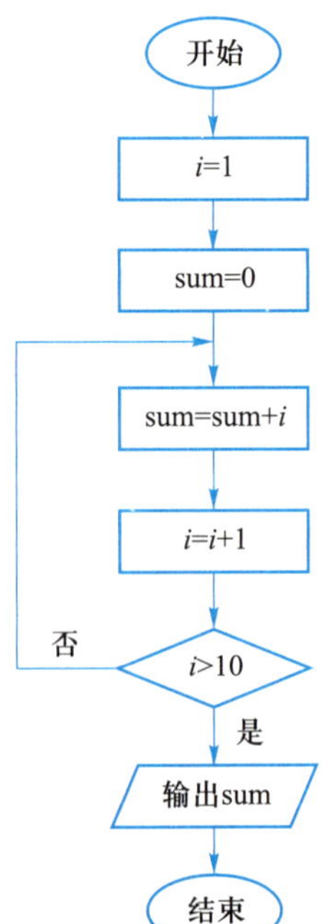

图 4-11 例 4-3 的直到型循环结构流程图

4.4　算法的评价

对于同一个问题可以用不同的算法来解决。例 4-3 就用了两种不同的算法来求解。虽然算法不相同，但是结果却是一样的。而算法也不是一成不变的，有优质算法，也有劣质算法。一个算法质量的优劣将影响到算法运行的效率。人们试图从各种算法中找到最优解，这就有了对算法的评价体系。一个算法的评价主要从时间复杂度和空间复杂度来考虑。

一般来说，时间复杂度和空间复杂度是相互影响的，两者均为最优的算法几乎是不存在的。一个过分追求时间复杂度的算法往往空间复杂度的值不够理想，空间复杂度足够小的算法往往时间复杂度变得不尽人意。因此，根据实际情况安排合理的算法才是解决问题的关键。算法的时间复杂度和算法的空间复杂度合称为算法的复杂度。

4.4.1　时间复杂度

算法的时间复杂度（time complexity）是指执行算法所需要的计算工作量。算法的时间复杂度可用函数来描述。对于某台指定的计算机，时间复杂度描述了某算法执行的时间。

一个问题规模为 n 的算法，时间复杂度记为

$$T(n)=O(p(n))$$

其中，$T(n)$ 是语句频度或时间频度，即语句执行的次数。同一个算法，由于输入值不同，仍可造成算法的运行时间不同，因此 $T(n)$ 指的是使用算法的最坏情况的时间复杂度，即时间复杂度的最大值。例如，从键盘输入一个不大于 10 的数，求这个数到 10 的和。这时输入的任意数如果是 10，则执行 1 次（问题规模为 1），答案就是 10；这时输入的任意数如果是 1，则变成求 1 到 10 的和（参看例 4-3，问题规模为 10），则执行 10 次得到答案。

$p(n)$ 是一个函数。

① 常数时间复杂度：当 $p(n)=1$，则 $T(n)=O(1)$。这时 $T(n)$ 的上界与输入大小无关。

② 线性时间复杂度：当 $p(n)=n$，则 $T(n)=O(n)$。这并不代表 $T(n)$ 的上界是 n，而是指比 1 大的数。例如，例 4-1 求三个任意整数的最大值。输入的是 3 个信息量，但是比较的次数却是 2 次，也记作 $T(n)=O(n)$。一般来说，线性时间随着 n 值的增加而增大。

③ 对数时间复杂度：$T(n)=O(\log(n))$。

④ 线性对数时间复杂度：$T(n)=O(n\log(n))$。

⑤ 多项式时间复杂度：$O(n^k)$，如 $O(n^2)$、$O(n^3)$ 等。

⑥ 指数时间复杂度：$O(2^n)$、$O(3^n)$ 等。

⑦ 阶乘时间复杂度：$O(n!)$。

一般来说，时间复杂度由低到高排序为 $O(1)$，$O(\log(n))$，$O(n)$，$O(n\log(n))$，$O(n^k)$，$O(2^n)$，$O(n!)$，$O(n^n)$。

注意以下问题。

① 没有 $O(2n)$ 的复杂度，此复杂度归结为 $O(n)$。

② $T(n)=2n^2+2n-1$ 与 $T(n)=3n^2-4n+5$，不能记为 $O(2n^2)$ 和 $O(3n^2)$。虽然函数不同，但时间复杂度均为 $O(n^2)$。

③ $T(n)=2n^3+3n^2$ 不能记为 $O(n^3+n^2)$，仅记录最高频次，即 $O(n^3)$。

一般来说，时间复杂度越低，算法越好。

4.4.2 空间复杂度

算法的空间复杂度（space complexity）是指对一个算法在运行过程中临时占用存储空间大小的量度。

一个问题规模为 n 的算法，空间复杂度记为

$$S(n)=O(p(n))$$

一个算法在存储器上所占用的存储空间，主要包括三大类：存储算法自身所占用的存储空间，算法数据的输入输出所占用的存储空间和算法在执行过程中临时占用的存储空间。

① 存储算法本身所占用的存储空间与算法自身的长度成正比。算法长度较大，存储空间也大；相反，算法长度较小，存储空间也小。

② 算法数据的输入输出所占用的存储空间是由数据的输入输出量决定，并通过函数参数表由调用函数向被调函数传递进入，由被调函数向调用函数返回，它与算法本身无关。

③ 算法在执行过程中临时占用的存储空间与算法相关联。部分算法并不需要临时占用存储空间，由存储算法本身所占用的存储空间解决存储问题。另一部分算法需要临时占用存储空间，并且空间大小随着问题规模 n 的增大而增大。

一般来说，空间复杂度越小，算法越好。

4.5 程序与程序设计

4.5.1 程序的基本概念

计算机程序（computer program）是指一组能被计算机识别并执行的有序指令序列。程序员按照要求设计算法后，便可编写计算机程序。计算机程序由特定的程序设计语言来编写，这个过程也称作编码。

程序设计（computer programming）是指为了求解特定问题而利用某个程序设计语言

编写计算机程序的过程。

同一算法可使用多种编程语言实现。以 4.1.1 节讲到的欧几里得算法为例。

以下是 C 语言版：

```
#include <stdio.h>
int main(void)
{
  int a, b, x;
  int gcd(int, int);

  printf("Enter a, b: ");
  scanf("%d%d", &a, &b);

  x=gcd(a, b);
  printf("%d", x);
  return(0);
}
int gcd(int u, int v)
{
  int t;
  while(v != 0)
  {
    t=u%v; u=v; v=t;
  }
  return(u);
}
```

以下是 Python 语言版：

```
def gcd(u, v):
    while v != 0:
        u, v = v, u % v
return u
a=input("Enter a:")
b=input("Enter b:")
x=gcd(eval(a), eval(b))
print(x)
```

由此可见，同一算法，不同的编程语言的实现方法各不相同。

4.5.2 计算机编程语言

计算机编程语言（computer programming language）就是计算机程序设计语言，是人为设计出来，用于实现程序员编写代码的语言。世界上计算机语言众多，根据需求不同，程序员选择使用的计算机编程语言也各不相同。

计算机编程语言可分为两类：低级语言和高级语言。

1. 低级语言

低级语言即面向机器的语言。低级语言分为机器语言和汇编语言两种。

（1）机器语言

机器语言（machine language）：是第一代计算机编程语言，是能被计算机直接识别并执行的计算机编程语言或者指令代码，由二进制代码表示。机器语言无须翻译，每条指令可直接执行。不同的计算机拥有各自的机器语言，即机器指令系统。每一条机器指令由操作码和操作数组成。操作码表示需要执行的操作；操作数表示操作码对应的操作数据或这些数据存放在内存中的物理地址。机器语言高度依赖于机器系统，可读性差，可移植性差。例如，用机器语言编写程序实现累加器 A=1+2。程序代码如图 4-12 所示。

第一行：10110000 00000001，表示将 1 存入累加器 A 中。

第二行：00101100 00000010，表示将 2 与累加器 A 的值相加，运算结果仍放在累加器 A 中。

第三行：11110100，表示结束，停机。

```
10110000 00000001
00101100 00000010
11110100
```

图 4-12 用机器语言编写程序实现累加器 A=1+2

（2）汇编语言

汇编语言（assembly language）：是第二代计算机编程语言，将机器语言符号化，即用英文助记符来代替机器语言中的操作码，用数值或者地址符号代替操作数或者操作数的地址。在不同的设备中，汇编语言对应着不同的机器语言指令集，通过汇编过程转换成机器指令。特定的汇编语言和特定的机器语言指令集是一一对应的，不同平台之间不可直接移植。在汇编语言中，分号后面表示注释。例如，用汇编语言编写程序实现累加器 A=1+2。程序代码如图 4-13 所示。

```
MOV  A, 1;  首先将1存入累加器A中
ADD  A, 2;  然后将2与累加器A的值相加
            结果仍放在累加器A中
HLT ;       结束，停机
```

图 4-13 用汇编语言编写程序实现累加器 A=1+2

2. 高级语言

高级语言（high-level programming language）：是第三代计算机编程语言，接近于自然语言，并利用数学公式实现编程，可脱离硬件系统单独存在，可移植性好，易理解，易编写代码。IEEE 每年根据 Spectrum、工作需求和趋势三个类别发布顶尖程序语言排名，表 4-1 为 2023 年最新排行前十榜单。Spectrum 的排名反映了典型 IEEE 成员对程序语言的需求，而工作需求类别显示当前相关工作所需要的程序语言技能，趋势则代表着当代特别流行或受到重视的程序语言。

表 4-1　2023 年 IEEE 程序语言排行（TOP 10）

Spectrum		工作需求		趋势	
排名	语言	排名	语言	排名	语言
1	Python	1	SQL	1	Python
2	Java	2	Python	2	Java
3	C++	3	Java	3	JavaScript
4	C	4	JavaScript	4	C++
5	JavaScript	5	C++	5	SQL
6	C#	6	C#	6	C#
7	SQL	7	C	7	C
8	Go	8	HTML	8	HTML
9	TypeScript	9	Shell	9	Go
10	HTML	10	SAS	10	TypeScript

用高级语言编写的程序称为源程序或源代码。源程序或源代码不能直接执行，必须经过专门的“翻译”，机器才能读懂。

高级语言分为面向过程的语言和面向对象的语言等。

面向过程的语言：也称为结构化程序设计语言，见 4.5.5 节。

面向对象的语言：见 4.5.6 节。

例如，用高级语言编写程序实现累加器 A=1+2。程序代码如图 4-14 所示。

```
A=1+2
```

图 4-14　用高级语言编写程序实现累加器 A=1+2

3. 网络及多媒体编程语言

随着网络和多媒体的发展，各种针对网络和多媒体技术的编程语言也得到了快速发展，越来越受欢迎。常见的网络和多媒体编程语言分为两大类。

（1）静态语言

静态语言是服务器不解析直接发送给客户端的部分。例如，HTML（hyper text markup language，超文本标记语言）、JavaScript、ActionScript 等。

JavaScript（JS）是一种面向网络的脚本语言，主要在 Web 应用开发上应用，通常用来为网页添加各式各样的动态功能，为用户提供更流畅美观的浏览效果。JavaScript 脚本一般是通过嵌入在 HTML 中来实现自身的功能。

ActionScript（AS）是由 Macromedia 公司为其 Flash 产品开发，后被 Adobe 公司收购的一种完全面向对象的编程语言，现主要用于 Adobe Animate 进行矢量动画开发和 Adobe After Effects 进行影视动画开发。其功能强大，类库丰富，多用于 Flash 互动性、娱乐性、实用性开发，网页制作和 RIA（丰富互联网程序）开发。

（2）动态语言

动态语言是需要服务器解析的部分，主要用作数据库连接等操作。例如，ASP、JSP、PHP 等。

ASP（active server pages）是 Microsoft 公司开发的在服务器端执行的脚本语言，可用来创建动态交互式网页并建立强大的 Web 应用程序。用 VBScript、JavaScript 等作为脚本语言。另外，ASP 文件是包含在 HTML 代码所组成的文件中的，所以无须编译、链接就可以直接解释执行，易于修改和测试。

JSP（Java server pages）是由 Sun Microsystems 公司主导创建的，以 Java 语言作为脚本语言的一种动态网页技术标准。JSP 继承了 Java 语言的相对易用性，可伸缩性强，可跨平台使用。

PHP（hypertext preprocessor，超文本预处理器）于 1994 年创建，用 C 语言编写，是在服务器端执行的脚本语言，适用于 Web 开发并可嵌入 HTML 中。

4.5.3　编译与解释

高级语言编写的源程序或源代码机器不能直接执行，需要经过后期加工，即专门的“翻译”，变成机器能读懂的二进制代码，才能被执行。这种“翻译”有两种形式：编译方式和解释方式。

1. 编译方式

编译方式（compilation）通过编译程序（compiler）实现。编译过程如图 4-15 所示。

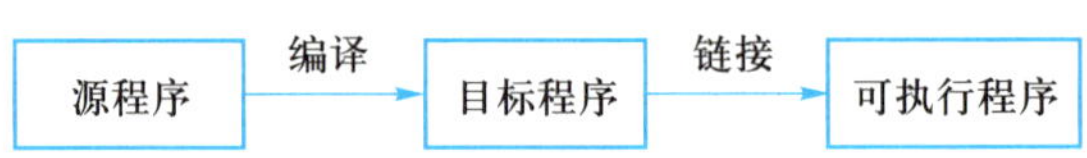

图 4-15　编译过程

编译（compile）是指利用编译程序将源程序或源代码翻译成目标程序的过程或动作。编译程序的翻译工作分为五大步骤：词法分析，语法分析，语义分析和中间代码生成，代码优化，目标代码生成。编译将生成以 .obj 作为后缀的目标程序。

链接（link）是将目标程序变成可执行程序的过程或动作。源程序和目标程序不能直接执行，只有可执行程序才能执行，并且可以独立于编译环境。链接将生成以 .exe 作为后缀的可执行程序。

由于编译方式程序执行速度快，对系统要求低，所以编译方式适用于研发操作系统、大型应用程序、数据库系统等。在高级语言中，编译型语言有 C/C++、FORTRAN、

Pascal/Delphi 等。

2. 解释方式

解释方式（interpretation）通过解释程序（interpreter）实现。解释过程如图 4–16 所示。

图 4–16　解释过程

解释方式不需要编译过程，没有目标程序生成。解释用解释器实现。当运行使用解释性语言编写的程序时，解释器会逐条“翻译”。“翻译”一条语句，立即执行一条语句；再“翻译”第二条语句，立即执行第二条语句；以此类推。所以执行速度较慢，执行效率较低。

如果对计算机速度要求不高、但需要跨平台等操作时，解释性语言是一个好的选择。解释性语言有 Python、VBScript、Ruby、Perl、MATLAB 等。

网络编程语言 Java、JavaScript 等同时拥有编译和解释两种方式。

4.5.4　程序设计的基本过程

程序设计的基本过程分为 5 个阶段：问题建模、算法设计、程序编码、运行测试、编写文档。专业的程序设计人员就是人们常说的程序员。

1. 问题建模

问题建模（modeling）即分析问题，并建立数学模型的步骤。对于要解决的特定问题，根据所给定的条件，设计输入输出。由于每个问题的特殊性，分析出最后应达到的目的很重要，再选择解题的方法，完成实际可行的解决方案及步骤。

2. 算法设计

算法设计就是设计出能被计算机执行的解题方法和具体实现步骤。算法设计有两个阶段：概要设计和详细设计。

首先将问题建模的步骤分解成模块。所谓模块就是为了实现某个功能的程序单元块。模块可以是一条语句、一个函数或者过程、一个程序，也可以是一组功能单元块。

概要设计就是结构设计，以确定算法的总体结构框架。概要设计将一个复杂问题分解为若干较为简单的子问题，每个子问题完成一个特定功能模块，并设计出各模块之间的接口。这个阶段并不会实现具体的模块内部算法。

详细设计才是模块内部算法设计，对每个模块的流程步骤、算法和数据结构、数据库、外部接口细节、用户界面等给出具体算法。

3. 程序编码

程序编码是指把算法设计后的结果转换成计算机可以接受的程序，即写成特定程序设计语言的源程序或者源代码。

程序员在编码阶段需注意如下问题：程序设计语言大不相同，根据用户需求以及程序员编程习惯，可选择一种适合的程序设计语言；程序员的编程风格也会影响到程序的执行速度和存储空间大小；友好的用户界面能够给用户一个很好的程序体验；程序编码应考虑到后期的维护及功能更改或增加，应增加程序的可读性和注释部分。

4. 运行测试

程序的运行就是程序的执行过程。编译方式的执行过程是，源代码编辑、预处理、编译、链接、运行、调试等。

编辑（edit）：即编写源代码的过程，就是程序编码。可以通过高级语言提供的集成开发环境（integrated development environment，IDE）实现，也可以通过文本编辑器实现。

预处理（preprocess）：由预处理器实现。预处理器是在真正的编译开始之前由编译器调用的独立程序。预处理器删除注释、包含其他文件以及执行宏替换。

编译（compile）：即源代码进行语法、词法、句法分析，将源代码翻译成目标代码的过程。该阶段将生成一个与源文件名同名、扩展名为 .obj 的目标代码。

链接（link）：扩展名为 .obj 的目标代码并不能直接执行，还需要进一步链接，生成一个与源文件名同名、扩展名为 .exe 的可执行文件。链接生成的文件可以独立执行，并不依赖于编译环境。

运行（execute）：就是执行与源文件名同名、扩展名为 .exe 的可执行文件的过程。

调试（debug）：就是查找程序错误并修改的过程。程序的语法错误和逻辑错误在通过调试时发现并及时改正。

5. 编写文档

将程序生成过程中的所有内容记录下来，并面向用户提供使用说明书。

4.5.5 结构化程序设计

结构化程序设计（structured programming，SP）即“面向结构”的程序设计架构，是“面向过程”的程序设计的一个子集。这种设计方法更强调程序内部的分工与合作，所以结构清晰，程序易读。其典型代表是 C 语言。

1. 基本结构

基本结构有三种：顺序结构、选择结构和循环结构，见 4.3 节。

2. 设计方法

结构化程序设计采用自顶向下、逐步求精的设计方法，各个模块根据控制结构进行连接，并且单一入口和单一出口，限制使用 GOTO 语句。

自顶向下：结构化程序设计需先总体、后局部设计；先上层结构、后细节设计。

逐步求精：将复杂问题简单化的方法之一就是步骤分解，将复杂问题分解成若干个容易解决的小问题，再逐一完成。

模块化：模块就是某些能独立完成特定功能的程序语句的集合。模块的大小不一，可以是一条语句、一个函数或者过程，甚至是一个程序。在实际的应用中，模块的功能划分要尽可能单一。

限制使用 GOTO 语句：结构化程序设计需要结构清晰易懂。而 GOTO 语句会破坏这种结构，使问题复杂化，程序难以理解。所以必须限制使用 GOTO 语句。

3. 结构化程序设计语言

FORTRAN 语言：英文“Formula Translator”的缩写，即“公式翻译器”。该语言

被认为是世界上最早出现的计算机高级程序设计语言，广泛应用于科学及工程等领域。FORTRAN 语言的特点是接近数学公式的自然描述，在计算机中具有很高的执行效率，语法严谨，易学易懂。

Pascal 语言：1970 年发布，以计算机先驱 Pascal 的名字命名。该语言具有丰富的数据类型和简洁灵活的操作语句，可以运行在多种平台上。

C 语言：由美国的贝尔实验室设计，由 B 语言发展而来。C 语言最初是基于 UNIX 操作系统编写的，后来又成功地改写了 UNIX 操作系统。随着 UNIX 操作系统的发展，C 语言也得到了完善。C 语言兼顾了高级语言和汇编语言的优点，代码质量与汇编语言相当，可读性又比汇编语言强，可以编译调试，可以编写系统软件。

4.5.6 面向对象程序设计

面向对象程序设计（object oriented programming，OOP）将客观世界存在的实体抽象为对象，以对象为核心，再将相同属性和行为的对象抽象为类。面向对象程序设计具有三大特性：封装性、继承性、多态性。所以，面向对象程序设计 = 对象 + 类 + 封装 + 继承 + 多态 + 消息。其典型代表是 C++ 语言。

1. 主要概念

对象（object）：是系统中用来描述客观事物的一个实体，是构成系统的一个基本单位，它由一组表示其静态特征的属性和其可执行的一组操作组成。例如，一辆小轿车就是一个对象。它包含了其静态特征的属性：大小、型号、颜色等；其可执行的一组操作：启动、刹车等。

类（class）：是一个共享相同结构和行为的对象的集合，而一个对象则是其对应类的一个实例（instance）。

消息（message）：是一个对象调用了另一个对象的方法（即成员函数）。

方法（method）：也称成员函数，是指对象上的操作，作为类声明的一部分来定义。方法定义了可以对一个对象执行哪些操作。

2. 特点

封装性（encapsulation）：是一种信息隐蔽技术，它使数据和加工该数据的方法（函数）封装为一个整体。封装的目的在于把对象的设计者和对象的使用者分开，使用者不必知晓行为实现的细节，只需用设计者提供的消息来访问该对象。

继承性（inheritance）：继承性是子类自动共享父类（基类）之间数据和方法的机制。

多态性（polymorphism）：多态是指不同事物具有不同表现形式的能力。多态性是指对于不同数据类型的相似操作使用相同的命名。

3. 面向对象程序设计语言

C++ 语言：与 C 语言同样是贝尔实验室设计，由 C 语言扩展升级而产生，并兼容 C 语言。C++ 语言既可以进行 C 语言的过程化程序设计，又可以进行面向对象的程序设计。C++ 语言应用广泛，能编写几乎所有类型的程序。

Python 语言：1990 年代初由荷兰数学和计算机科学研究学会的吉多 · 范罗苏姆设计。该语言提供了高效的高级数据结构，还能简单有效地面向对象编程。Python 的语法和动态类型以及解释型语言的本质，使它成为多数平台上写脚本和快速开发应用的编程语言，随着版本的不断更新和语言新功能的添加，逐渐被用于独立的、大型的项目的开发。

Java 语言：是 Sun 微系统公司在 1995 年推出的，主要用于互联网的分布式环境。Java 平台由 Java 虚拟机（Java virtual machine）和 Java 应用编程接口（application programming interface，API）构成。

习　　题

一、思考题

1. 什么是算法？算法的特征有哪些？算法的表示方法有哪几种？
2. 算法的基本结构有哪些？
3. 算法的时间复杂度是什么？算法的空间复杂度是什么？
4. 什么是计算机程序？什么是程序设计？
5. 计算机编程语言可分为哪两类？
6. 简述编译方式和解释方式的不同点。
7. 程序设计的基本过程有哪些？
8. 结构化程序设计是什么？结构化程序设计的设计方法有哪些？
9. 面向对象程序设计是什么？在面向对象程序设计中，对象和类的含义是什么？

二、选择题

1. 下列不属于算法特征的是（　　）。
   A. 有穷性　　B. 确定性　　C. 无穷性　　D. 可行性
2. 下列说法错误的是（　　）。
   A. 一个算法可以有零个输入　　B. 一个算法可以有多个输入
   C. 一个算法可以有零个输出　　D. 一个算法可以有多个输出
3. 在流程图中，（　　）表示判断框。
   A. 椭圆形框　　B. 矩形框　　C. 菱形框　　D. 平行四边形框
4. 在流程图中，矩形框表示（　　）。
   A. 起止框　　B. 处理框　　C. 判断框　　D. 输入输出框
5. 在流程图中，（　　）表示计算赋值操作。
   A. 起止框　　B. 处理框　　C. 判断框　　D. 输入输出框
6. 下列不属于算法的基本结构的是（　　）。
   A. 顺序结构　　B. 选择结构　　C. 函数结构　　D. 循环结构
7. 选择结构又称为（　　）。
   A. 顺序结构　　B. 分支结构　　C. 函数结构　　D. 循环结构
8. 循环结构又称为（　　）。
   A. 顺序结构　　B. 分支结构　　C. 函数结构　　D. 重复结构

9. 选择结构分为（　　）。
   A. 单分支结构和多分支结构　　B. 顺序结构和循环结构
   C. 当型结构和直到型结构　　D. while 和 if
10. 循环结构分为（　　）。
   A. 单分支结构和多分支结构　　B. 顺序结构和循环结构
   C. 当型结构和直到型结构　　D. while 和 if
11. 时间复杂度记为（　　）。
   A. $T(n)$　　B. $p(n)$　　C. $S(n)$　　D. $q(n)$
12. 空间复杂度记为（　　）。
   A. $T(n)$　　B. $p(n)$　　C. $S(n)$　　D. $q(n)$
13. 计算机编程语言可分为（　　）两类。
   A. 低级语言和高级语言　　B. 机器语言和汇编语言
   C. 面向过程的语言和面向对象的语言　　D. 静态语言和动态语言
14. 计算机编程语言可分为（　　）三类。
   A. 机器语言、汇编语言和高级语言
   B. 机器语言、汇编语言和面向过程的语言
   C. 机器语言、汇编语言和面向对象的语言
   D. 机器语言、面向过程的语言和面向对象的语言
15. 下列说法错误的是（　　）。
   A. 低级语言分为机器语言和汇编语言两种
   B. 高级语言分为面向过程的语言和面向对象的语言
   C. 机器语言能被计算机直接识别并执行
   D. 用高级语言编写的程序称为机器语言
16. 网络编程语言不包括（　　）。
   A. ASP　　B. JSP　　C. PHP　　D. C
17. 在高级语言中，编译型语言有（　　）。
   A. 机器语言　　B. 汇编语言　　C. C/C++　　D. Python
18. 在高级语言中，解释性语言有（　　）。
   A. 机器语言　　B. 汇编语言　　C. C/C++　　D. Python
19. 面向对象程序设计中，（　　）是系统中用来描述客观事物的一个实体。
   A. 对象　　B. 类　　C. 方法　　D. 消息
20. 下列不属于面向对象程序设计特性的是（　　）。
   A. 封装性　　B. 继承性　　C. 多态性　　D. 结构性

第 5 章　数据管理与数据库

学习目标

1. 理解数据和数据管理的基本概念。
2. 掌握数据库系统的组成和体系结构。
3. 了解数据库模型。
4. 掌握关系模型的基本概念及关系运算。
5. 熟悉数据库的建立过程、掌握 E-R 模型。
6. 了解大数据技术。

当今社会正朝着信息化、智能化方向发展，各政府部门、组织机构、民间团体、个人都需要具备有效地获取、管理、使用与其工作业务有关的准确、及时、完整信息的能力。数据库系统是当前提供这种能力的有效的基本工具。数据库系统是组织、存储、管理、分析数据的系统，是信息技术行业最重要的基础软件之一，它在计算机硬件和应用之间起到承上启下的重要作用。数据库系统主要管理结构化的数据，对于半结构化、非结构化的数据采用大数据技术对其分析再利用。

5.1　概　　述

5.1.1　数据与数据管理

数据是一种物理符号序列，早期的计算机系统主要用于科学计算，处理的数据是数值型数据，如整数、实数等。现代计算机存储和处理的对象十分广泛，表示这些对象的数据也变得越来越复杂，数据表现形式也多种多样，如文字、图形、图像、声音、视频等。近年来，数据正呈指数级增长，如何从海量数据中提炼和抽象出具有使用价值的数据是人们急需掌握的一门技术。将数据转换为有用信息的过程称为数据处理，这是对数据进行收集、编辑、汇总、存储、分析、计算和传播等一系列活动的总和。数据管理是人们对数据进行分类、组织、编码、存储、查询和维护等活动，是数据处理中的关键环节，其目的在于充分发挥数据的作用。随着计算机技术的发展，数据管理经历了人工管理、文件管理、数据库管理 3 个发展阶段。数据管理技术的优劣直接影响数据处理的效率，甚至产生决策性的影响。

5.1.2　数据库的基本概念

简单地说，数据库就是存储数据的“仓库”。数据库是长期存储在计算机内、有组织的、可共享的大量数据的集合。数据库中的数据是结构化的，按一定的数据模型组织、描述和存储，具有较小的冗余度、较高的数据独立性和易扩展性。

5.2　数据库系统

5.2.1　数据库系统的组成

数据库系统（data base system，DBS）由硬件、软件、用户、数据库、数据库管理系统组成。建立在硬件基础之上的各部分之间的关系如图 5-1 所示。

硬件（hardware）是构成计算机系统的各种物理设备，包括存储数据所需的外部设备、数据传输的网络设备。

软件（software）包括操作系统、数据库系统开发工具、接口软件等允许用户存取、维护和更新物理数据的程序。

用户（user）分为最终用户和应用程序。最终用户是直接从数据库中获取信息的用户，包括普通用户和数据库管理员。普通用户只能使用部分数据库，进行有限的存取。数据库管理员（database administrator，DBA）负责数据库的规划、设计、维护、监视等，控制普通用户对数据库的存取权限。

数据库（database，DB）是按照数据结构来组织、存储和管理数据的仓库。

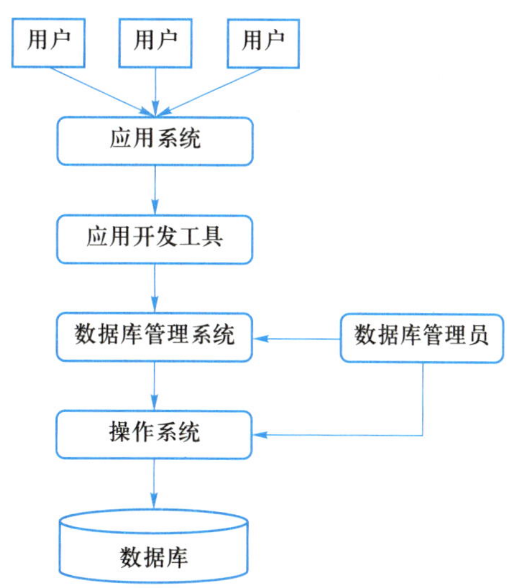

图 5-1　数据库系统组成

数据库管理系统（database management system，DBMS）是一种操纵和管理数据库的大型软件，它是数据库系统中的核心软件。数据库管理系统负责数据库中的数据定义、数据操纵、数据维护、数据库的运行管理等。数据定义功能供用户创建和修改数据库的结构；数据操纵功能实现用户对数据的插入、删除、更新和查询；数据库运行和管理功能包括多用户环境下的事务管理、并发控制、安全性检查、完整性检查和运行日志的组织管理等。数据库管理系统提供的 SQL（structured query language，结构化查询语言）允许用户对数据库中的数据进行插入、更新、删除和检索等操作。数据库管理系统允许多个应用程序或用户使用不同的方法，在同一时刻或不同时刻去建立、修改和访问数据库。

常见的数据库管理系统有 Oracle、DB2、SQL Server、My SQL、Visual FoxPro 和 Access 等。

5.2.2 数据库系统的体系结构

数据库的体系结构是指数据库系统的总体框架，用于解释数据库是如何实现的，也用于描述数据库的概念。

美国国家标准化协会（American National Standards Institute，ANSI）所属的标准计划和需求委员会（Standard Planning and Requirement Committee，SPARC）为数据库建立了三层体系结构：内层、概念层和外层，如图 5-2 所示。

1. 内层

内层决定数据在存储器中的实际位置。该层处理数据在存储介质上的存储方法和存取策略，是内存直接与硬件之间的交互。换句话说，它是内、外存之间数据的存取方法。

2. 概念层

该层也称公共层。在这一层中定义数据的逻辑结构、数据之间的联系及完整性约束等，但不涉及数据的物理存储。DBMS 的主要功能都在这一层。DBMS 把数据库内部视图转化为用户所看到的外部视图，使用户不必与内层打交道。

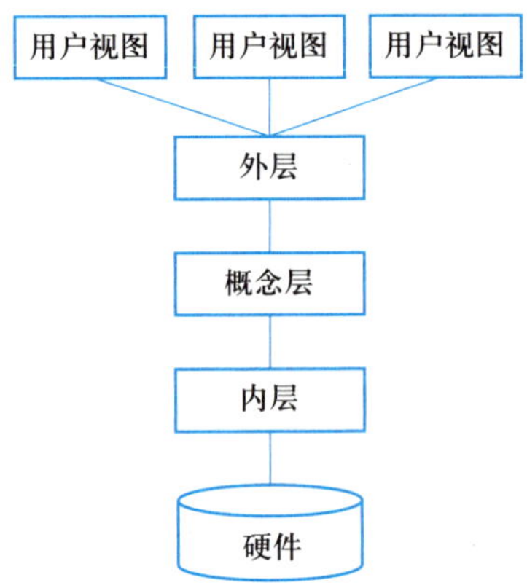

图 5-2 数据库体系结构

3. 外层

外层也叫接口层，它直接与用户交互。它将来自概念层的数据转化为用户所熟悉的格式和视图。

5.3 数据库模型

模型是对现实世界的抽象。数据库模型定义了数据的逻辑设计，它是在概念层上定义的，描述了不同数据之间的关系。数据模型的方法是一种抽象化的操作工具，不同的数据模型有不同类型的数据库管理系统。在数据库设计发展过程中，主要有层次模型、网状模型、关系模型等。

5.3.1　层次模型

层次模型（hierarchical model）是数据库中最早出现的数据模型，数据被组织成一棵倒置的树。每一个实体可以有一个或几个结点，但只有一个顶结点。层次的最顶端有一个实体，称为根（root）。层次模型的主要优缺点如下：

① 数据结构较简单；查询效率高。

② 提供良好的完整性支持。

③ 不易表示多对多的联系。

④ 数据操作限制多，独立性较差。

5.3.2　网状模型

网状模型（network model）的出现略晚于层次模型，它使用有向图结构表示实体类型及实体间的联系。允许一个以上的结点无双亲，一个结点可以有多于一个双亲。网状模型的主要优、缺点如下：

① 较为直接地描述现实世界。

② 存取效率较高。

③ 结构较复杂、不易使用。

④ 数据独立性较差。

5.3.3　关系模型

关系模型（relation model）是目前使用最广泛的模型，以关系模型为核心开发出的关系数据库系统称为第二代数据库系统。关系模型是建立在严格的数学概念的基础上的。从用户观点看，关系模型由一组关系组成，每个关系的数据结构是一张规范化的二维表。

1. 关系模型中的术语

下面以表 5-1 为例介绍关系模型中的一些术语。

表 5-1　学生信息表

姓名	学号	性别	年龄	学院	专业
孙虎	202301020201	男	19	地球科学学院	测绘专业
李晨玉	202301020202	女	18	地球科学学院	测绘专业
杨蓉	202303030101	女	18	化学学院	应用化学
周敏	202303030106	男	20	化学学院	应用化学
陈翔	202305060115	男	18	艺术学院	表演专业
史小英	202305060108	女	19	艺术学院	表演专业

字段：信息世界中的属性，数据世界的数据项。从数据库的角度看，数据项就是字段；从表格角度看，一列就是一个数据项。如表 5-1 中的姓名、学号、性别等就是字段名。

记录：字段的有序集合称为记录，是关系模型中的元组、表中的一行、现实世界中的实体。

表：记录的集合称为表，一个关系对应一张表，例如，表 5-1 中的学生信息表。

关系数据库：关系数据库是若干个表组成的集合，通常由有一定关系的若干表组成。

关键字：表中的某个属性或属性组，它可以唯一确定一个元组。如表 5-1 中的学号，可以唯一确定一个学生，它可作为本关系的关键字。因为可能出现相同姓名的学生、有同性别的学生、有同年龄的学生，所以姓名、性别、年龄中的某个值就不一定能唯一确定一个元组，所以这三个属性就不能作为关键字。

2. 关系操作

关系模型数据库是当今市面上使用的主流数据库产品。关系模型中的数据操作是集合操作，操作对象和结果都是关系。关系操作主要有专门的关系操作（选择、投影和连接）和传统的集合运算（交、并、差、笛卡儿积）两类。

（1）投影

投影是从一个关系中选择若干属性的操作，即从一个表中选择若干列的操作。例如，有关系 R 和关系 T，R 中有 A、B、C 三个属性，T 中有 A、B 两个属性，关系 T 就是由关系 R 通过投影得到的，如图 5-3 所示。

关系R

A	B	C
A1	B1	C1
A1	B2	C2
A2	B1	C3

⇨

关系T

A	B
A1	B1
A1	B2
A2	B1

图 5-3　投影操作

（2）选择

选择是从一个关系（表）中选择若干元组（行）的操作。选择是对一个关系表的记录进行选择，把符合某个条件的记录集选择出来并重新构建一个原表的子集。例如，由关系 R 得到的关系 T，就是将关系 R 中 A 的属性值为 A1 的元组选择出来后得到的新的记录集，如图 5-4 所示。

关系R

A	B	C
A1	B1	C1
A1	B2	C2
A2	B1	C3

⇨

关系T

A	B	C
A1	B1	C1
A1	B2	C2

图 5-4　选择操作

（3）连接

连接是按照两个或两个以上的关系表中相同字段间的一定条件对多个关系表中的记录进行选择而形成的新的记录集。有等值连接和自然连接两种，其区别在于等值连接所得的属性包含参与连接的多个关系中的所有属性，而自然连接则对相同的属性值只取一次。图 5-5 是由关系 R 和关系 S 进行等值连接得到关系 T，图 5-6 是自然连接得到关系 T 的操作。

关系R

A	B	C
A1	B1	C1
A1	B2	C2
A2	B1	C3

关系S

B	D
B1	C4
B1	C5
B2	C6

⇨

关系T

A	R.B	C	S.B	D
A1	B1	C1	B1	C4
A1	B1	C1	B1	C5
A1	B2	C2	B2	C6
A2	B1	C3	B1	C4
A2	B1	C3	B1	C5

图 5-5　等值连接

关系R

A	B	C
A1	B1	C1
A1	B2	C2
A2	B1	C3

关系S

B	D
B1	C4
B1	C5
B2	C6

⇨

关系T

A	B	C	D
A1	B1	C1	C4
A1	B1	C1	C5
A1	B2	C2	C6
A2	B1	C3	C4
A2	B1	C3	C5

图 5-6　自然连接

（4）交运算

两个相同关系的交是两个关系同时含有的元组组成的集合。如关系 R 和关系 S，其交的结果是由既属于 R，又属于 S 的元组组成的集合，记为 R ∩ S，如图 5-7 所示。

关系R

A	B	C
A1	B1	C1
A1	B2	C2
A2	B1	C3

关系S

A	B	C
A1	B1	C1
A2	B2	C2
A2	B1	C3

⇨

关系T

A	B	C
A1	B1	C1
A2	B1	C3

图 5-7　交运算

（5）并运算

两个相同关系的并是这两个关系的元组组成的集合。如关系 R 和关系 S，其并的结果是由 R 和 S 中所有的元组所构成的集合，记为 R ∪ S，如图 5-8 所示。

关系R

A	B	C
A1	B1	C1
A1	B2	C2
A2	B1	C3

关系S

A	B	C
A1	B1	C1
A2	B2	C2
A2	B1	C3

⇨

关系T

A	B	C
A1	B1	C1
A1	B2	C2
A2	B1	C3
A2	B2	C2

图 5-8 并运算

（6）差运算

两个相同关系 R 和 S 的差是由属于 R，但不属于 S 的元组组成的集合，记为 R-S，如图 5-9 所示。

关系R

A	B	C
A1	B1	C1
A1	B2	C2
A2	B1	C3

关系S

A	B	C
A1	B1	C1
A2	B2	C2
A2	B1	C3

⇨

关系T

A	B	C
A1	B2	C2

图 5-9 差运算

（7）笛卡儿积

设为关系 R 和关系 S，R 中有 M 个属性和 P 个元组、S 中有 N 个属性和 Q 个元组，两者的笛卡儿积是由 M+N 个属性构成的有 P×Q 个元组的集合，记为 R×S。每个元组的前 M 个属性值来自 R 的一个元组，后 N 个属性值来自 S 的一个元组，如图 5-10 所示。

关系R

A	B	C
A1	B1	C1
A1	B2	C2
A2	B1	C3

关系S

B	D
B1	C4
B1	C5
B2	C6

⇨

关系T

A	R.B	C	S.B	D
A1	B1	C1	B1	C4
A1	B1	C1	B1	C5
A1	B1	C1	B2	C6
A1	B2	C2	B1	C4
A1	B2	C2	B1	C5
A1	B2	C2	B2	C6
A2	B1	C3	B1	C4
A2	B1	C3	B1	C5
A2	B1	C3	B2	C6

图 5-10 笛卡儿积

3. 关系模型中数据完整性约束

数据完整性约束保证库中数据是正确的或有意义的，主要有以下三类：

① 实体完整性：关系数据库中所有的表都必须有主键，主键中的属性值不能为空值，且不能有与主键值相同的记录。

② 参照完整性：引用完整性，一般是指多个实体或表之间的关联关系，它不允许关系引用不存在的元组。

③ 用户定义的完整性：域完整性或语义完整性。用户定义的完整性是针对某一具体数据环境与应用环境由用户设置的约束条件，即关系中属性的取值范围。

5.4　数据库设计

数据库设计是指对于一个给定的应用环境，构造最优的数据库模式，建立数据库及其应用系统，有效存储数据，满足用户信息要求和处理要求。其根本目标是解决数据共享问题。

数据库设计是数据应用的核心，在应用系统开发过程中是最为重要的一步，一旦数据库设计发生问题或者设计不够合理，在软件开发完毕或开发后期再更改数据库将会是一项巨大且麻烦的工作。在实际操作中，数据是存放在一张一张的数据表中，多张数据表构成一个数据库。首先创建数据库，然后在数据库中创建各数据表。数据库的建立包括需求分析、概念设计、逻辑设计和物理设计四个阶段，每个阶段都有各自的任务，以下以学生 - 课程数据库为例说明数据库的建立过程。

1. 需求分析

需求分析是数据库设计的第一个阶段，主要任务是收集和分析数据，使用的主要工具是数据字典和数据流图，是下一步设计概念结构的基础。

数据字典是各类数据描述的集合，主要包括数据项、数据结构、数据流（可以是数据项，也可以是数据结构）、数据存储、处理过程 5 个部分。

数据流图从数据传递和加工角度，以图形方式来表达系统的逻辑功能、数据在系统内部的逻辑流向和逻辑变换过程，是结构化系统分析方法的主要表达工具及用于表示软件模型的一种图示方法。

2. 概念设计

概念设计是分析数据间内在语义联系，在此基础上建立一个数据的抽象模型，形成 E-R 图。这一阶段使用的模型是实体联系模型（entity relationship model，E-R 模型）。对于现实世界中的数据，在 E-R 模型中抽象为实体和联系两个概念。

实体是客观存在并可相互区分的事物，是对能被人们识别的独立存在的对象的描述，是对现实世界中事、物、概念等的抽象。实体一般具有若干特征，这些特征称为实体的属性。如要建立学生 - 课程数据库，需要学生和课程信息，学生和课程都是实体，而学生具有学号、姓名、性别、年龄、学院专业等属性，课程具有课程号、课程名、学时数、学分等属性，可以根据学号和课程号分别查询得到唯一的学生和课程，则学号和课程号分别为实体学生、课程的关键字。

联系是独立的实体相互之间的关系，现实世界中的实体与实体之间通常都是有关联的，如学生和课程，学生需要选修课程，课程也需要学生来学习。在 E-R 模型中，多个实体的联系主要有三种类型。

（1）一对一的联系

假设有两个实体集 E1 和 E2，E1 中的一个实体和 E2 中的一个实体相对应，而 E2 中的一个实体也只对应 E1 中的一个实体，这样的联系就是一对一的联系，如图 5-11 所示。例如，国家和元首，一个国家只有一个元首，而一个元首也只对应一个国家，则国家和元首的联系就是一对一的联系。

（2）一对多或多对一的联系

若实体集 E1 中的一个实体和实体集 E2 中的多个实体相对应，而 E2 中的一个实体只和 E1 中的一个实体相对应，则实体 E1 和 E2 的联系就是一对多，而 E2 和 E1 则是多对一的联系，如图 5-12 所示。例如，一个班级有多个学生，而一个学生只对应一个班级，则班级和学生的联系就是一对多的联系，学生和班级的联系就是多对一。

（3）多对多的联系

若实体集 E1 中的一个实体和实体集 E2 中的多个实体相对应，而 E2 中的一个实体也和 E1 中的多个实体相对应，则 E1 和 E2 的联系就是多对多，如图 5-13 所示。例如，学生和课程，一个学生可选多门课程，而一门课程也可以被多个学生所选，则学生和课程的联系就是多对多的联系。

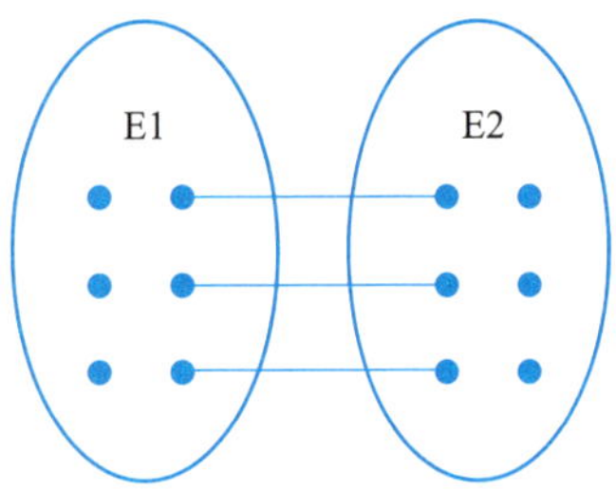

图 5-11　一对一联系

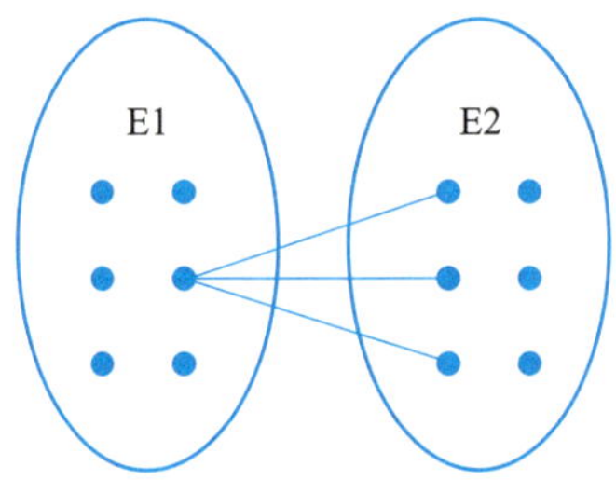

图 5-12　一对多或多对一联系

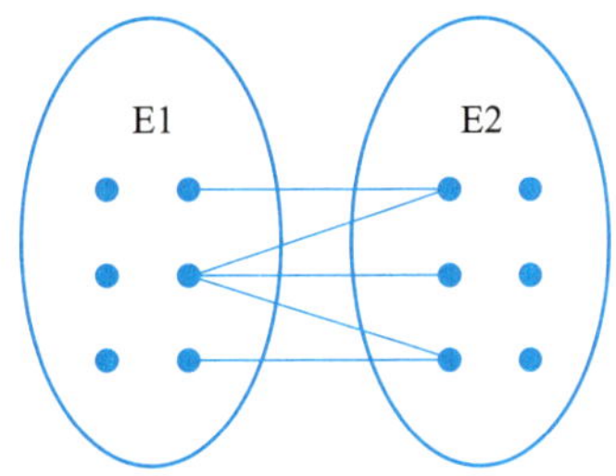

图 5-13　多对多联系

在概念设计阶段，由 E-R 模型会得到 E-R 图，E-R 图是 E-R 模型的图形表示法，其中矩形表示实体、椭圆表示属性、菱形表示联系。图 5-14 是学生 - 课程数据库的 E-R 图。

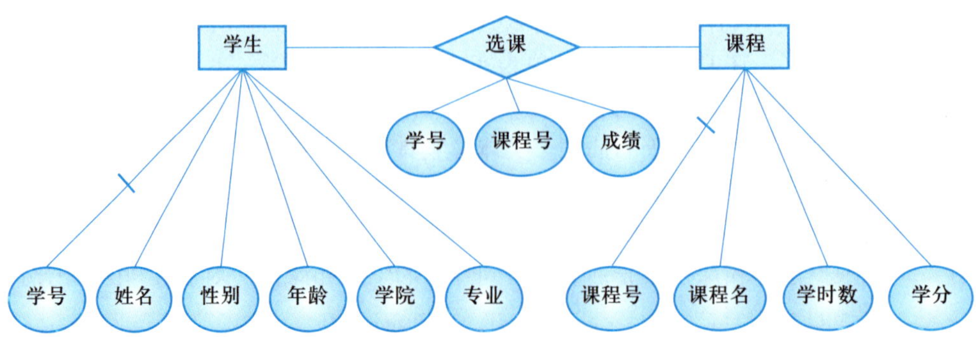

图 5-14　学生 - 课程数据库 E-R 图

3. 逻辑设计

逻辑设计是将 E-R 图转换成指定关系型数据库管理系统中的关系模型。

对于要创建的学生 - 课程相关的数据库，其中包括学生个人信息、课程信息、学生选课信息。设计如下三个关系（三张表）。

学生表：Student（学号、姓名、性别、年龄、学院、专业）

课程表：Course（课程号、课程名、学时数、学分）

选课表：SC（学号、课程号、成绩）

其中加下划线的学号、课程号及学号与课程号的组合分别为 Student、Course、SC 三张表的主键。

与在 Excel 中创建工作表不同，在数据库中创建表时需要先设计好表的结构，包括字段名（列）、字段类型、宽度、小数位数等信息，如表 5-2 ~ 表 5-4 所示。

表 5-2　Student 表结构

字段名	类型	长度	小数位数	允许空值	是否为主键
学号	文本	12			是
姓名	文本	30		是	
性别	文本	2		是	
年龄	整数	4		是	
学院	文本	30		是	
专业	文本	30		是	

表 5-3　Course 表结构

字段名	类型	长度	小数位数	允许空值	是否为主键
课程号	整数	4			是
课程名	文本	30		是	
学时	整数	4		是	
学分	实数	4	1	是	

表 5-4　SC 表结构

字段名	类型	长度	小数位数	允许空值	是否为主键
学号	文本	12			是
课程号	整数	4			是
成绩	实数	5	1	是	

4. 物理设计

物理设计是对数据库内部物理结构进行调整并选择合理的存储结构和存取方法，以提高数据库访问速度，有效利用存储空间。

设计好数据库及数据表的结构后，就可以在具体的数据库产品中具体实现数据库的操作了，不同的数据库产品可以有不同的操作界面和方法，如采用图形界面可视化创建，也可以是字符界面采用命令的方式创建等。命令方式创建主要是通过结构化查询语言（SQL）来完成，以下是在 MySQL 数据库产品中通过命令方式完成以上数据库及表的创建代码：

1. 创建数据库

```
Create Database sc
```

2. 创建 Student 表

```
CREATE TABLE 'student' (
' 学号 ' varchar(12) NOT NULL,
' 姓名 ' varchar(30) DEFAULT NULL,
' 性别 ' char(2) DEFAULT NULL,
' 年龄 ' int(4) DEFAULT NULL,
' 学院 ' varchar(30) DEFAULT NULL,
' 专业 ' varchar(30) DEFAULT NULL,
PRIMARY KEY (' 学号 ')
)
```

3. 创建 Course 表

```
CREATE TABLE 'course' (
' 课程号 ' int(4) NOT NULL AUTO_INCREMENT,
' 课程名 ' varchar(30) DEFAULT NULL,
' 学时 ' int(4) DEFAULT NULL,
' 学分 ' float(4,1) DEFAULT NULL,
PRIMARY KEY (' 课程号 ')
)
```

4. 创建 SC 表

```
CREATE TABLE 'sc' (
' 学号 ' varchar(12) NOT NULL,
' 课程号 ' int(4) NOT NULL,
' 成绩 ' float(5,1) DEFAULT NULL,
PRIMARY KEY (' 学号 ',' 课程号 ')
)
```

创建好表结构后就可以向表中添加数据，添加数据使用 INSERT INTO 语句。

例如，INSERT INTO Student Values("202301020201", " 孙虎 ", " 男 ", 19, " 地球科学学院 ", " 测绘专业 ")，可以将孙虎的个人信息添加到 Student 表中。

5.5　大数据概述

5.5.1　大数据的发展背景和意义

大数据，顾名思义就是大量的数据，一般这些数据都是 PB 级以上。随着移动互联网、社交媒体、电子商务的发展，大大拓展了传统意义上的互联网。根据百度百科定义，大数据（big data）指所涉及的资料量的规模巨大到无法通过目前主流软件工具，在合理时间内达到撷取、管理、处量并整理成为帮助企业经营决策更积极目的的资讯。信息技术及其在经济社会发展方方面面的应用，推动数据成为继物质、能源之后的又一种重要战略资源。

“大数据”作为一种概念和思潮由计算领域发端，之后逐渐延伸到科学和商业领域。大多数学者认为，“大数据”这一概念最早公开出现于 1998 年，美国高性能计算公司 SGI 的首席科学家约翰·马西（John Mashey）在一个国际会议报告中指出：随着数据量的快速增长，必将出现数据难理解、难获取、难处理和难组织四个难题，并用“big data”（大数据）来描述这一挑战，在计算领域引发思考。2007 年，数据库领域的先驱人物吉姆·格雷（Jim Gray）指出大数据将成为人类触摸、理解和逼近现实复杂系统的有效途径，并认为在实验观测、理论推导和计算仿真三种科学研究范式后，将迎来第四范式——“数据探索”，后来同行学者将其总结为“数据密集型科学发现”，开启了从科研视角审视大数据的热潮。2012 年，牛津大学教授维克托·迈尔 - 舍恩伯格（Viktor Mayer-Schnberger）在其畅销著作《大数据时代》（Big Data：A Revolution That Will Transform How We Live，Work，and Think）中指出，数据分析将从“随机采样”“精确求解”和“强调因果”的传统模式演变为大数据时代的“全体数据”“近似求解”和“只看关联不问因果”的新模式，从而引发商业应用领域对大数据方法的广泛思考与探讨。

5.5.2　大数据的技术特点

大数据具有很多特性，业界将大数据特征归纳为 4 个“V”，即数据量巨大（volume）、数据类型繁多（variety）、快变性（velocity）、价值密度低（value）。

海量性：第一个 V 是 volume，指数据量大，而且还不断增长，难以预测。

多样性：第二个 V 是 variety，指种类繁多，来源广泛，包含网页、视频、音频等多种多样的信息来源。

快变性：第三个 V 是 velocity，指速度快，大数据不仅产生速度快，而且影响快，时效性高。

价值性：第四个 V 是 value，指价值性，大数据的价值密度低，但是整体价值和潜在价值高，需要人们不断去挖掘和开发。

当然，从大数据的特征视角很显然 4V 都是相对而言的，大数据在数据获取、传输、存储、分析及可视化等方面的数据处理需要特殊的技术。适用于大数据的技术包括大规模并行处理数据库、数据挖掘、分布式文件系统、分布式数据库、云计算、互联网和可扩展的存储系统。从大数据处理的生命周期分，大数据处理的核心技术包括大数据采集、大数据存储与管理、大数据分析和大数据可视化等。

1. 大数据采集

数据采集又称为“数据获取”或“数据收集”。大数据采集就是对于来源丰富且类型多样的庞大数据进行采集，包括网站数据、移动设备的数据、物联网数据、社交网络数据等，数据形式多样，如文本、语音、图像、视频和图片等。

2. 大数据存储和管理

最早的数据存放在文件中，没有中间件进行数据管理，数据的存储和读取完全由应用软件完成，数据与应用程序耦合度非常强，应用逻辑和数据管理逻辑受到很大的限制。为解决这些问题，出现了专门管理数据的技术，比如广为流传的关系型数据库。大数据存储和管理采用的是分布式文件系统，可以实现高吞吐量的数据访问。人们利用大数据存储和管理工具，将分散在不同数据节点的数据通过数据备份、镜像来保证数据的安全以及保证数据相对快速的访问请求。大数据的存储主要关注存储容量、数据延迟、安全性保障、长期保存等方面，既要保证数据容量增长时对应用系统影响不大，又要考虑数据提取的时效性。

与数据库技术管理结构化数据不同，大数据存储的数据一般为半结构化和非结构化的数据，半结构化数据就是介于完全结构化和完全无结构化的数据之间的数据，半结构化数据一般是自描述型的、数据的结构和内容混在一起，如 HTML、XML、各类报表等就属于半结构化数据。非结构化数据是指完全无结构化的数据，如音频、视频等数据。

大数据存储主要使用了如 HDFS、HBase、Hive 等技术。

3. 大数据分析

数据分析是指为了提取有用信息和形成结论而对数据加以详细研究和概括总结的过程。大数据的分析过程通常依据硬件和数据源的不同采用的方法和策略也有所不同，MapReduce、Hive、Pig、Spark、Mahout 等技术实现了离线分析、准实时分析、实时分析、图片识别、语音识别、预测分析和机器学习等。

4. 大数据可视化

大数据可视化包括科学可视化和信息可视化，科学可视化主要面向自然科学，如地理、医学、生物学等学科领域；信息可视化更关心应用层面的可视化问题。可视化一般以图形化展示，可以是散点图、折线图、柱状图、地图、饼图、雷达图、K 线图、箱线图、热力图、关系图、矩形树图、平行坐标、桑基图、漏斗图、仪表盘等。大数据可视化常用的工具有 Echarts、MatplotLib 库等。

5.5.3 大数据研究的主要目标

大数据研究具有重要的科学价值和广泛的社会价值。对大数据的利用，除了可以带来经济利益，更能对教育、科学、人文、医疗、政府管理、经济调控及社会其他的方方面面带来深远的影响。

1. 实现从数据到智慧的升华

大数据研究可以帮助我们实现从数据到信息，从信息到知识，再从知识发展到智慧的转化。智慧的价值在于能够根据历史，研判未来。而大数据非常强调数据“洞见”（insights），既从数据中总结规律，从而预测和发现未来。

2. 提供决策支持

从数据视角发现问题、分析问题，提供决策依据。

数据从原始的零次数据，经过数据清洗，变成“干净”的一次数据，再经过脱敏、归约、标注、分析和挖提后，变成二次数据，对二次数据利用统计分析、数据挖掘、机器学习以及可视化操作后，得到直接用于决策支持的洞见数据。

3. 商业应用

大数据思维已经在很多商业领域取得了成功，以下举例说明四类常见应用。

解决人工智能问题：语音识别这个人工智能问题就是靠大数据解决的。

实现精准服务：很多信息技术服务公司，比如搜索引擎公司，需要通过收集、处理大量信息和数据，来理解用户意图，提供个性化服务。

动态调整策略：个性化的服务需要供应商根据用户需求的变化不断调整服务策略，例如，网约车公司可根据不断变化的打车人群分布和车辆分布，利用大数据做动态调整，合理为乘客和出租车司机进行最佳匹配。

发现未知规律：在生物制药领域，研制一款新药通常需要 20 年时间，20 亿美元的投入。利用好大数据，可以让处方药和各种疾病重新匹配。

4. 提供数据生态系统

大数据发展日新月异，我们应该审时度势，精心谋划，超前布局，力争主动，深入了解大数据发展现状和趋势及其对经济社会发展的影响，分析我国大数据发展取得的成绩和存在的问题，推动实施国家大数据战略，加快完善数字基础设施，推进数据资源整合和开放共享，保障数据安全，加快建设数字中国，更好地服务我国经济社会发展和人民生活改善。

要推动大数据技术产业创新发展。要集中优势资源突破大数据核心技术，加快构建自主可控的大数据产业链、价值链和生态系统。同时，要加快构建高速、移动、安全、泛在的新一代信息基础设施，统筹规划政务数据资源和社会数据资源，完善基础信息资源和重要领域信息资源建设，形成万物互联、人机交互、天地一体的网络空间。

5.5.4　大数据的发展趋势

1. 数据分析成为大数据技术核心要素

在数据处理领域中，数据分析是一种不可忽视的关键要素，在新时代进步与发展的背景下，数据分析也会在未来的发展进程中逐渐成为大数据技术的核心部分。大数据的价值效用通常体现在规模化数据整合、智能化处理等方面，并在大批量数据信息中提取富有价值含义的信息内容。要在根本上实现此项功能，相关人员需要对所收集到的数据信息展开深层次探究、分析及挖掘，而数据收集、存储和管控往往是数据分析流程中的关键环节，将利用数据分析一系列程序后所获得的成果合理运用于大数据相关的领域中。可见，未来大数据的深度发展与数据分析技术息息相关。

2. 实时性的数据处理方式

在现实生活中，人们获取数据信息的速度相对较快，为了在根本上满足人们的多样化需求，大数据技术处理系统的处理模式也需要及时跟上新时代的发展步伐，实现与时俱进。现如今大数据技术的处理系统通常以大批量化处理模式为核心，此种处理方式往往会受到多种外部因素的干扰及影响，而且只可以在数据报告频率没有达到分钟级别的场合中充分发挥除自身的价值效用，然而对于部分要求较高的场合来说，此种传统的数据处理模式无法满足要求。从整体视角来看，传统计算机网络基础数据仓库系统及链路挖掘技术在实际应用期间对数据处理重点显现出数据的实时性和快捷性，所以对数据处理也应该充分彰显出实时性特点，例如，股票交易处理、动态化路况信息及网络个性化推荐等数据处理要求在分钟级别或秒级。在部分大数据的应用场合，人们需要在第一时间对所获取的信息数据进行处理，并采用科学有效的措施方法进行适当摒弃与整合，否则会导致数据系统内部存储空间逐渐减小。在后续的发展进程中，实时性数据处理模式将会成为新时代的必然趋势，进而带动大数据技术的进步及发展。

3. 云计算数据分析平台更加完善

如今，云计算技术获得了前所未有的发展与进步，其所涉及的应用领域也愈加广阔。云计算的快速发展为大数据技术的未来发展带来了更多技术方面的支持，并在数据处理平台方面提供了有力的保障。云计算为大数据技术发展带来的贡献主要体现在分布式计算方法上，其在实际应用期间可以结合实际情况展开弹性化拓宽与扩展，并对原有存储空间及计算资源加以丰富，这些也是大数据在未来发展阶段中不容小觑的核心部分。另外，云计算含有丰富化、多样化的 IT 资源，呈现出分布广泛等基本特点，这也为大数据技术的后续发展提供了一定的技术支持。在云计算技术向完善和成熟方向稳步迈进的时代背景下，各类云计算发展平台也实现进一步优化及完善，大数据技术也会在此情况下获得有效提升，进而大幅度提高数据信息的处理水平及效率。

4. 开源软件进一步发展

开源软件是在大数据技术发展进程中深度研发所形成的，不同类型的开源软件对于各个产业领域的稳定发展及人们的日常生活产生不可忽视的价值。可以看出，开源软件的未来发展可以在根本上推动我国商业软件的设计与研发，并在此基础上逐渐形成时代发展的动力源泉，进而为应用程序开发等多个领域提供优质服务。即便现在我国所拥有的商业化软件发展速度相对较快，但是其与开源软件的整体发展并不会产生矛盾，进而呈现出相辅相成的有效联系，完全达成优势互补的基本目标，实现共同进步、共同发展。由此可见，开源软件在后续发展进程中可以为大数据技术的深度创新与进步提供更多的保障力量。

习　题

一、思考题

1. 什么是数据库管理系统？

2. 数据管理技术经历了哪几个发展阶段？
3. 简述数据库的系统结构。
4. 如何理解大数据？它有哪些特性？

二、选择题

1. 对数据库物理存储方式的描述称为（　　）。
A. 外模式　B. 内模式　C. 概念模式　D. 逻辑模式
2. 在数据库三级模式间引入二级映射的主要作用是（　　）。
A. 提高数据与程序的独立性　B. 提高数据与程序的安全性
C. 保持数据与程序的一致性　D. 提高数据与程序的可移植性
3. DB、DBMS 和 DBS 三者之间的关系是（　　）。
A. DB 包括 DBMS 和 DBS　B. DBS 包括 DB 和 DBMS
C. DBMS 包括 DB 和 DBS　D. 不能相互包括
4. 要保证数据库逻辑数据独立性，需要修改的是（　　）。
A. 模式　B. 模式与内模式的映射
C. 模式与外模式的映射　D. 内模式
5. DBMS 的主要功能中，不包括（　　）。
A. 数据维护　B. 数据组织　C. 数据操作　D. 数据类型
6. 大数据的最显著的特征是（　　）。
A. 数据规模大　B. 数据类型多样
C. 数据处理速度快　D. 数据价值密度高
7. 大数据时代，数据使用最关键的是（　　）。
A. 数据收集　B. 数据存储　C. 数据再利用　D. 数据分析
8. 数据模型一般有网状模型、层次模型和（　　）。
A. 网络模型　B. E-R 模型　C. 实体模型　D. 关系模型
9. 在关系数据库管理系统中，关系是指（　　）。
A. 表中各记录的关系　B. 表中各字段的关系
C. 表与表之间的关系　D. 符合一定条件的二维表
10. 一个工作人员可以使用多台计算机，而一台计算机可被多个人使用，则实体工作人员与实体计算机之间的联系是（　　）。
A. 一对一　B. 一对多　C. 多对多　D. 多对一
11. 对于“关系”的描述，正确的是（　　）。
A. 同一个关系中允许有完全相同的元组
B. 同一个关系中元组必须按关键字升序存放
C. 在一个关系中必须将关键字作为该关系的第一个属性
D. 同一个关系中不能出现相同的属性名
12. 对于现实世界中事物的特征，在实体－联系模型中使用（　　）。
A. 属性描述　B. 关键字描述　C. 二维表格描述　D. 实体描述
13. 把实体－联系模型转换为关系模型时，实体之间多对多联系在关系模型中是通过（　　）。

A. 建立新的属性来实现　　B. 建立新的关键字来实现
C. 建立新的关系来实现　　D. 建立新的实体来实现

14. 专门的关系运算不包括（　　）。
A. 联接运算　　B. 选择运算　　C. 投影运算　　D. 交运算

15. 对关系 S 和关系 R 进行集合运算，结果中既包含 S 中的元组也包含 R 中的元组，这种集合运算称为（　　）。
A. 并运算　　B. 交运算　　C. 差运算　　D. 积运算

16. DBMS 的含义是（　　）。
A. 数据库系统　　B. 数据库管理系统　　C. 数据库管理员　　D. 数据库

17. 从关系模式中指定若干个属性组成新的关系的运算称为（　　）。
A. 联接　　B. 投影　　C. 选择　　D. 排序

18. 设有如下所示的关系，则由关系 R 和关系 S 得到关系 T 的操作是（　　）。

R

A	B	C
0	1	5
4	2	3
5	6	7

S

A	B	C
0	1	5
3	4	5
4	2	3

T

A	B	C
5	6	7

A. 并　　B. 交　　C. 差　　D. 笛卡儿积

第 6 章　计算机网络基础

学习目标

1. 理解数据通信的概念。
2. 了解数据通信方式和交换技术。
3. 掌握计算机网络的概念、网络模型和协议。
4. 了解计算机网络的分类、熟悉计算机网络拓扑结构。
5. 掌握 Internet 基本概念、技术及应用。

计算机网络是计算机技术与通信技术的产物，被认为是人类历史上第五次信息技术革命，自此人类进入网络信息时代。Internet 技术的广泛应用，全球信息高速公路建设的迅猛发展，越来越深刻地改变着人们的工作方式、生活方式、学习方式和思维方式，使社会发生了巨大的变化。

6.1　数据通信基础

6.1.1　数据通信基本概念

数据通信是通过计算机与计算机或计算机与终端之间的通信，以实现数据传输、交换、存储和处理的系统。它传送数据的目的不仅是为了交换数据，更主要是为了利用计算机来处理数据。比较典型的数据通信系统主要由信息源、发送设备、信道（传输系统）、接收设备和接收器五部分组成，如图 6-1 所示。

图 6-1　数据通信系统组成

1. 发送端

发送端是发送信号的一端，它包括以下两个必需部分。

信号源：产生要传输的数据的计算机或服务器等设备。

发送设备：通常信号源生产的数据要通过发送设备编码后，才能够在传输系统中进行传输。

2. 接收端

接收端是接收发送端发送的信号的一端。它包括以下两个必需部分。

接收设备：接收传输系统传送过来的信号，并将其转换为能够被目的设备处理的信息。

接收器：又称为目的站，获取传送来的信息。

3. 传输系统

传输系统是计算机网络上的数据传输通道，除了源系统和目的系统外，网络中的其他部分都属于传输系统，包括通过物理层传输介质和相关协议建立的物理链路以及节点设备。

6.1.2　模拟信号和数字信号

从通信的角度，可狭义地将数据和信号的概念表述如下：

数据：在向通信介质发送之前（或从通信介质接收之后）的信息实体。例如，存储于内存、硬盘、光盘、U 盘上的记录，或由传感器产生的物理量，如热敏器件产生的电压量、数码相机中 CCD 芯片上产生的电子图像矩阵等。

信号：在通信介质上传送的电磁物理量。例如，电话线中的电流、网线中的方波电压、光纤中的红外光波、手机发送的无线电波，等等。

1. 模拟数据和数字数据

数据分为模拟数据和数字数据两类：

① 模拟数据：在时间上和幅度上连续变化的数据。例如，人的自然语音、一天中的气压值及温度值等。

② 数字数据：以 0/1 形式存储或记录的信息，例如，计算机内存、磁盘、光盘等介质中存储的内容等。

2. 模拟信号和数字信号

信号也分为模拟信号和数字信号。模拟信号与数字信号的时域波形的表示如图 6–2 所示。

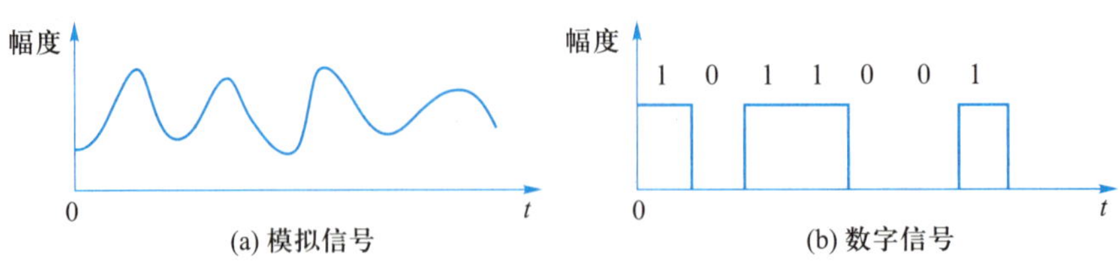

图 6–2　模拟信号和数字信号

① 模拟信号：在时间上和幅度上连续变化的信号，例如，电话线上传送的由语音产生的电流信号、无线通信中的各种高频信号，等等。

② 数字信号：在幅度上为有限状态的方波信号，例如，计算机串行接口上的电压信号。

6.1.3　数据通信方式

1. 并行通信与串行通信

数据通信按照所使用的信道数，可以分为两种：并行通信和串行通信。

（1）并行通信

并行通信指的是数据的每一位各占一条信号线同时进行传输。数据代码一般由若干位组成，在通信设备内部或近距离传输时，为了获得高的数据传输速率，减少传输时延，通常都采用并行传输方式。根据实际需要，并行信道的宽度不是一成不变的，如计算机内的数据总线就是并行传输的例子，有 8 位、16 位、32 位、64 位等。

（2）串行通信

串行通信指的是数据信号的若干位顺序按位串行排列成数据流，在一条信道上传输。如图 6-3 所示，发送端向接收端发出了“01101001”的串行数据，由于代码采用了串行传输方式，其传输速度与并行传输相比要低得多。从图 6-3 中可以看出，数据的所有位都占用了同一条信号线，在硬件信号的连接上节省了信道，有利于远程传输，所以串行通信广泛用于远程数据传输。

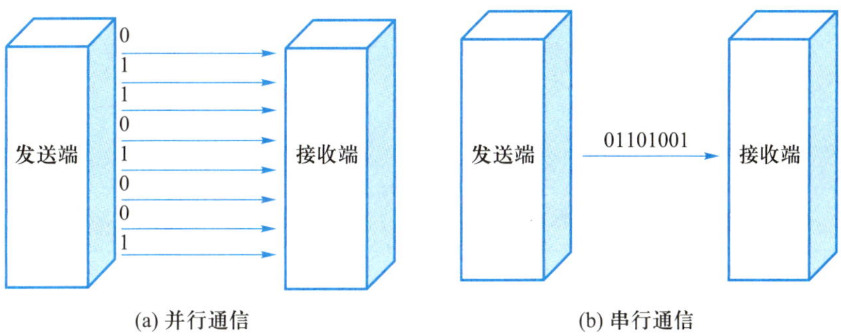

图 6-3　并行通信和串行通信

2. 单工、半双工与全双工通信

数据信号按照信号传送方向与时间关系，可以分为三种：单工通信、半双工通信和全双工通信。

（1）单工通信

两通信终端间只能由一方将数据传输给另一方，即一方只能为发送端，另一方只能为接收端。

（2）半双工通信

两通信终端可以互传信息，即都可以发送或接收数据，但任一方都不能在同一时间既发送又接收，只能在同一时间一方发送另一方接收。

（3）全双工通信

两通信终端可以在两个方向上同时进行数据的收、发传输。

一般情况，在一条物理线路上，只能进行单工数字通信或半双工数字通信，要进行全双工数字通信，一般需要两条物理线路。由于电信号在有线传输时要求形成回路方可传输信号，所以一般传输线路通常由两条电线组成，称为二线制线路。则全双工传输就需要 4 条线组成两条物理线路，称为四线制线路。和半双工比较，全双工效率较高，但它结构复杂，成本比较高。

3. 同步传输与异步传输

为了正确识别和恢复代码，传输网必须解决 3 个问题：其一是位同步，即正确区分和识别每个比特（位）；其二是字符同步，区分出每个字符（如 ASCII 字符）的各位的位序；其三是帧同步，区分出完整的报文数据块（数据帧）的开始和结束位，如一段有序有意义字符串的起始和结束。解决上述问题的办法有两种，即同步传输方式和异步传输方式。这两种方式的区别在于发送和接收设备的时钟是同步的还是异步的。

（1）同步传输

① 位同步：要求传输数据的收发双方的时钟频率严格保持一致，即收发双方的时钟是同步的。接收端在接收到数据流后为了能区分出每一位，即进行位同步，首先必须收到发送端的同步时钟。在近距离传输时，可附加一条时钟信号线，用发送的时钟驱动接收设备以完成位同步；在远距离传输时，则不允许另设时钟信号线，必须在发送的数据流中附加同步时钟信号，由接收端提取同步时钟信号，以完成位同步。

② 帧同步："帧"是数据链路层传输的数据单元，其长度并没有硬性规定。由图 6-4 可以看出，实际上数据是按"帧"进行收、发的，在开始发送一帧数据前必须发送固定长度的帧同步字符，然后发送数据字符，发送完数据字符后再发送帧终止字符，这样就实现了帧同步，之后连续发送空白字符，直到发送下一帧时重复上述过程，帧与帧之间的间隔是不规则的。

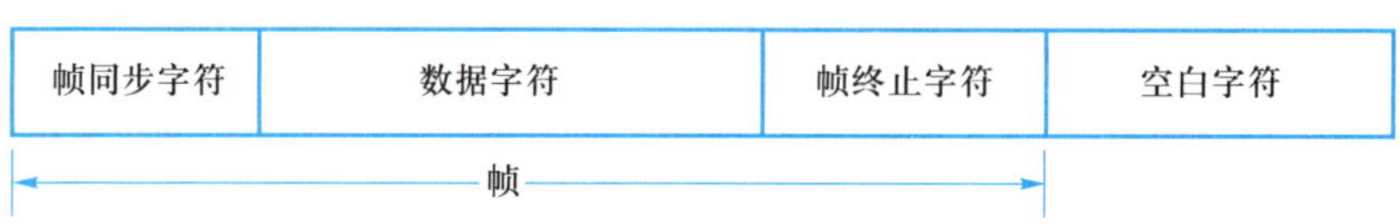

图 6-4　同步传输中帧结构

（2）异步传输

异步传输以字符为单位进行传输，如图 6-5 所示，每个字符前加起始位，字符后加上结束位。起始位为"0"，结束位为"1"，结束位的长度可以为 1 位、1.5 位或 2 位，所以一个字符长度为 10 ~ 12 位。起始位和结束位的作用就是实现字符同步，在两个字符之间可以有任意长度的空白时间。异步传输的缺点是，由于每个字符都要加上起始位和结束位，因而传输效率较低；另一方面，由于收发双方时钟的差异（异步）使得传输速率不宜过高，因而传输效率低，常用于低速数据传输。

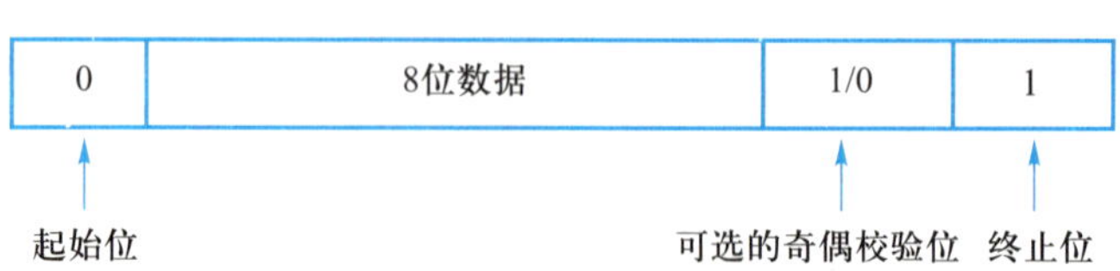

图 6-5　异步传输中的帧结构

6.1.4　数据交换技术

数据交换技术是数据通信过程中，对数据表示格式、传输方式的选择和优化技术。最简单的通信方式是在两个通信设备之间点到点的连接，但在远程通信中，发送设备与接收设备距离很远，不直接相连，中间要经过多个通信设备，发送设备和接收设备都需要与其他设备进行数据传输，因此，数据通信需要通过数据交换技术来实现。通常数据交换技术有 3 种：电路交换、报文交换和分组交换（又称为包交换），下面就介绍这 3 种交换技术。

1. 电路交换

电路交换（circuit switching）是为一对需要进行通信的设备（站）之间提供一条临时的、专用的传输通道。这条通道是由节点内部电路对节点间传输路径通过适当选择、连接而完成的，即由多个节点和多条节点间传输路径组成的链路。

电路交换实现通信包括 3 个阶段。

（1）电路建立阶段

通过源站发出请求，建立一条由源站、所需的中间结点到目标站点的传输信道的连接过程。如图 6-6 所示，源站 H1 要发送数据到目标站点 H5，A 首先向通信子网中节点 A 发送“呼叫请求包”，其中含有需要建立线路连接的源站点地址与目标站点地址。节点 A 根据目标站点地址选择路径。例如，选择下一个节点为 B，则向节点 B 发送“呼叫请求包”；节点 B 接收到呼叫请求后，选择路径，例如，选择下一个节点 E；节点 E 接到呼叫请求后，向与其连接的 H5 站点发送“呼叫请求包”。H5 站点接受 H1 站点的呼叫连接请求，则通过已经建立的物理线路 H1-A-B-E-H5 向 H1 站点发送“呼叫应答包”。至此，从 H1-A-B-E-H5 的专用物理线路完成，该物理连接为此次从 H1 站点到 H5 站点的数据交换提供服务。

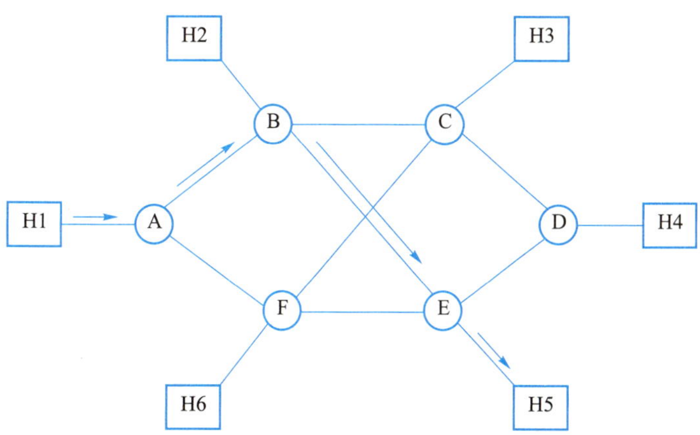

图 6-6　电路交换

（2）传输数据阶段

源站和目标站沿着已建立的传输信道进行数据传输，这种传输通常为双工传输。

（3）电路拆除阶段

在完成数据的传输后，由源站或目标站提出终止通信，各站点相应的释放由该电路占用的节点信道资源，以供其他连接使用。

电路交换的特点是建立连接需要等待较长时间，由于连接建立后通路是专用的，因而不会有别的用户干扰，不再有传输延迟。这种交换适合于传输大量的数据，在传输少量信息时效率不高。

2. 报文交换

这种方式不要求在两个通信节点之间建立专用通路。当一个节点发送信息时，它把要发送的信息组织成一个包——报文，该包中某个约定的位置含有目标节点的地址。完整的报文在网络中一站一站地传送。每一个节点接收整个报文，检查目标节点地址，然后根据网络中的交通情况在适当时转发到下一个节点。经过多次的存储－转发，最后到达目标节点，因而这样的网络叫存储－转发网络。其中的交换节点要有足够大的存储空间（一般是磁盘），用以缓冲收到的长报文。交换节点对各个方向上收到的报文进行排队操作，寻找下一个转发节点，然后再转发出去，这些都带来了传输时间上的延迟。报文交换的优点是不建立专用链路，线路利用率较高，这是由通信中的传输时延换来的。

以图 6-7 为例，源站 H1 要发送一个报文到目标站点 H5，站点 H1 首先将报文发送到节点 A；节点 A 根据报文附加的目标站点地址选择节点 B 为转发这个报文的下一个节点；节点 B 接收并存储所收到的报文，当输出链路有空时把该报文转发到它所选择的下一个节点 E；节点 E 收到报文后交给站点 H5，完成报文传输。报文交换的每个节点都对报文进行“存储转发”，报文数据在交换网中是按接力方式传送的。通信双方事先并不知道报文所要经过的传输路径，并且各个站点不被特定报文所独占。

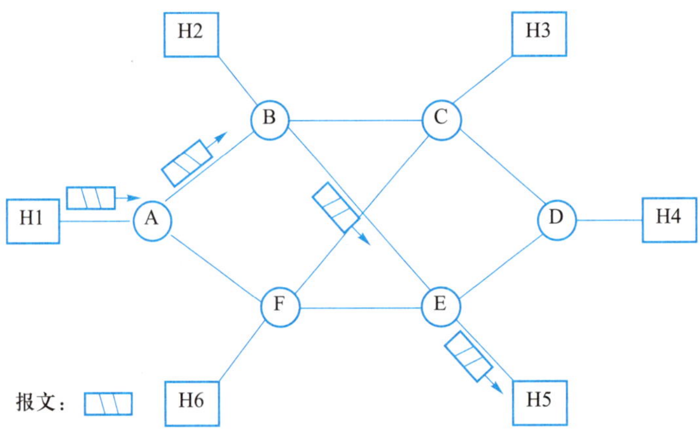

图 6-7　报文交换

报文交换的缺点：由于采用了对整个报文存储、转发，节点存储、转发的时延大，不适用于交互式通信。由于每个节点都要把报文完整地接收、存储、检错、转发，产生了节点时延，并且交换对报文长度没有限制，报文可以很长，这样就具有可能使报文长时间占用某两节点之间的链路。分组交换正是针对报文交换的缺点而提出的一种改进方式。

3. 分组交换

分组交换也属于“存储转发”交换方式，但它不像报文交换那样以整个报文为单位进行存储转发，而是以更短的、标准的“报文分组”（packet）为单位进行交换传输。分组是一种包含数据、地址信息和控制信息，通信双方保持一致的数据格式。以图 6-8 为例来说明分组交换的过程。假如 H1 站有一份比较长的报文要发给 H5 站，则它首先将报文按规定长度划分成若干分组，每个分组附加上地址及纠错等其他控制信息，然后将这些分组顺序发送到交换网的节点 A，交换网可采用两种方式：数据报传输或虚电路传输方式进行交换。

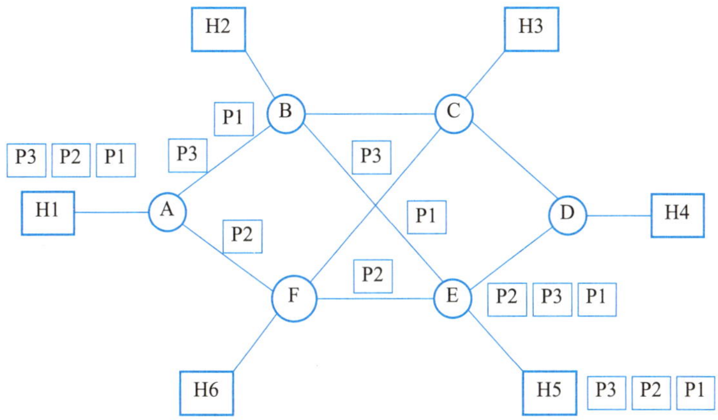

图 6-8　分组交换

（1）数据报传输分组交换

交换网把进网的每个分组都当作独立的“小报文”来处理，而不管它属于哪个报文的分组，就像报文交换中把一份报文进行单独处理一样。如 H1 站将报文分成 3 个分组（P1、P2 和 P3），按序连续地发送给节点 A，节点 A 每接收一个分组都先存储下来，分别对它们进行单独的路径选择和其他处理过程。例如，它可能将 P1 发往节点 B，将 P2 发往节点 F，将 P3 也发往节点 B。这种选择主要取决于节点 A 在处理每一个分组时各链路负荷情况以及路径选择的原则和策略。由于每个分组都带有地址和分组序列，虽然它们不一定经过同一条路径，但最终都能达到同一目标节点 E。这些分组到达目的节点 E 的顺序也可能被打乱，目的节点 E 可以对分组进行排序和重装，目的站 H5 也可以完成这些排序和组装工作。

上述这种分组交换方式简称为数据报传输方式，作为基本传输单位的“小报文”被称为数据报（datagram）。

数据报工作方式具有以下特点：

① 同一报文的不同分组可以由不同的传输路径转发到达目标站点，提高了线路的利用率。

② 每一个分组在传输过程中都必须带有目的地址与源地址。

③ 同一报文的不同分组到达目的站点时可能出现乱序、重复与丢失现象。

④ 数据报方式报文传输延迟较大，适用于突发性通信，不适用于长报文通信。

（2）虚电路传输分组交换

虚电路传输与电路交换方式类似，报文的源发站在发送报文之前，通过类似于呼叫的过程，使交换网建立一条通往目标站的逻辑通路，即虚电路（而不是物理通路）。然后一个报文的所有分组都沿着这条逻辑通路进行存储转发，不允许节点对报文中的分组再做单独的路径选择。如上例 H1 站要将 3 个分组 P1、P2、P3 的报文送到 H5 站，H1 站首先发一个“呼叫请求”分组给节点 A，要求连接到 H5 站，节点 A 根据路由选择原则将请求分组转发到节点 B，节点 B 又将该分组转发到节点 E，再由节点 E 通知 H5 站，这样就初步建立起一条 H1 → A → B → E → H5 的逻辑通路，若 H5 站准备好接收报文，可发一个“呼叫接收”分组给节点 E，沿同一逻辑通路送到 H1 站，从而 H1 站确认这条通路已经建立，并分配到一个“逻辑信道”标识号。此后 P1、P2、P3 各分组都附上这一标识号，交换网的节点都将它们转发到同一通路的下一节点。这就保证了这些分组一定能沿着同一条通路传输到目的站 H5。全部分组到达 H5 站，并经装配确认无误后，任一站都可主动发送一个“清除请求”分组来终止这条逻辑通路。

上述这种分组交换方式被称为虚电路传输方式。建立虚电路的呼叫过程称为虚呼叫（virtual calling），通过虚呼叫建立起来的逻辑通路称为虚电路（virtual circuit）。

虚电路传输的主要特点是，所有分组都必须沿着事先建立的虚电路传输，存在一个虚呼叫建立阶段和拆除（清除）阶段。但与电路交换相比，并不意味着实体间存在像电路交换方式那样的专用线路，而是选定了特定路径进行传输，而此路径是公用的传输路径，即特定路径上的所有节点以及节点间链路都是公用的，分组所途经的所有节点都对这些分组进行存储转发，这是它与电路交换实质上的区别。更应注意的是，虚电路的标识号只是一条逻辑信道的编号，而不是指一条物理线路本身。一条同样的物理线路可能被分为许多逻辑信道编号。这一点正体现了信道资源共享的特性。

虚电路方式的特点如下：

① 在每次报文分组发送之前，必须在发送方与接收方建立一条逻辑连接的虚电路。

② 报文分组通过每个虚电路上的节点时，节点只需要做差错检测，而不需要做路径选择。

③ 一次通信的所有报文分组都从这条逻辑连接的虚电路上通过，因此报文分组不必带目的地址、源地址等辅助信息，报文分组到达目的站点不会出现丢失、重复与乱序的现象。

④ 通信子网中每个节点可以和任何节点建立多条虚电路连接。

由于虚电路方式具有分组交换与电路交换两种方式的优点，因此在计算机网络中得到了广泛的应用。

6.2 计算机网络概述

计算机网络技术的不断发展，支撑着移动互联网、人工智能、云计算、大数据、工业互联网、物联网等新技术的更新，计算机网络技术和相关应用已经渗透到社会各行各业与各个领域。

6.2.1 计算机网络的概念

在计算机网络发展的不同阶段，对计算机网络的定义有不同的侧重点。计算机网络是计算机技术和通信技术相结合的产物，目前它仍旧处在迅速发展的过程中，因此很难像数学概念那样给它一个严格的定义。

目前，通常认为“计算机网络”就是以各种通信设备和传输介质将处于不同地理位置的多台独立的计算机或其他可编程的硬件设备连接起来，并在相应网络软件的管理下实现多台网络设备之间的信息传递和资源共享的系统。建立网络的目的就是实现计算机间的相互通信和资源共享。计算机网络从结构上可以分为通信子网和资源子网两个部分，如图 6-9 所示。通信子网主要由通信设备和通信线路组成，实现主机之间的数据传输。资源子网主要由计算机、终端及软件组成，实现硬件和软件资源的共享。

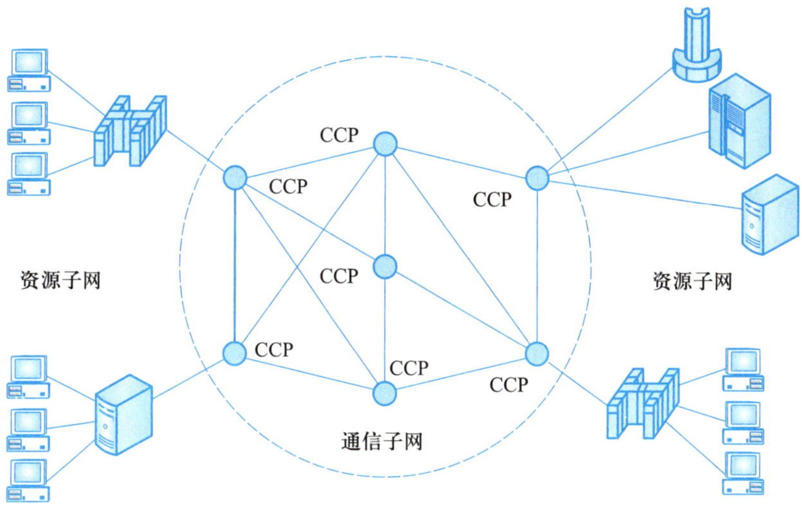

图 6-9 由资源子网和通信子网组成的网络

6.2.2 计算机网络的分类

自计算机网络诞生至今，出现过许多类型的计算机网络，可以依据许多不同的分类标准来划分这些网络。如按网络传输技术的不同可以分为广播式网络和点对点网络，按网络的覆盖范围和规模的不同可以分为局域网、城域网和广域网，按拓扑结构的不同分为星型、总线型等。

1. 按网络的传输技术分类

网络所采用的传输技术决定了网络的主要技术特点。根据数据传输方式的不同，计算机网络可以分为广播网络（broadcast network）和点对点网络（point to point network）两大类。

（1）广播网络

在广播网络中，所有联网的计算机都共享一个公共通信信道，一台计算机利用共享通信信道发送报文分组时，所有其他计算机都会接到这个分组。由于发送的分组中带有目的地址与源地址，接收到该分组的计算机将检查目的地址是否与本机的地址相同，若相同，则接受该分组，否则丢弃该分组。在广播网络中，若分组是发送给网络中的某些计算机，则这种方式被称为多播或组播；若分组只发送给网络中的某一台计算机，则称为单播。

（2）点对点网络

在点对点网络中，每条物理线路连接两台计算机，如果两台计算机之间没有直接连接的线路，那么它们之间的分组传输就要通过中间节点的接收、存储、转发，直至目的节点。在该类网络中，机器沿某信道发送的数据只有信道另一端的唯一一台机器能收到。由于连接多台计算机之间的线路结构可能很复杂，因此从源节点到目的节点之间可能存在多条传输路径，决定分组从源节点到达目的节点的具体传输路径需要采用路由选择算法。采用分组存储转发与路由选择机制是点对点网络与广播网络的重要区别之一。

2. 按网络覆盖范围和规模分类

按照计算机网络覆盖范围的大小，可以将计算机网络分为局域网、城域网和广域网。

（1）局域网

局域网（local area network，LAN）是应用最广泛的一种网络。其覆盖范围一般是方圆几千米以内，具有安装便捷、成本节约、扩展方便等特点。局域网可以实现文件管理、应用软件共享、打印机共享等功能。局域网是一种私有网络，覆盖范围有限，一般在一座建筑物内或建筑物附近，如家庭、办公室或工厂等。我们常说的校园网通常也是一种局域网。

局域网的发展始于 20 世纪 70 年代，至今仍是网络发展中的一个活跃领域。到了 20 世纪 90 年代，LAN 更是在速度、带宽等指标方面有了更大进展，并且在 LAN 的访问、服务、管理、安全和保密等方面都有了进一步的改善。例如，Ethernet 技术从传输速率为 10 Mb/s 发展到 100 Mb/s 的高速以太网，并继续提高至千兆位（1 000 Mb/s）以太网、万兆位（10 000 Mb/s）以太网。

（2）城域网

城域网（metropolitan area network，MAN）一般来说是在一个城市内，在地理范围上可以说是 LAN 网络的延伸。它将位于一个城市之内不同地点的多个计算机局域网连接起来实现资源共享。城域网所使用的通信设备和网络设备的功能要求比局域网高，以便有效地覆盖整个城市的地理范围。一般在一个大型城市中，城域网可以将多个学校、企事业单位、公司和医院的局域网连接起来共享资源。

（3）广域网

广域网（wide area network，WAN）一般指将分布在不同城市、不同地区、不同国家甚至全球范围内的各种局域网、计算机、终端等互连而成的大型计算机通信网络。它所覆盖的地理范围从几百公里到几千公里甚至上万公里，通常由多个可能使用不同计算机平台和网络技术的小型网络构成。由于远距离数据传输的带宽有限，因此广域网数据传输速率比局域网要慢得多。因特网（Internet）是广域网的一种。

3. 按拓扑结构分类

网络拓扑是抛开网络中的具体设备，把网络中的计算机、各种通信设备抽象为“点”，把网络中的通信介质抽象为“线”，从拓扑学的观点去看计算机网络，就形成了“点”和“线”组成的几何图形，即网络的拓扑结构图。按照拓扑结构，网络可以分为以下几种：

（1）总线型拓扑结构

总线型结构采用一条单根的通信线路（总线）作为公共的传输通道，所有的节点都通过相应的接口直接连接到总线上，并通过总线进行数据传输，如图 6-10 所示。总线型网络使用广播式传输技术。总线上的所有节点都可以发送报文到总线上，数据沿着总线传播。但是，由于所有节点共享一条公共通道，所以在同一时刻只允许一个站点发送数据。当一个节点发送数据并在总线上传播时，数据可以被总线上的其他所有节点接收。各站点在接收数据后，分析目的物理地址，再决定是否接收该数据。

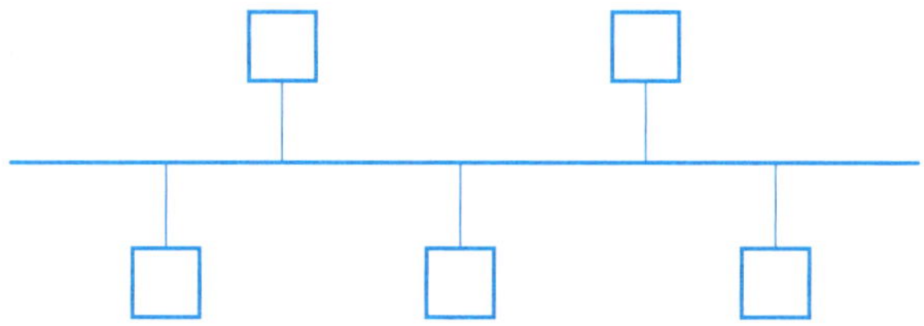

图 6-10　总线型结构

总线型网络的特点是结构简单、灵活，易于扩展。缺点是由于总线采用广播方式，所以负荷重，容易产生传输冲突。

（2）星形拓扑结构

在星形拓扑结构中，网络中的各节点通过点对点的方式连接到一个中央节点上，由中央节点负责与各节点传送信息，如图 6-11 所示。中央节点执行集中式通信控制策略，因此中央节点相当复杂，负担比各节点重得多。在星形网络中，任何两个节点通信都必须通过中央节点控制。星形网络是局域网中最常用的拓扑结构。

星形拓扑结构的特点是结构简单，管理方便，可扩充性强，组网容易。单个节点的故障不会影响全网，容易检测和隔离故障，便于维护；缺点是，由于每个节点直接与中央节点相连，需要大量电缆，成本较高；中央节点的可靠性基本上决定了整个网络的可靠性，中央节点负担重，容易成为信息传输瓶颈，如果中央节点产生故障，则整个网络瘫痪。

（3）环形拓扑结构

环形拓扑由一些中继器和连接中继器的点对点链路首尾相连形成一个闭合的环，如图 6-12 所示。环形网络可以是单向的也可以是双向的。单向环中每个中继器都与两条链路相连，它接收一条链路上的数据，并以同样的速度把该数据送到另一条链路上，直到数据到达目标节点为止。双向环形网络中的数据能在两个方向上进行传输，因此设备可以和两个邻近站点直接通信。如果一个方向的环中断了，数据还可以向相反的方向在环中传输，最终到达目标站点。

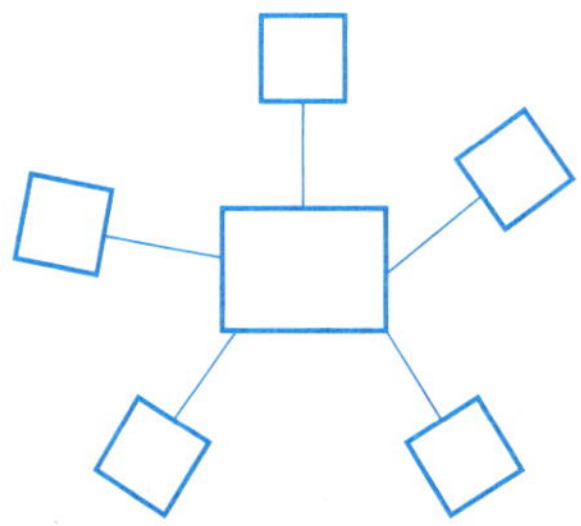

图 6-11　星形拓扑结构

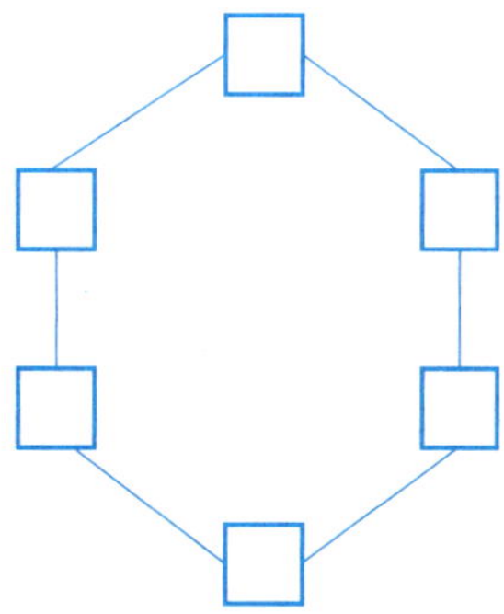

图 6-12　环形拓扑结构

环形拓扑结构的特点是各工作站间无主从关系，结构简单；信息流在网络中沿环单向传输，延迟固定，实时性较好。其缺点是可扩充性差，可靠性差，任何线路和节点的故障都可能引起全网故障。

（4）树形拓扑结构

树形拓扑是从星形结构和总线型结构演变而来的。网络中的节点设备都连接到一个中央设备上，但不是所有的节点都直接连接到中央设备，大多数的节点首先连接到一个次级设备，次级设备再与中央设备连接，如图 6-13 所示。

树形拓扑的优点是易于扩展和故障隔离；其缺点是对根的依赖性太大，如果根发生故障，则全网不能正常工作，对根的可靠性要求很高。

（5）网状拓扑结构

网状拓扑是指各网络节点与通信线路连接成不规则的形状，每个节点至少与其他两个节点相连，或者说每个节点至少由两条链路与其他节点相连，如图 6-14 所示。

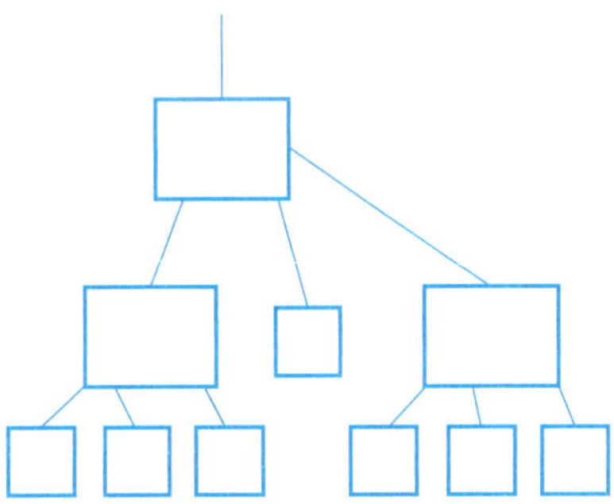

图 6-13　树形拓扑结构

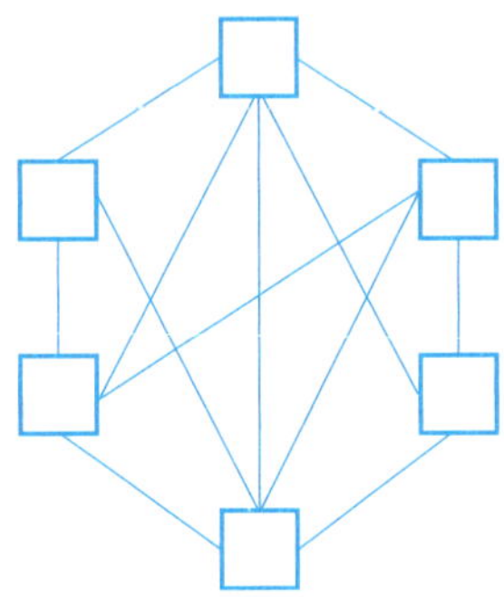

图 6-14　网状拓扑结构

网络拓扑结构的特点是容错能力强，可靠性高，一条线路发生故障，可以经其他线路传输到目标站点。其缺点是费用高，布线困难。

6.2.3　网络模型和协议

1. 网络协议

计算机网络由多个网络节点组成，节点之间需要交换数据与控制信息。为了使得节点间能正确地交换数据和理解彼此所发的数据和信息，则参与交换的节点必须遵守事先约定的规则，这些规则明确规定了交换数据的格式和时序。为了网络数据交换而制定的规则、约定与标准称为网络协议。网络协议主要由 3 个要素组成：语义、语法、时序。

计算机网络是一个庞大、复杂的系统，网络的通信规约和规则也不是一个网络协议可以描述清楚的。因此，在计算机网络中存在多种协议。因其设计目标和需要解决的问题不同，协议分为许多种，每种协议都有各自的优点和使用限制。协议的划分有利于保证目标通信系统的有效性和高效性。为了避免重复工作，每个协议应该处理没有被其他协议处理过的通信问题，同时各个协议之间也应该可以共享数据和信息。

常用的协议有 TCP/IP（transmission control protocol/Internet protocol，传输控制协议 / 互联网协议）、IPX/SPX（Internetwork packet exchange protocol/sequences packet exchange protocol，互联网分组交换协议 / 序列分组交换协议)，NetBEUI（NetBIOS extend user interface，NetBIOS 用户扩展接口协议）等。其中最著名的是互联网上广泛采用的 TCP/IP。

2. 网络模型

一个功能完备的网络需要完整的网络协议，对于结构复杂的网络协议，最好的组织方式是层次结构模型。为了完成计算机间的通信合作，把每台计算机互联的功能划分成明确定义的层次，并规定了同层次进程通信的协议及相邻之间的接口及服务，将这些同层进程通信的协议以及相邻层的接口统称为网络体系结构。分层网络体系结构的基本思想是每一层都在它的下一层提供的服务的基础上提供更高级的服务，且通过服务访问点来为上一层提供服务。

现在，实际上存在着两大标准。一个是国际标准化组织（International Organization for Standardization，ISO）制定的开发系统互联参考模型（open system interconnection reference model，OSI/RM)，OSI 是国际公认的全球标准。另一个是 TCP/IP 模型，被称为计算机网络事实上的标准或工业标准。

1974 年，IBM 公司首先按照分层的思想，制定了该公司的系统网络体系结构 SNA，之后经过改进又推出了几个更新版本，使得该公司生产的网络设备容易互连成网，而与其他公司的设备难以互连。其他一些公司虽然也有自己的网络体系结构，但是各公司之间的产品由于分层体系结构不同，无法互连。20 世纪 80 年代初期，随着计算机市场的日益扩大和国际化，这种自立门户的状态显然无法满足异种计算机互连以达到信息交换、资源共享、分布处理和分布应用的需求。客观需求迫使计算机网络体系结构由封闭走向开发。ISO 经过多年努力于 1984 年提出了 OSI/RM，从此开始有组织、有计划地制定一系列网络国际标准。

OSI 参考模型定义了开放系统的层次结构、层次之间的相互关系以及各层包括的可能的服务。但 OSI 参考模型只是描述了一些概念，用来协调进程间通信标准的制定。

OSI 参考模型将整个网络通信的工作划分为 7 层，从低层到高层依次为物理层、数据链路层、网络层、传输层、会话层、表示层和应用层，如图 6-15 所示。每层完成一定的功能且都直接为上层提供服务。根据 OSI 参考模型，网络中的主机应该实现全部 7 层功能，网络中的通信设备一般实现底下 3 层的功能。

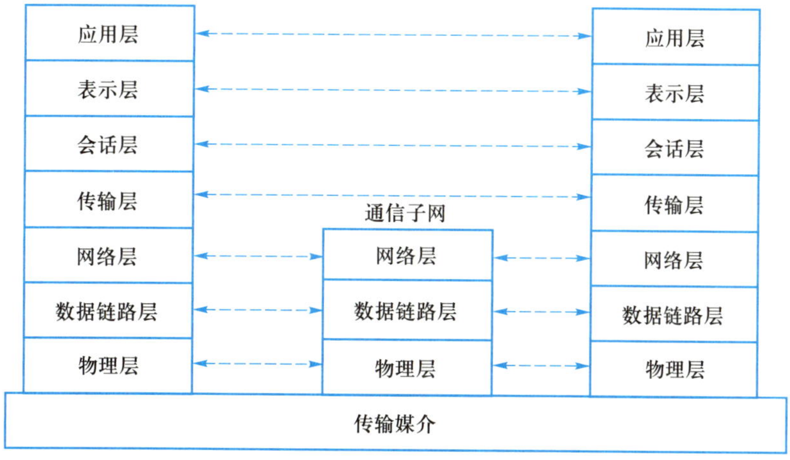

图 6-15　OSI 参考模型

在网络中，为了实现对等层通信，发送方从应用层开始，逐层下传，每层均加上协议控制信息形成每层的协议数据单元，直到物理层。而接收方从物理层逐层上传，每层均取掉协议控制信息，直到应用层，恢复到最初的服务数据，实现应用服务。

6.3 Internet

Internet 即通常所说的国际互联网，是指全球最大的、开放的、基于 TCP/IP 协议的众多网络相互连接而成的计算机网络。Internet 的正式中文名为因特网。Internet 的主要功能就是它能够使不同的计算机系统（甚至不同系统的网络）彼此之间进行通信，从而使这些计算机系统的用户之间进行交互。在过去的 20 年，Internet 改变了人们通信、工作、购物以及其他很多活动的方式。现在，它已经与人们的生活紧密结合在一起。计算机技术之所以如此引人注目，发展如此之快，Internet 发挥了决定性的作用。

6.3.1 Internet 概述

1. Internet 的形成与发展

Internet 起源于苏美冷战时期美国军方的一项研究计划。其前身是美国国防部高级研究计划局（Advanced Research Projects Agency，ARPA）于 1968 年主持研制的用于支持军事研究的计算机实验网络（ARPANET）。ARPANET 的设计与实现是基于这样一种思想：网络要能够经得住故障的考验而维持正常工作，当网络的某一部分因遭受攻击而停止工作时，网络的其他部分甚至整个网络都能够保持正常通信，从而在发生核大战时保障美军的军事指挥正常通信。

最初的 ARPANET 设计如图 6-16 所示。ARPANET 子网由一些小型机组成，这些小型机称为接口报文处理器（interface message processors，IMP），通过速率为 56 kb/s 的传输线路连接。为了保障高可靠性，每个 IMP 至少与两个其他 IMP 连接。子网采用数据报技术，因此如果有一些线路或者 IMP 被毁坏，报文能被自动地重新路由到其他替代的路径上。网络中的每个节点都包含一个 IMP 和一台主机，这两台设备通过一根很短的线连接。

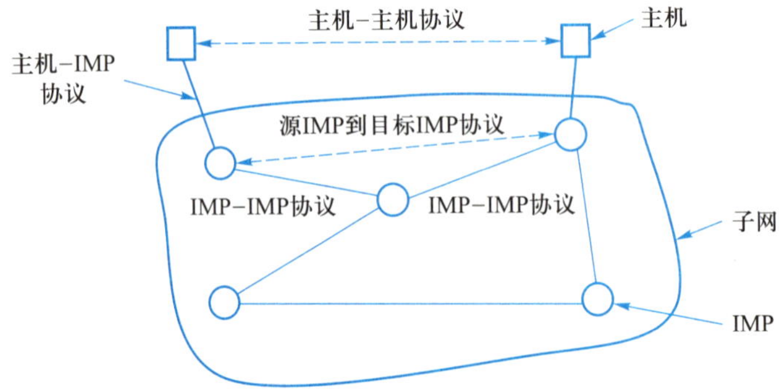

图 6-16 最初的 ARPANET 设计

1969 年，具有 4 个节点（位于加州大学洛杉矶分校 UCLA、加州大学圣巴巴分校 UCSB、斯坦福研究院 SRI、犹他大学 DEC）的基于存储转发方式交换信息的分组交换广域网——ARPANET 成功相互连接，拉开了互联网时代的大幕。到 1971 年，该网络连接 38 个主机或节点，有了第一个电子邮件程序。1973 年，文件传输协议被实施，位于英国和挪威的计算机也作为第一批国际节点加入 ARPANET，网络快速发展。

随着越来越多的网络连接到 ARPANET 上，网络互连变得越来越重要。当时 ARPANET 协议并不适合跨越多个网络运行，研究人员开始进行更多有关协议的研究工作，并最终发明了 TCP/IP 模型和协议，专门用来处理互联网络的通信。

20 世纪 70 年代后期，美国国家科学基金会（National Science Foundation，NSF）看到 ARPA 对大学研究工作产生的巨大影响，决定组建一个骨干网络。NSF 将它的 6 个超级计算中心连接起来，此外，NSF 还资助了一些连接到骨干网上的区域性网络，这些区域网络允许数以千计的大学、实验室、图书馆、博物馆的用户访问任何一台超级计算机，用户之间可以通信，还可以获取网络提供的大量信息和数据。NSF 建立的整个网络，包括骨干网和区域网，统称为 NSFNET，采用了和 ARPANET 相同的硬件技术，该网络从一开始就使用 TCP/IP 协议，通过卡耐基 - 梅隆大学机房内的一条链路连接到 ARPANET。到 1988 年 NSFNET 已经接替原来的 ARPANET 成为 Internet 的主干。

除了 ARPANET 和 NSFNET 外，美国国家航空航天局（National Aeronautics and Space Administration，NASA）和能源部的 NSINET、ESNET 也相继建成，欧洲、日本也积极发展本地网络，各网络互连形成了现在的 Internet。

Internet 历史上的第二次大发展应该归功于 Internet 的商业化。20 世纪 90 年代以前，Internet 的使用仅限于军事、教育和学术研究领域，商业性机构一直受到许多限制。到了 20 世纪 90 年代初期，NSF 已经意识到单靠美国政府已经很难负担整个 Internet 的费用，于是商业组织开始加入进来。1990 年，ANS 接管 NSFNET，之后升级 Internet 骨干通道，速率为原来的 30 倍，发展为 ANSNET。自此，Internet 开始被商业驱动发展，用户数量日益增加。

Internet 的规模随着 20 世纪 90 年代万维网的出现呈现了爆炸式的增长。进入 21 世纪后全球互联网用户呈现井喷式增长。到 2024 年全球互联网用户规模达 53.5 亿人，相比 21 世纪初的 4.13 亿人增长了 49.37 亿人。截至 2024 年 6 月，我国互联网用户规模为 10.996 7 亿人，互联网普及率达 78%。

今天，Internet 已经渗透到了社会生活的方方面面，人们通过 Internet 可以了解最新的新闻动态、旅游信息、气象信息和金融股票行情，可以在家进行网上购物、预订飞机票、发送和阅读电子邮件、到各类网络数据库中搜索和查找所需的资料等。

2. Internet 的架构

图 6-17 是 Internet 架构的一个示意图。如图 6-17 所示，外围的用户计算机要接入 Internet，就必须向因特网服务提供方（Internet service provider，ISP）购买 Internet 接入服务，Internet 接入有多种类型，可根据 ISP 所能提供的带宽和费用来选择。用户计算机通过 ISP 接入 Internet 后，即可上网使用各种应用。

用户计算机接入 ISP 后，用户计算机就可以与因特网接入点 POP（point of presence，即客户数据包进入 ISP 网络使用其服务的位置，又称为 ISP 存点）交换数据包。

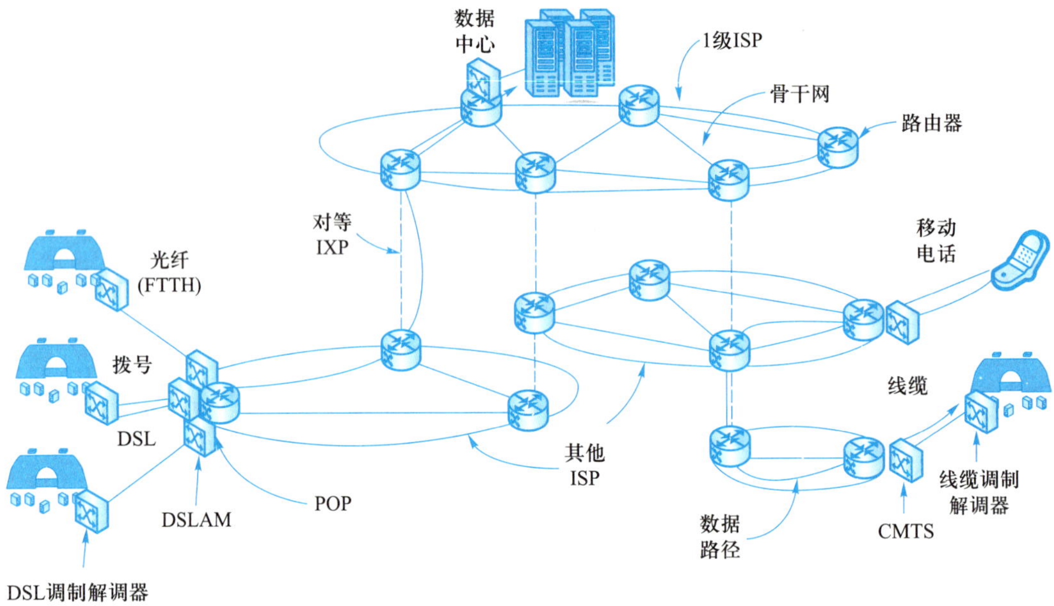

图 6-17 Internet 架构示意图

从 ISP 存点开始，数据包就进入 ISP 网络移动，从这个位置开始，系统完全是数字化的，采用的是数据包交换技术。ISP 网络的规模可能是区域性、国家级或国际范围的。它们由互连的路由器和长距离的传输线组成。如果数据包的目的地是该 ISP 直接服务的主机，那么该数据包可在该 ISP 骨干网上路由并被直接传递给目的主机。否则，数据包必须被移交给另一个 ISP。

Internet 是由众多的网络互相连接而形成的全球性网络，Internet 交换中心负责这些不同网络之间互相通信的交换点是 Internet 的关键基础设施，国际上通称为 IX 或 IXP。一个 IX 是一间放满了路由器的房间，每个 ISP 至少有一台路由器，房间里的局域网连接了所有的路由器，因此数据包可以从任何一个 ISP 骨干网被转发到其他的 ISP 骨干网。全世界各地有很多 IX，国外知名的 IX 有 AMS-IX、HKIX、Equnix IX 等，国内知名的 IX 有位于上海的 We IX、位于北京的 CNISP 等以及在北京、上海、广州、天津、杭州均有接入点的 CHN-IX。ISP 将它们的网络连接到 IX，以便交换流量。

6.3.2 IP 地址和域名

1. TCP/IP 体系结构

Internet 作为开放式网络，连接了分布在世界各地的计算机，这些计算机种类繁多，软硬件平台各不相同。不同的网络类型、不同的网络设备、不同的网络操作系统，它们的数据传输模式可能各不相同，要实现它们之间相互通信，就要求所有连入 Internet 的计算机都使用系统的通信协议，这就是 TCP/IP 协议。

TCP/IP 由一系列协议构成，其中传输控制协议（transmission control protocol，TCP）和因特网协议（Internet protocol，IP）是最重要的两个协议，因此把该体系结构称为 TCP/IP 体系结构。该协议簇规定了计算机通信中所使用的协议数据单元、格式、报头与相应的动作，是 Internet 工业标准。协议共有 6 个版本，目前普遍使用的是版本 4，即 IPv4。目前 IPv6 已经广泛部署和使用，并且使用率不断稳步增长。

TCP/IP 体系结构分为 4 层：网络接口层、网络层、传输层和应用层，它们与 OSI/RM 的对应关系如表 6-1 所示。

表 6-1　TCP/IP 和 OSI/RM 协议的对应关系

TCP/IP 协议	OSI/RM 协议
应用层	应用层
	表示层
	会话层
传输层	传输层
网络层	网络层
网络接口层	数据链路层
	物理层

（1）TCP

TCP 是一种可靠的、面向连接的传输层协议，允许从源发出的字节流无差错地在网络上传输到目标机器。在发送端，把应用层的字节流分成多个报文段并传给网络层。在接收端，把收到的报文段再封装成字节流，送往应用层。同时还要处理流量控制，以避免高速发送方向低速接收方发送的报文过多而造成接收方无法处理的情况。

（2）IP

IP 协议是一种不可靠的、无连接的数据报传输服务协议。该协议主要规定了数据包传送的格式以及数据包如何寻找路由路径最终到达目的地。IP 协议位于网络层，主要功能如下：

处理来自传输层的分组发送请求。在接收到分组发送请求之后，将传输层报文封装成 IP 分组，启动路由选择算法，选择发送路径，将分组转发到相应的网络。

处理接收到的数据报。在接收到其他主机发送的数据报之后，检查目的 IP 地址，若需要转发，则选择发送路径转发出去；如果目的地址为本节点 IP 地址，则除去报头，将分组交送到传输层处理。

2. IP 地址

Internet 上连接的设备数量如此巨大，那么应该如何标识和辨别每台连网设备的位置呢？在以 TCP/IP 为通信协议的 Internet 上，每一台与网络连接的计算机都拥有一个唯一确定该计算机位置的地址，并且以系统的方法，按国家、区域、地域等一系列的规则来分配，用于保证每一个通过网络传送的信息都会清楚地表明发出信息的计算机和接收信息的计算机的地址，以作为网络传输参数的依据。

IP 地址是一个全球化划分的逻辑地址概念，类似于家庭使用的电话号码。IP 地址由网络标识符和主机标识符两部分组成，其中网络号用来标识一个逻辑网络编号，主机号用来标识网络中的一台主机地址。这样 IP 地址不仅指出了计算机属于哪个网络，还指出了计算机在网络中的逻辑位置，如图 6–18 所示。路由寻址时，首先根据地址的网络号到达网络，然后根据主机号到达主机。这有点类似于快递投送，先根据前面的省市区号将包裹投送至所在城市，再根据具体地址送至某人。这也类似于家庭使用的电话号码，例如，02884075579，其中，前面 3 位代表了区号，即所在地区，后面 8 位代表具体某个地址。目前互联网的 IP 地址由互联网名称与数字地址分配机构 ICANN（Internet corporation for assigned names and numbers）进行分配。

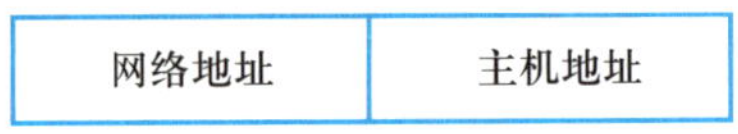

图 6–18　IP 地址结构

IPv4 的地址由 32 位二进制数组成，每 8 位一段，共分为 4 段，段间用 "." 分隔。为了使 IP 地址形式更短，更易于阅读，IP 地址的每一段表示为其对应的十进制数字，这种表示法称为"点分十进制"表示形式，例如，"202.115.128.33"。

IP 地址分为 5 类，图 6–19 列出了 A、B、C、D 和 E 共 5 类 IP 地址格式，其中 A 类、B 类、C 类地址是常用地址（分配给主机或路由器）。

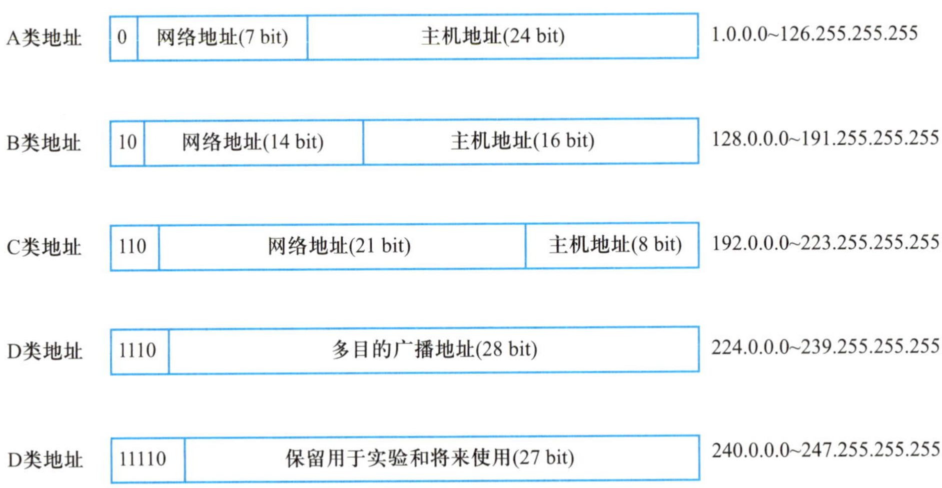

图 6–19　IP 地址分类

A 类地址的范围是 1.0.0.0 ~ 126.255.255.255。该类地址第一个字节表示网络号，由于第一位用于网络类型标识，所以网络地址空间长度为 7 位，因此由 126 个不同的 A 类网络（网络号全是 0 即 0 和网络号全是 1 即 127 保留用于特殊目的）。A 类地址主机地址空间长度为 24 位，因此每个 A 类网络的主机地址多达 $2^{24}-2$（即 16 777 214）个（因为主机地址全是 0 或全是 1 是特殊地址，有特别用途，所以减 2）。A 类地址适用于有大量主机的大型网络。

B 类地址的范围是 128.0.0.0 ~ 191.255.255.255。该类地址前两个字节表示网络号，由于前两位用于网络类型标识，所以网络地址空间长度为 14 位，因此由 $2^{14}-2$（即 16 382）个不同的 B 类网络。B 类地址主机地址空间长度为 16 位，因此每个 B 类网络的主机地址多达 $2^{16}-2$（即 65 534）个。B 类地址适用于一些大型公司和政府机构等。

C 类地址的范围是 192.0.0.0 ~ 223.255.255.255。该类地址前三个字节表示网络号，由于前三位用于网络类型标识，所以网络地址空间长度为 21 位，因此由 $2^{21}-2$（即 2 097 150）个不同的 C 类网络。C 类地址主机地址空间长度为 8 位，因此每个 C 类网络的主机地址多达 $2^{8}-2$（即 254）个。C 类地址适用于一些小型公司和小型局域网网络。

D 类地址第一个字节的十进制范围为 224 ~ 239，作为组播地址使用。

E 类地址是实验地址，保留给将来使用。

3. 子网掩码

网络通信时，网络设备先要判断通信双方是否在同一个网络中，如果在同一个网络中，则直接传输数据；如果不在同一个网络中，则需要路由器等设备转发数据。因此，通信时必须首先判断通信双方的网络 ID 是否相同，就像快递分包时先看是否为本地包裹一样。

子网掩码的作用就是通过计算过滤出 IP 地址中的网络 ID。子网掩码的长度也是 32 位，通过它和 IP 地址进行按位“逻辑与”运算，可以屏蔽掉 IP 地址中的主机号部分，得到该地址的网络 ID。设置子网掩码的规则是 IP 地址中表示网络地址的二进制位，在子网掩码的对应位上置 1，表示主机地址的二进制位，在子网掩码的对应位上置 0。

例如，一个 IP 地址 202.115.128.33，这是一个 C 类地址，前 3 个字节为网络号，如果把网络号对应位全置 1，主机号对应位全置 0，得到 255.255.255.0，这个特殊的 IP 地址就是这个 IP 地址的子网掩码。将 IP 地址和子网掩码进行“逻辑与”运算，可以得到这个地址的网络号为 202.115.128.0。

IP 地址：　11001010.01110011.10000000.00100001　　202.115.128.33
子网掩码：11111111.11111111.11111111.0000000　　255.255.255.0
AND---
网络地址：11001010.01110011.10000000.00000000　　202.115.128.0

子网掩码除了可以过滤出 IP 地址的网络地址外，其更进一步的目的是实现子网划分，从而充分利用有限的 IPv4 地址资源。

4. IPv6

IPv4 是 20 世纪 70 年代设计的，事实证明 IPv4 是一个非常成功的协议，但 IPv4 是基于当时的网络模式设计的，从现在来看，IPv4 的设计者没有预料到 Internet 会有今天这样的爆炸式增长发展规模。随着 Internet 的进一步发展，IPv4 越来越显示出它的局限性，32 位的 IPv4 地址即将耗尽是最为严重的问题。

为了克服 IPv4 的不足，因特网工程任务组（IETF）从 1992 年 6 月提出制订下一代的 IPNG（IP next generation），现在正式称为 IPv6，即用于替代 IPv4 的下一代 IP。

IPv6 发展过程如下：

① 1993 年，IETF 成立了 IPNG 工作组。

② 1994 年，IPNG 工作组提出了 IPv6 的推荐版本。

③ 1995 年，IPNG 工作组完成 IPv6 的协议文本。

④ 1996 年，IETF 处理了全球 IPv6 实验床——6Bone。

⑤ 1998 年，启动了 IPv6 教学科研网——6REN。

⑥ 成立了 IPv6 论坛，开始正式分配 IPv6 地址，IPv6 协议文本成为标准草案。

⑦ 2001 年，IPv6 关联协议修订、完善，多数主机操作系统能支持 IPv6。

⑧ 2002 年，继续完善部分 IPv6 版本技术草案。

⑨ 2003 年，各主流网络设备生产厂家已推出 IPv6 网络产品。

2012 年 6 月 6 日，国际互联网协会举办了“世界 IPv6 启动日”活动，这一天，全球的 IPv6 网络正式启动。多家知名网站，如 Google、Facebook 和 Yahoo 等，于当天世界标准时间 00:00（北京时间 08:00）开始永久性支持 IPv6 访问。

2017 年 11 月 26 日，中共中央办公厅、国务院办公厅印发了《推进互联网协议第六版（IPv6）规模部署行动计划》。2018 年 6 月，我国三大运营商联合阿里云宣布将全面提供 IPv6 服务，并计划在 2025 年前助推中国互联网真正实现“IPv6 Only”。

2019 年 4 月 16 日，工业和信息化部发布《关于开展 2019 年 IPv6 网络就绪专项行动的通知》。我国工信部称计划于 2019 年末，完成 13 个互联网骨干直联点 IPv6 的改造。

作为一种新的协议，从诞生于实验室和研究所到实际应用于 Internet 是有很大距离的，不可能要求将 Internet 上的所有节点都立即演进到 IPv6，IPv6 还需在发展中不断完善。所以，这两种协议还将有一段相当长的共存时期，IPv6 不可能立刻替代 IPv4，只能逐渐过渡。要提供平稳的转换过程，使得对现有的使用者影响最小，就需要有良好的转换机制。目前有许多转换机制被提出，部分已被用于 6Bone 网络上。IETF 推荐了双协议栈、隧道技术以及网络地址转换等转换机制。

IPv6 具有以下特征：

① 巨大的地址空间。IPv6 的地址长度由 IPv4 的 32 位扩展到 128 位，地址数量达到 3.4×10^{38} 个，是现有 IPv4 地址空间的 2^{96} 倍，IPv6 允许地球表面每平方米拥有 7×10^{23} 个 IP 地址。这样庞大的地址空间可以满足 Internet 不断增长的需求。

② 全新的地址设置方式。为支持更多的地址层次，IPv6 的网络前缀可以分成多个层次。这样不仅可以定义非常灵活的地址层次结构，同时，同一层次上的多个网络在上层路由器中表示为一个统一的网络前缀，这样可以显著减少路由器必须维护的路由表项，大大降低了路由器的寻址和存储开销。

③ 灵活的头部格式。

④ 转化了协议，加快了分组的转发。

⑤ 对 QoS 有更好的支持。

⑥ 内置的安全性。

⑦ 全新的邻居发现协议。

⑧ 可扩展性。

知识扩展

IPv6 中 IP 地址的表示方法

因为 IPv6 的地址长度为 128 位，使用点分十进制表示已经不合适了。因此，IPv6 使用冒号十六进制表示地址，这样可以更简洁方便。它把每个 16 位的值用十六进制值表示，各个值之间用冒号分隔。虽然 IPv6 地址可用小写字母或大写字母编写，但 RFC 5952（IPv6 地址文本表示协议书）建议用小写字母表示 IPv6 地址。

① 用二进制格式表示一个 IPv6 地址，并且按照 16 位一组划分为 8 个部分。

0010000000000001 0000010000010000 0000000000000000 0000000000000001
0000000000000000 0000000000000000 0000000000000000 0100010111111111

② 将每个部分转换成十六进制数，并且用冒号隔开。

0001 : 0410 : 0000 : 0001 : 0000 : 0000 : 0000 : 45ff

③ 在这种表示方法中，允许把数字前面的 0 去掉。

2001 : 410 : 0000 : 1 : 0000 : 0000 : 0000 : 45ff

④ 还可以允许零压缩，可以把一连串连续的零用双冒号（: :）代替。但是在任一地址中只能允许一个双冒号。

2001 : 410 : 0 : 1 :: 45ff

5. 域名服务

IP 地址为 Internet 提供了统一的编址方式，直接使用 IP 地址就可以与 Internet 中的其他计算机通信，但不便于用户记忆和使用，所以，Internet 建立了域名管理系统 DNS（domain name system），以帮助人们在 Internet 上用名字来唯一标识自己的计算机，并保证主机名和 IP 地址一一对应。DNS 用分层的命名方法，为网络中的每台计算机分配一个直观的、有一定含义的唯一的名称。域名系统的层次结构如图 6-20 所示。

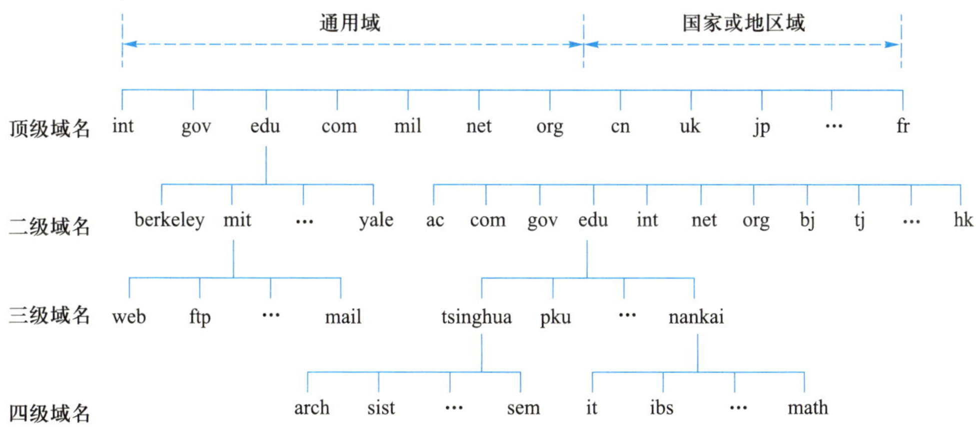

图 6-20　域名系统的层次结构

在 Internet 中，首先由互联网名称与数字地址分配机构 ICANN 负责管理通用顶级域名和国家或地区顶级域名。国家或地区顶级域名包括每个国家和地区的域代码，如中国用“cn”表示、英国用“uk”表示、日本用“jp”表示等，以国家和地区定义的顶级域名如表 6-2 所示；通用顶级域名是供一些特定组织机构使用的顶级域名，如表 6-3 所示。

表 6-2　以国家和地区定义的顶级域名

域	含义	域	含义	域	含义
au	澳大利亚	hk	中国香港	nz	新西兰
br	巴西	in	印度	pt	葡萄牙

续表

域	含义	域	含义	域	含义
ca	加拿大	jp	日本	se	瑞典
cn	中国	kr	韩国	sg	新加坡
de	德国	lu	卢森堡	tw	中国台湾
es	西班牙	my	马来西亚	uk	英国
fr	法国	nl	荷兰	us	美国

表 6-3 常见机构类型

域名	含义	域名	含义	域名	含义
com	商业机构	net	网络服务机构	info	信息提供
edu	教育类	org	非营利组织	nom	个人
gov	政府部门	art	艺术文化领域服务	store	销售类公司企业
int	国际机构	mil	军事机构	firm	公司企业

由于 Internet 是在美国发展壮大的，Internet 的主干网都在美国，因此美国主机中的顶级域名一般直接说明其主机的性质，使用的是通用域名，而不是国家域名。如果用户见到某主机的顶级域名由 com 或 edu 等构成，一般可以判断这台主机在美国（也有美国主机顶级域名为 us 的情况）。其他国家的顶级域名一般都是其国家代码。

顶级域名将其各部分的管理权授予相应的机构，如中国域名 cn 授权给中国互联网络信息中心 CNNIC（China Network Information Center），CNNIC 再负责分配第二级域名。第二级域名往往表示主机所属的网络性质，如是属于教育界还是政府部门等。中国地区的用户第二级域名有教育（edu）、网络服务（net）、科研（ac）、非营利组织（org）、政府（gov）、商业（com）、军队（mil）等。

第二级域名又将其各部分的管理权授予各级网络信息中心（network information center，NIC）分配，负责第三级域名，依此类推。

域名用几组有意义的字母或缩写表示，不区分大小写，中间用“.”符号隔开，其排列原则是低层的子域名在前面，而它们所属的高层域名在后面，一般格式如下：

第 4 级主机名 . 第 3 级机构名 . 第 2 级机构类型名 . 顶级域名

例如，域名 cernet.edu.cn 中，cernet 表示教育网的主机，edu 是组名，表示属于教育机构，cn 代表中国，即顶级域名。

虽然主机域名比 IP 地址更容易记忆，但在通信时必须将其映射成能直接用于 TCP/IP 协议通信的 IP 地址，这个映射过程称为域名解析。域名解析是由一系列的域名服务器来完成的，域名服务器保存了包含主机和相应 IP 地址的数据库。

6.3.3 网络计算模式

计算模式是计算机完成任务的一种运行、输入输出以及资源使用的方式。

1. C/S 计算模式

C/S（client/server，客户机 / 服务器）计算模式是基于局域网环境的、典型的两层计算机式。它由两部分构成：前端是客户机，一般使用个人计算机，运行客户端程序，主要处理客户业务逻辑、用户界面展示以及企业业务逻辑；后端是服务器，可以使用各种类型的主机，运行服务器端程序，提供诸如数据库的查询和管理、大规模的计算等服务。客户端程序通过网络向服务器端程序提出服务申请，服务器端程序返回客户端所需数据。

C/S 计算模式的主要优点是，将客户机的应用程序与服务器上的数据库隔离开来，可以保证数据的安全性和完整性；可以充分利用客户机和服务器两端的计算能力，组成一个分布式应用环境；由于网络上传送的数据主要是客户端向服务器发送的请求以及服务器返回给客户端的响应结果，通过把任务合理地分配在客户机和服务器两端，C/S 计算模式可以有效降低网络通信流量和服务器响应时间等。

C/S 计算模式对于规模较小、复杂程度较低的信息系统是非常合适的，但在开发和配置更大规模的企业应用中逐渐显现出不足。随着分布式技术的发展与应用，在一些大型企业管理系统中，出现了三层结构的 C/S 计算模式。

2. B/S 计算模式

B/S（browser/server，浏览器 / 服务器）计算模式是随着 Internet 技术的兴起对三层 C/S 计算模式的一种改进，Web 浏览器是客户端最主要的应用软件。B/S 计算模式下，将系统功能实现的核心部分集中在服务器上，简化了系统的开发、维护和使用；客户端统一为浏览器。用户终端不安装任何专门的用户界面软件，而是在 Internet 架构下，统一使用 WWW 浏览器来实现。基于互联网的 B/S 计算模式具有分布应用与集中管理、跨平台兼容性、交互性和实时性、协同工作、系统易维护等特点。

B/S 基于 Internet 和使用浏览器的特点，使其可以在任何地点进行操作，摆脱了地理位置的束缚；客户端无须安装任何专门的用户界面软件，减轻了系统维护工作量与升级的成本；用户界面软件从客户端安装变为服务器端下载，使其受到了更好的保护；具有软、硬件平台无关的特点，浏览器、Web Server、Java、HTML 以及数据库资源都可以做到与软、硬件平台无关；用户可以跨平台以系统的界面访问系统，实现了不同人员，从不同地点，以不同接入方式访问和操作共同的数据库；系统管理简单，可支持异种数据库，可用性很高；系统扩展容易，只要能上网，就可以使用；对后台服务器的记录管理能有效地包含数据平台和管理访问权限，服务器数据库也很安全。

在网络刚刚兴起时，网络处于研发阶段，一般采用 C/S 模式，使用客户端访问服务器，随着网络技术不断发展，越来越多客户端让计算机技术还不太发达的个人终端非常困扰，用户计算机能力不足以支撑那么多的客户端，导致用户不得不放弃对一些公司网站的访问和连接。为了克服客户端能力不足的问题，出现了 B/S 模式，其也号称“瘦客户端”，在个人终端不需要装太多的软件，仅仅使用浏览器就可以访问各个公司的网站，将个人终端的计算机从众多的客户端软件中解放出来。随着个人计算机技术的发展和计算机价格的降低，个人终端越来越强大，又有很多的客户端程序开始流行。例如，现在的手机终端出现越来越多的 App，都属于 C/S 模式。目前很多情况这两种模式共存，用户可以根据自己计算机的存储和计算能力，选择使用 B/S 或 C/S 模式访问服务器。现在无论 B/S 模式还是 C/S 模式基本都是三层的结构，即增加了数据库服务器这一层。

6.3.4 Internet 应用

1. WWW 服务

WWW（world wide web）以超文本标记语言（hypertext marked language，HTML）与超文本传输协议（HTTP）为基础，能够提供面向 Internet 服务的、一致的用户界面的信息浏览系统。WWW 采用浏览器 / 服务器（B/S）体系结构。

（1）HTML、HTTP 和 HTTPS

HTML（超文本标记语言）是一种制作万维网页面的标准语言。它包括一系列标签，通过这些标签可以将网络上的文档格式统一，使分散的 Internet 资源连接为一个逻辑整体。超文本是一种组织信息的方式，它通过超链接的方法将文本中的文字、图表与其他信息媒体相关联。

HTTP（超文本传输协议）是 Web 浏览器与服务器交换请求与应答报文的通信协议。它属于应用层的协议，定义了浏览器向服务器请求 Web 页以及服务器将 Web 页传送给客户端的方式。

HTTPS（超文本传输安全协议）是 HTTP 的安全版，它在 HTTP 协议基础上增加了使用 SSL 加密传送信息的协议，能够对传输的内容进行加密。

（2）网站、网页和主页

网站是指在 WWW 上提供一个或多个网页的人或机构创建的站点。

在 WWW 环境中，信息是以 Web 页的形式来显示和链接的，在 Web 页之间可通过 HTML 语言建立超文本链接以便于浏览。Web 页是用 HTML 组织的文本文件。

主页是指个人或机构的基本信息页面，是某个网站的起始页面。

（3）URL 与信息定位

在 Internet 中有如此众多的 WWW 服务器，而每台服务器中又包含很多主页，如何才能找到想看的主页呢？很多人的回答是，输入网址。网址其实是一个通俗的说法，确切地说是要使用统一资源定位符（uniform resource locator，URL）。

URL 相当于一个文件名在网络范围的扩展，由以冒号隔开的两大部分组成（其中的字符不区分大小写）。标准的 URL 由三部分组成：协议：// 主机名 / 路径及文件名。

例如，http://www.edu.cn/HomePage/jiao_yu_zi_yuan/index.shtml。其中，http 为所使用的传输协议类型；www.edu.cn 为中国教育和科研网 WWW 服务器主机名；HomePage/jiao_yu_zi_yuan 为访问网页所在的路径；index.shtml 为页面文件名。

（4）WWW 浏览器

用户浏览网页需要一个浏览工具软件，WWW 浏览器是用来浏览 Internet 上的网页的客户端软件。WWW 浏览器为用户提供了寻找 Internet 上内容丰富、形式多样的信息资源的便捷途径。更重要的是，目前的浏览器都支持多媒体特性，可以通过浏览器来播放声音、动画与视频。

目前流行的浏览器软件主要有 Chrome、FireFox（火狐）、Maxthon（遨游）、Safari、360 浏览器等。

2. E-mail 服务

随着网络的发展与普及，电子邮件（E-mail）已经成为人们日常工作中不可缺少的部分。电子邮件可以是文字、图像、声音等多种形式。电子邮件的两个最重要的标准是简单邮件传送协议（simple mail transfer protocol，SMTP）和互联网文本报格式。由于互联网的 SMTP 只能传送可打印的 7 位 ASCII 码邮件，因此在 1993 年又提出了通用互联网邮件扩充（multipurpose internet mail extensions，MIME）。

电子邮件系统分为邮件服务器端和邮件客户端。在邮件服务器端，包括用来发送邮件的 SMTP 服务器、用来接收邮件的 POP3 服务器和 IMAP 服务器以及用来存储电子邮件的电子邮箱；在邮件客户端，包括用来发送邮件的 SMTP 代理、用来接收邮件的 POP3 代理以及为用户提供的管理界面的用户接口程序。常用的收发电子邮件的软件有 Foxmail、Outlook 等，这些软件都提供了电子邮件的接收、编辑、发送及管理功能。

Internet 电子邮件地址由用户名和邮件服务器的主机名（包括域名）组成，中间用 @ 隔开，其格式如下：Username@Hostname.Domain-name，其中，Username 表示用户名，代表用户在邮箱中使用的账号，例如，lhj@cdut.edu.cn。

3. FTP 服务

文件传输协议（file transfer protocol，FTP），是一种专门用于网络上的计算机之间传输文件的协议。通过该协议，用户可以将文件从一台计算机传输到另一台计算机上，并且能保证传输的可靠性。FTP 的目标是提高文件的共享性。

FTP 服务采用的是典型的客户机 / 服务器（C/S）工作模式，提供 FTP 服务的计算机称为 FTP 服务器。它通常是信息服务提供者的计算机，相当于一个大的文件仓库。用户的本地计算机称为客户机。将文件从 FTP 服务器传到客户机的过程称为下载，将文件从客户机传输到 FTP 服务器的过程称为上载（或上传）。

根据 FTP 服务器所赋予的权限，用户可以浏览、上传和下载文件。用户可以使用不同的操作方式访问服务器。

（1）Web 浏览器或资源管理器的访问

匿名访问时的格式为 ftp://FTP 服务器地址。

非匿名访问 FTP 服务器的格式为 ftp:// 用户名：密码 @FTP 服务器地址。

下载和上传与在操作系统中的复制和粘贴一样。服务器端对不同的用户可以设置不同的权限以起到对文件的保护。此种操作方式的缺点是不能断点续传，一旦传输文件过程中网络中断，下载一部分的文件就会前功尽弃，需要重新下载。

（2）FTP 软件访问

使用 FTP 软件访问 FTP 服务器不仅方便，功能更加强大，支持断点续传。常见的 FTP 客户端软件有 Serv-U、CuteFTP、FlashFXP 等。

4. 远程登录以及远程控制

远程登录是指本地计算机通过 Internet 连接到一台远程计算机上，登录成功后本地计算机完全成为对方主机的一个远程仿真终端用户。这时本地计算机和远程主机的普通终端一样，能够使用的资源和工作方式取决于该主机的系统。

如今互联网中比较流行的远程登录服务包括 Telnet、RLOGIN、RSH、SSH。

Telnet 协议是 TCP/IP 协议族提供的一个简单的远程登录协议。通过该协议可以建立一个互联网和远程计算机之间的交互式连接，即电信网络协议（telecommunication network protocol）。

RLOGIN：BSD UNIX 分布的远程登录应用系统。最初只被设计用于 UNIX 计算机上的远程登录，现在可用于多种操作系统。

RSH：远程外壳（remote shell）是 RLOGIN 服务的一个变体。

SSH：安全外壳（secure shell）是 RSH 服务的一个变体，用来确保安全的加密数据传输。

Windows 中的远程桌面采用的是一种类似 Telnet 的技术，它是从 Telnet 协议发展而来的。通俗地讲它就是图形化的 Telnet。

传统的远程控制软件有 NetBEUI、NetBIOS、IPX/SPX 等，随着网络技术的发展，很多远程控制软件允许通过 Web 页面以 Java 技术来控制远程计算机，这样可以实现不同操作系统下的远程控制。

人们通过远程控制软件来控制被控计算机就像操作自己的计算机一样，可以实现查看被控计算机的屏幕、窗口，访问被控计算机的磁盘、文件夹及文件，运行或关闭被控计算机中的应用程序，查看被控计算机的进程表、激活或终止进程，记录并提取被控计算机的操作记录，对被控计算机进行关闭、注销或重启等操作，修改被控计算机的注册表，操控与被控计算机连接的打印机、扫描仪等外部设备，从被控计算机捕获音频、视频信号等。

现在常用的远程控制软件有 Windows 远程桌面连接、QQ 远程操作、网络人、灰鸽子、TeamViewer、PcAnywhere、RemoteView、RemoteCall、RemoteHelp、Radmin、远程向日葵、GoToMyCloud WorkWin、Mikogo、协通 XT800、同步专家、Dragon 远程控制等。

目前，远程控制已经在远程办公、远程教育、远程技术支持、远程维护和管理、远程交流、智能家居控制和企业管理等领域得到了应用。

5. 电子商务

电子商务是一种商务活动的新形式，是以现代信息技术手段（如数字化通信网络和计算机装置等）为工具进行商品交易的过程，即利用 Internet 进行全部的贸易活动，商家从寻找客户开始，从洽谈、订货、在线付款（收款）、开具电子发票一直到电子报关、电子纳税等，均可通过 Internet 一气呵成。电子商务的主要内容包括虚拟银行、网上购物和网络广告等。

6. 网络娱乐

计算机网络可提供丰富多彩的娱乐活动。用户可通过网络点播电影、电视等，可通过网络播放音频、阅读喜爱的文学作品。此外，越来越多用户喜欢在网络上玩各种游戏。在网络游戏中，“玩家”可以扮演游戏中的一个角色与游戏中的其他人物产生各种互动，包括谈话、交易、打斗、学艺等，在完成各种任务的同时，不断提高自己的能力，以完成新的任务。

7. 即时通信

即时通信是当今因特网最流行的应用之一。它是指用户通过因特网实时地进行信息传递和交流。只要在计算机、手机等硬件终端上安装相同的即时通信软件，然后申请一个账号，就可以实现两人或多人的实时信息交流。

国内最具代表性的即时通信软件是腾讯公司的 QQ 和微信，日本和中国台湾最常用的是 LINE，欧美国家常用的则是 WhatsApp。

8. 网格计算

网格计算是伴随着互联网而迅速发展起来的，专门针对复杂科学计算的新型计算模式。这种计算模式利用互联网把分散在不同地理位置的各种计算机组织成一个网络，网格管理软件将计算问题分成很多块，然后分配给网格中的每台计算机进行处理，网格中的每台计算机都运行网格客户端软件来处理某一个问题块，计算的结果将发回网格管理软件进行合并处理。

计算机网格可以通过使用大量的普通个人计算机的空闲处理周期来产生巨大的处理能力，这些计算机协同工作达到的处理速度甚至可以与一些世界顶级的超级计算机媲美。因为伸缩性好、花费低以及高性能等特点，网格计算系统在高性能科学计算中起着重要作用。例如，著名的网格系统 SETI@home 计划，这是一项利用全球联网的计算机共同搜寻地外文明（SETI）的科学实验计划。该项计划由美国加州大学伯克利分校创立，中心平台设立在伯克利空间科学实验室（Space Sciences Laboratory，SSL）。志愿者可以通过运行一个免费程序下载并分析从射电望远镜传回的数据来加入这个项目。

9. 云视频会议

云视频会议是基于云计算技术的一种高效、便捷、低成本的会议形式。用户只需要通过互联网界面，进行简单易用的操作，便可快速高效地与全球各地团队及客户同步分享语音、数据文件及视频，而会议中数据的传输、处理等复杂技术由云视频会议服务商负责。

在云视频会议时代，用户将不再需要进行会议系统的采购、维护、部署，也没有任何先期资金投入，只需支付实际使用费用。云视频会议打破了时间地域的限制，只要能够联网都能快速进行会议交流，还能依照用户需求定制并能随时拓展，质量稳定而可靠。

云视频会议将云和视频会议的各种优势完美结合，以更灵活多变的会议形式、更快捷的数据处理方式，促使视频会议的数据处理能力、资源调配能力全面升级，帮助用户以最低的价格换取最优的服务，一经推出便倍受推荐，迅速在政府、IT、金融、保险、房地产、能源、医疗、教育等领域掀起应用热潮。

云视频会议产品从使用场景可以分为几类：会议室硬件视频会议终端、视频会议软件、电话会议、移动视频会议终端、企业社交化平台等。

10. 在线教育

随着信息技术的迅速发展，特别是从互联网到移动互联网，创造了跨时空的生活、工作和学习方式，使知识获取的方式发生了根本变化。在线教育是以网络为介质的教学方式，与传统教育相比，在线教育打破了距离的限制，使得学生与老师可以在多种场景中开展教学。学生在在线教育中可以选择来自全世界的优秀师资，同时节省开销，性价比更高。在线教育可以减少路程消耗时间，降低时间成本，同时课程内容公开透明，并且可以及时回放，有利于学生进行课程复习。在线教育的优势和特点使其近几年在我国经历了一段快速发展期，特别是在全球爆发新型冠状病毒性肺炎期间，在线教育获得了前所未有的爆发式应用。

习　题

一、思考题

1. 现在办公使用的计算机存储的是数字数据还是模拟数据？采用电话线上网传输的是什么信号？

2. 解释并行通信和串行通信的区别，并举例说明其典型应用。

3. 解释报文交换和分组交换的区别。在同样的环境下，分组交换所需要的时间比报文交换所需要的时间少吗？为什么？

4. LAN、MAN、WAN 有哪些区别？

5. 阐述 TCP/IP 协议分为几层以及和 OSI/RM 的对应关系。

6. 什么是域名？

7. 为什么需要使用 IPv6？

二、选择题

1. 信号可以分为（　　）两种。

A. 比特和波特　　B. 数字和模拟　　C. 数据和信息　　D. 码元和码字

2. 下列以全双工方式传输的是（　　）。

A. 收音机　　B. 对讲机　　C. 电视机　　D. 电话机

3. 在（　　）传输中，一字节由起始位和停止位封装。

A. 异步串行　　B. 同步串行　　C. 并行　　D. A 和 B

4. OSI/RM 参考模型按从上到下的顺序为（　　）。

A. 应用层、传输层、网络层、物理层

B. 应用层、表示层、会话层、网络层、传输层、数据链路层、物理层

C. 应用层、表示层、会话层、传输层、网络层、数据链路层、物理层

D. 应用层、会话层、传输层、物理层

5. OSI/RM 参考模型是由（　　）组织提出的。

A. IEEE　　B. ANSI　　C. EIA/TIA　　D. ISO

6. 树形拓扑是（　　）的一种变体。

A. 总线型拓扑　　B. 星形拓扑　　C. 环形拓扑　　D. 网状拓扑

7. TCP/IP 协议是（　　）。

A. 事实上的工业标准　　B. 国际标准

C. 美国标准　　D. 一般标准

8. TCP/IP 中的 TCP 对应于 OSI/RM 的（　　）。

A. 数据链路层　　B. 网络层　　C. 传输层　　D. 会话层

9. IP 地址能唯一地确定 Internet 上每台计算机与每个用户的（　　）。

A. 距离　　B. 费用　　C. 位置　　D. 时间

10. WWW 服务是 Internet 上最方便、最受用户欢迎的（　　）。

A. 数据计算方法　　B. 计费方式　　C. 信息服务类型　　D. 数据库类型

11. 在一定的地理范围（如一个单位、一个部门或一栋建筑）内，将若干计算机和通信设备通过通信介质互连，以处理共享信息为目的的网络称为（　　）。

A. 广域网　　B. 因特网　　C. 局域网　　D. 公用数据网

12. URL 是 uniform resource locator 的缩写，称为（　　）。

A. 统一资源定位器　　B. 域名地址　　C. 网址　　D. 主页

13. 下列各项中，不能作为 IP 地址的是（　　）。

A. 202.96.0.1　　B. 202.110.7.12　　C. 112.256.23.8　　D. 159.226.1.18

14. 下列关于电子邮件的说法中，错误的是（　　）。

A. 发送电子邮件需要 E-mail 软件支持　　B. 发件人必须有自己的 E-mail 账号

C. 收件人必须有自己的邮政编码　　D. 必须知道收件人的 E-mail 地址

15. ISP 是（　　）。

A. 文件传输协议　　B. 超文本传输协议

C. Internet 服务提供商　　D. Internet 连接协议

第 7 章　网络的组建与接入

学习目标

1. 了解计算机网络常见硬件、熟悉网线的制作。
2. 理解局域网基本概念、熟悉 IEEE 802 系列标准。
3. 熟悉小型局域网和无线局域网的组建。
4. 了解电力线载波局域网的组建。
5. 掌握网络故障排查方法。

计算机网络快速发展，已经渗透到人们工作、学习、生活的方方面面。组建计算机网络几乎成为人们工作、生活的必备技能。

7.1　计算机网络硬件

组建一个大型的网络系统可能涉及各种各样的网络设备，根据网络需求分析和扩展性要求，选择合适的网络设备，是构建一个完整的计算机网络系统非常关键的一环。

7.1.1　网络适配器

网络适配器（network adapters）又称网络接口卡（network interface card，NIC），简称网卡，是局域网中最基本的部件之一，它是连接计算机与网络的硬件设备。网卡的基本功能是，实现并行数据和串行信号之间的转换、数据帧的封装与解封、介质访问控制和数据缓冲等。每块网卡都有一个全球唯一的 48 位的全局地址，它是网卡生产厂家在生产时烧入 ROM 中的，通常称为 MAC 地址（物理地址）。

网卡有以下几种分类方式：

（1）按总线接口类型划分

网卡按总线接口类型可以分为 ISA 接口网卡、PCI 接口网卡以及在服务器上使用的 PCI-X 接口网卡、PCI Express 1X 接口网卡，笔记本电脑所使用的网卡是 PCMCIA 接口类型的，还有一般用于 PC 的 USB 接口的无线网卡，如图 7-1 所示。

(a) PCI插槽网卡　　(b) USB接口网卡　　(c) PCMCIA插槽笔记本电脑网卡

图 7-1　3 种类型网卡

（2）按网络接口划分

网卡最终是要与网络进行连接的，所以也必须有一个接口使网线通过它与其他网络设备连接起来。不同的网络接口适用于不同的网络类型，常见的接口主要有以太网的 RJ-45 接口、SC 型光驱接口、细同轴线缆的 BNC 接口和粗同轴电缆的 AUI 接口、FDDI 接口、ATM 接口等。目前最为常用的网卡主要是 RJ-45 接口的以太网卡和光纤接口的以太网卡。

（3）按带宽划分

随着网络技术的发展，网络带宽也在不断提高，因此出现了适用于不同网络带宽环境下的网卡产品，常见的网卡主要有 10 Mbps 网卡、100 Mbps 网卡、10 Mbps/100 Mbps 自适应网卡、1 000 Mbps 网卡 4 种。

（4）按网卡使用用途划分

按使用用途，可以把网卡划分为工作站网卡、服务器网卡、笔记本电脑专用网卡以及无线网卡。

现在大部分网卡已经集成在主板内，个人购置计算机时不需要单独购买安装。

7.1.2　交换机

交换机（switch）是用来连接网络中的两个或多个网络节点、完成信息交换的设备，其功能是接收和转发数据。交换机是网络交换技术的产品，能大幅提高网络传输速度，优化网络传输环境。交换机工作于 OSI 参考模型第二层（数据链路层）。它的任意两个端口之间都可以进行通信而不影响其他端口，每对端口都可以并发地进行通信而独占带宽。

1. 交换机的工作原理

以太网交换机在接收到数据帧时，如果没有在 MAC 地址表中查找到目的 MAC 地址，则把以太网帧发送到除本端口以外的所有端口。交换机也是按照存储转发的原理工作的，具有数据帧的过滤和地址学习功能。交换机地址学习功能的实现方式是，它首先检查端口传输过来的数据帧的物理地址，并与交换机内部的动态路径表进行比较，若物理地址不在路径表中，则加入路径表中，若在路径表中，则将数据帧转发到对应的目标端口。注意，它不向所有的端口转发数据帧，而只向目标端口转发数据帧。如图 7-2 所示是交换机示例。

图 7-2　24 口全千兆智能交换机

2. 交换机的分类

交换机的分类标准多种多样，常见的有以下几种：

（1）根据网络覆盖范围分

根据网络覆盖范围可将交换机分为以下两类：

① 广域网交换机。广域网交换机主要应用于电信网之间的互连、互联网接入等领域的广域网中，是提供通信用的基础平台，一般很少见。

② 局域网交换机。局域网交换机是用户经常见到的。局域网交换机应用于局域网络，用于连接终端设备，例如，服务器、工作站、路由器等网络设备，并提供高速、独立的通信通道。

（2）按传输介质和传输速率划分

根据传输介质和传输速率，可将交换机分为以太网交换机、快速以太网交换机、千兆以太网交换机、ATM 交换机、FDDI 交换机和令牌环交换机等，下面分别进行介绍。

① 以太网交换机。以太网交换机是指带宽在 100 Mb/s 以下的以太网所用交换机。以太网交换机是最普遍的，它的档次比较齐全，应用领域也非常广泛。因为目前采用双绞线作为传输介质的以太网十分普遍，所以在以太网交换机中通常配置 RJ−45 接口，与此同时，为了兼顾同轴电缆介质的网络连接，增加了 BNC 或 AUI 接口。

② 快速以太网交换机。这种交换机适用于 100 Mb/s 快速以太网。快速以太网交换机通常采用的介质也是双绞线，有的也会留有光纤接口“ SC”兼顾与其他光传输介质的网络互连。

这里要注意的是，快速以太网并非全都是 100 Mb/s 带宽的端口，事实上目前基本还是以 10/100 Mb/s 自适应型为主。

③ 千兆以太网交换机。千兆以太网交换机用于目前较新的一种网络——千兆以太网中，也有人把这种网络称为“吉比特（Gb）以太网”，那是因为它的带宽可以达到 1 000 Mb/s。一般用于一个大型网络的骨干网段，所采用的传输介质有光纤、双绞线两种，对应的接口为 SC 和 RJ−45。

④ ATM 文换机。ATM 交换机是用于 ATM 网络的交换机产品。由于 ATM 网络只用于电信、邮政网的主干网段，因此其交换机产品在市场上很少看到。ATM 交换机的传输介质一般采用光纤，接口类型同样有两种：以太网接口和光纤接口，这两种接口适合于不同类型的网络互连。因为 ATM 机的价格高，因此很少在局域网中使用。

⑤ FDDI 交换机。FDDI 交换机用于 FDDI 网络中。FDDI 交换机适用于中、小型企业老式的快速数据交换网络中，它的接口形式都为光纤接口。虽然 FDDI 网络传输速率可达到 100 Mb/s，但是随着快速以太网技术的成功开发，它也逐渐失去了市场，所以 FDDI 交换机也就比较少见。

⑥ 令牌环交换机。令牌环交换机用于令牌环网中。由于令牌环网逐渐失去了市场，相应的纯令牌环交换机产品也非常少见。但是在一些交换机中仍留有一些 BNC 或 AUI 接口，以方便令牌环网进行连接。

（3）根据交换机应用网络层次划分

根据交换机应用网络层次可将交换机分为企业级交换机、校园网交换机、部门级交换机、工作组交换机和桌机型交换机。

（4）根据交换机端口结构划分

根据交换机端口结构可将交换机分为固定端口交换机和模块化交换机。

（5）根据工作协议层划分

根据工作协议层可将交换机分为第二层交换机、第三层交换机和第四层交换机。其中，第二层交换机的应用最为广泛。

（6）根据是否支持网管功能划分

根据是否支持网管功能可将交换机分为网管型交换机和非网管型交换机。

7.1.3 路由器

路由器的英文名称为 router，是一种连接多个网络或网段的网络设备，它工作于 OSI 参考模型的第三层（网络层），能将不同网络或网段之间的数据信息进行“翻译”，使不同网段和网络之间能够相互“读懂”对方的数据，从而构成一个更大的网络。路由器如图 7-3 和图 7-4 所示。

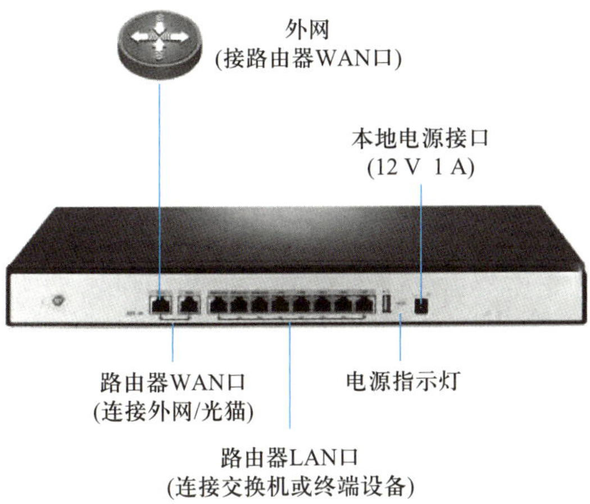

图 7-3 有线路由器

图 7-4 无线路由

1. 路由器的功能

路由器的主要工作就是为经过路由器的每个数据帧寻找一条最佳传输路径，并将该数据有效地传送到目的站点。由此可见，选择最佳路径的策略即路由算法是路由器的关键所在。

路由器的功能主要集中在两个方面：路由寻址和协议转换。

路由寻址主要包括数据包选择最优路径并进行转发，同时学习并维护网络的路径信息（即路由表）。协议转换主要包括连接不同通信协议网段（如局域网和广域网）、过滤数据包、拆分大数据包、进行子网隔离等。

（1）数据包转发

在网络之间接收 IP 数据包，然后根据数据包中的目的 IP 地址，对照自己缓存中的路由表，把 IP 数据包转发到目的网络，这是路由器最主要、最基本的功能。

（2）路由选择

为网络间通信选择最合理的路径，这个功能其实是上述路由功能的一个扩展。如果有几个网络通过各自的路由器连在一起，则一个网络中的用户要向另一个网络的用户发送数据包，如果存在多条路径，路由器就会分析目的地址中的网络 ID 号，找出一条最佳的通信路径进行转发。

（3）不同网络之间的协议转换

目前多数路由器具有多通信协议支持的功能，这样就可以起到连接两个不同通信协议网络的作用。由于在广域网和广域网之间、局域网和广域网之间可能会采用不同的协议栈，这些网络的互联都需要靠路由器来进行相应的协议转换。可以通过路由器进行网络之间的协议转换而实现相互通信，这也就是常说的异构网络互联。

（4）拆分和包装数据包

有时在数据包转发过程中，由于网络带宽等因素，若数据包过大，很容易造成网络阻塞，这时路由器就要把大的数据包根据对方的网络协议、网络带宽的状况拆分成小的数据包，到了目的网络的路由器后，目的网络的路由器就会再把拆分的数据包组装成一个原来大小的数据包。

（5）解决网络拥塞问题

网络拥塞是指在分组交换网络中传送分组的数目太多时，由于存储转发节点的资源有限而造成网络传输性能下降的情况。当网络发生拥塞时，一般会出现数据丢失，时延增加，吞吐量下降，严重时甚至会导致“拥塞崩溃”。通常情况下，当网络负载过度增加致使网络性能下降时就会发生网络拥塞。而路由器之间可以通过拥塞控制、负载均衡等方法解决网络拥塞问题。

（6）网络安全控制

目前许多路由器都具有防火墙功能（如简单的包过滤防火墙），它能够起到基本的防火墙功能，可以实现屏蔽内网 IP 地址、根据安全策略实施访问控制等功能，使网络更加安全。

2. 路由器的选择

路由器是整个网络与外界的通信出口，也是联系内部子网的桥梁。在网络组建过程中路由器的选择是极为重要的。下面介绍在选择路由器时需要考虑的因素。

（1）路由器的处理器

路由器的处理器的好坏直接影响路由器的性能。作为路由器的核心部分，处理器的好坏决定了路由器的吞吐量。一般来说，处理器主频在 100 MHz 或以下的属于较低主频，这样的路由器适合普通家庭和 SOHO 用户使用；200 MHz 以上的属于较高主频，适合网吧、中小企业用户以及大型企业的分支机构使用。

（2）路由器内存

路由器中可能有多种内存，如 Flash、DRAM 等。内存用于存储配置、路由器操作系统和协议软件等内容。通常来说，路由器内存越大越好。

（3）吞吐量

路由器的吞吐量是指路由器对数据包的转发能力，是设备性能的重要指标。路由器吞吐量表示路由器每秒能处理的数据量。高档的路由器可以对较大的数据包进行正确快速转发，而低档的路由器只能转发小的数据包，对于较大的数据包需要拆分成许多小的数据包来分开转发，这种路由器的数据包转发能力就差了。

（4）路由表容量

路由表容量是指路由器运行中可以容纳的路由数量。一般来说，越是高档的路由器，路由表容量越大，因为它可能要面对非常庞大的网络。这一参数与路由器自身的缓存大小有关。

（5）支持的网络协议

路由器连接不同类型的网络，其各自所支持的网络通信、路由协议也不一样，这对于在网络之间起到连接桥梁作用的路由器来说，需要支持多种网络协议，特别是在广域网中的路由器。而对于用于局域网之间的路由器来说相对就较为简单些，因此要考虑目前及将来的企业实际需求，以决定所选路由器要支持何种协议。

（6）线速转发能力

数据包转发是路由器最基本且最重要的功能。全双工线速转发能力是路由器性能的重要指标，通俗一点说就是从路由器进来多大的流量，就从路由器出去多大的流量，而不会因为设备处理能力等问题造成吞吐量下降。

（7）宽带路由器的高级功能

随着技术的不断发展，宽带路由器还提供了诸如 VPN、防火墙、支持虚拟服务器、支持动态 DNS 等功能。在选择时要根据自身需求和投资大小来衡量，要了解宽带路由器的各种功能及其适用场合。

7.1.4　传输介质

网络传输介质是指网络中传输信息的载体，常用的传输介质分为有线传输介质和无线传输介质两大类。目前，计算机网络的有线通信介质主要有双绞线、同轴电缆和光纤 3 种。

1. 双绞线

双绞线（twisted pair，TP）由两根具有绝缘保护层的铜导线组成，如图 7–5 所示。把两根绝缘的铜导线按一定密度互相绞在一起，每一根导线在传输中辐射出来的电波会被另一根线上发出的电波抵消，从而有效降低信号干扰。

图 7–5　双绞线

双绞线一般由两根 22 ~ 26 号绝缘铜导线相互缠绕而成，“双绞线”的名字也是由此而来。实际使用时，双绞线是将多对双绞线一起包在一个绝缘线缆套管里的。如果把一对或多对双绞线放在一个绝缘套管中便成为双绞线线缆，但日常生活中一般把“双绞线线缆”直接称为“双绞线”。

与其他传输介质相比，双绞线在传输距离、信道宽度和数据传输速度等方面均受到一定限制，但价格较为低廉。

按不同的分类方法，双绞线可以分为不同种类。

（1）按有无屏蔽层划分

根据有无屏蔽层，双绞线分为非屏蔽双绞线（unshielded twisted pair，UTP）与屏蔽双绞线（shielded twisted pair，STP）。

非屏蔽双绞线是一种数据传输线，由 4 对不同颜色的传输线组成，广泛用于以太网和电话线中。非屏蔽双绞线线缆具有以下优点：无屏蔽外套，直径小，节省所占用的空间，成本低；重量轻，易弯曲，易安装；将串扰减至最小或加以消除；具有阻燃性；具有独立性和灵活性，适用于结构化综合布线。因此，在综合布线系统中，非屏蔽双绞线得到广泛应用。

屏蔽双绞线在双绞线与外层绝缘封套之间有一个金属屏蔽层。屏蔽双绞线分为 STP 和 FTP（foil twisted pair），STP 指每条线都有各自的屏蔽层，而 FTP 只在整个线缆有屏蔽装置，并且两端都正确接地时才起作用，所以要求整个系统是屏蔽器件，包括线缆、信息点、水晶头和配线架等，同时建筑物需要有良好的接地系统。屏蔽层可减少辐射，防止信息被窃听，也可阻止外部电磁干扰的进入，这使得屏蔽双绞线比同类的非屏蔽双绞线具有更高的传输速率。

（2）按频率和信噪比划分

1991 年，TIA（电信工业协会）和 EIA（电子工业协会）提出了 TIA/EIA568 标准，将双绞线分为 1 类线到 7 类线。其中常见的有 3 类线、5 类双绞线、超 5 类双绞线和 6 类线。

具体型号如下：

1 类线（CAT1）：线缆最高频率带宽是 750 kHz，用于报警系统，或只适用于语音传输（1 类标准主要用于 20 世纪 80 年代初之前的电话线缆），不用于数据传输。

2 类线（CAT2）：线缆最高频率带宽是 1 MHz，用于语音传输和最高传输速率 4 Mb/s 的数据传输，常见于使用 4 Mb/s 规范令牌传递协议的旧的令牌环网。

3 类线（CAT3）：指在 ANSI 和 EIA/TIA568 标准中指定的线缆，该线缆的频带带宽为 16 MHz，最高传输速率为 10 Mb/s，主要应用于语音、10 Mb/s 以太网（10Base-T）和 4 Mb/s 令牌环网，最大网段长度为 100 m，采用 RJ 形式的连接器，已淡出市场。

4 类线（CAT4）：该类线缆的频带带宽为 20 MHz，用于语音传输和最高传输速率 16 Mb/s（指的是 16 Mb/s 令牌环）的数据传输，主要用于基于令牌的局域网和 10Base-T/100Base-T。最大网段长为 100 m，采用 RJ 形式的连接器，未被广泛采用。

5 类线（CAT5）：该类线缆增加了绕线密度，外套一种高质量的绝缘材料，线缆频带带宽为 100 MHz，最高传输速率为 100 Mb/s，用于语音传输和最高传输速率为 100 Mb/s 的数据传输，主要用于 100Base-T 和 1 000Base-T 网络，最大网段长为 100 m，采用 RJ 形式的连接器。这是最常用的以太网线缆。在双绞线线缆内，不同线对具有不同的绞距长度。通常 4 对双绞线绞距周期在 38.1 mm 长度内，按逆时针方向绞缠，一对线对的绞缠长度在 12.7 mm 以内。

超 5 类线（CAT5e）：衰减小，串扰少，并且具有更高的衰减与串扰的比值（ACR）和信噪比（SNR）、更小的时延误差，性能得到很大提高。超五类线主要用于千兆以太网（1 000 Mb/s）。

6 类线（CAT6）：该类线缆的频带带宽为 1 MHz ~ 250 MHz，6 类布线系统在 200 MHz 时综合衰减串扰比（PS-ACR）应该有较大的余量，它提供 2 倍于超五类线的带宽。六类线的传输性能远远高于超五类线标准，最适用于传输速率高于 1 Gb/s 的应用。六类线与超五类线的一个重要的不同点在于：改善了在串扰以及回波损耗方面的性能。对于新一代全双工的高速网络应用而言，优良的回波损耗性能是极重要的。六类线标准中取消了基本链路模型。布线标准采用星型拓扑结构，要求的布线距离为，永久链路的长度不能超过 90 m，信道长度不能超过 100 m。

超 6 类或 6A（CAT6A）线：此类产品传输带宽介于六类线和七类线之间，频带带宽为 500 MHz，传输速率为 10 Gb/s，标准外径为 6 mm。

7 类线（CAT7）：频带带宽为 600 MHz，传输速率为 10 Gb/s，单芯线标准外径为 8 mm，多芯线标准外径为 6 mm。

类型数字越大、版本越新、技术越先进、带宽也越宽，当然价格也越昂贵。这些不同类型的双绞线标注方法是这样规定的：如果是标准类型，则按 CATx 方式标注，如常用的五类线和六类线，则在线的外皮上标注为 CAT5、CAT6；而如果是改进版，就按 xe 方式标注，如超五类线就标注为 5e。

无论哪一种线，衰减都随频率的升高而增大。在设计布线时，要保证衰减后的信号仍然有足够大的振幅，以便在有噪声干扰的条件下能够在接收端正确地被检测出来。双绞线能够以多大速率传输数据还与数字信号的编码方法有很大关系。

知识扩展

制作双绞线的连接头

制作网线时要用到 RJ-45 连接头，即俗称“水晶头”（图 7-6）的连接头。在将网线插入水晶头之前，要对每条线进行排序。根据 EIA/TIA 线序标准，RJ-45 接口的制作有两种线序标准——EIA/TIA 568B 线序标准和 EIA/TIA 568A 线序标准。

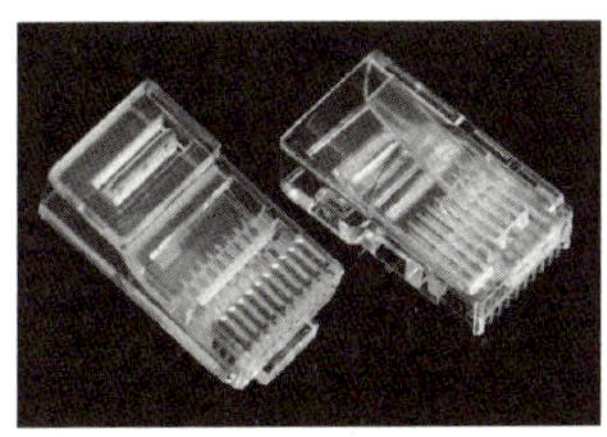

图 7-6　水晶头

EIA/TIA 568B 线序标准定义依次为橙白、橙、绿白、蓝、蓝白、绿、棕白、棕，如图 7-7 所示。EIA/TIA 568A 线序标准定义依次为绿白、绿、橙白、蓝、蓝白、橙、棕白、棕。

根据 EIA/TIA 568A 和 EIA/TIA 568B 线序标准，RJ-45 连接头各触点在网络连接中，对传输信号来说，1、2 用于发送，3、5 用于接收，4、5 和 7、8 是双向线；对与其连接的双绞线来说，为降低相互干扰，标准要求 1、2 必须是绞缠的一对线，3、6 也必须是绞缠的一对线，4、5 相互绞缠，7、8 相互绞缠。由此可见，实际上两个标准没有本质的区别，只是连接 RJ-45 连接头时 8 根双绞线的线序标准不同，在实际的网络工程施工中多采用 EIA/TIA 568B 线序标准。

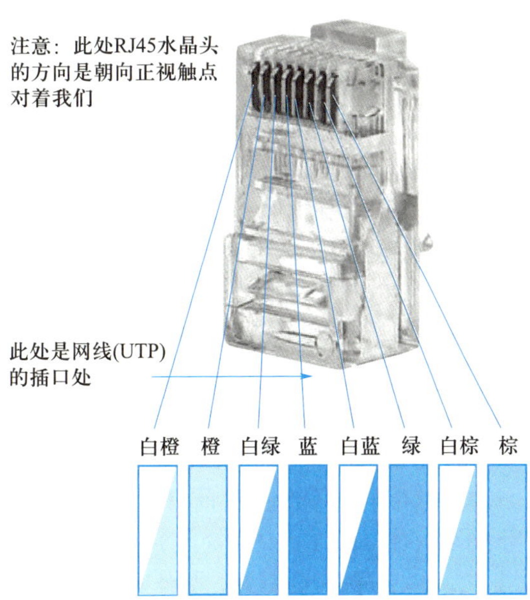

图 7-7　EIA/TIA 568B 线序

2. 同轴电缆

同轴电缆是计算机网络中常见的传输介质之一，它是一种带宽宽、误码率低、性价比较高的传输介质，在早期的局域网中应用广泛。

（1）同轴电缆的结构

同轴电缆一般是由被绝缘材料隔离的铜导体组成的，在包裹中心铜导体的绝缘层的外部是一个由网状铜导体构成的导电层，整个电缆由用聚氯乙烯材料制成的护套包住。电流在中心铜导体和导电层形成的回路中，同轴电缆因为中心铜导体与导电层为同轴关系而得名。

① 中心铜导体：即中心轴线位置的铜导体，标准同轴电缆中心铜导体应为多芯铜导线。

② 绝缘层：用于隔离中心导体和导电层，以避免短路。

③ 导电层：由网状铜导体构成，又称为屏蔽层，与中心铜导体之间以一个绝缘层相隔，用于接地线。在网络数据传输过程中，可用来作为中心导体的参考电压。

④ 护套：用于保护电缆免受外界干扰，并预防电缆在不良环境中氧化或受到其他损伤。

同轴电缆的结构如图 7-8 所示。

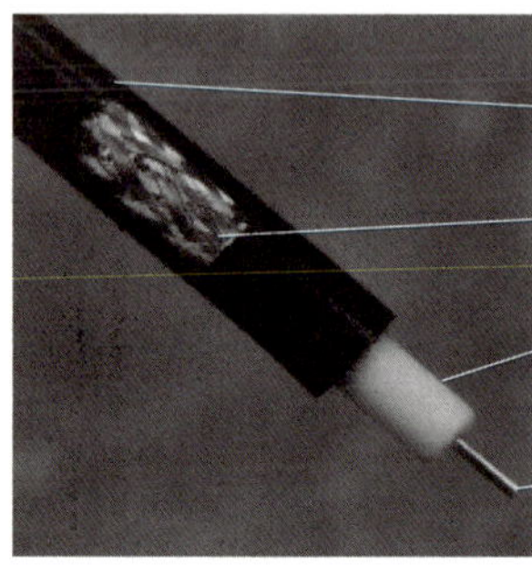

图 7-8　同轴电缆结构

（2）同轴电缆的分类

同轴电缆的特点是抗干扰能力好，传输性能稳定，价格也便宜，因此被广泛使用，如作为闭路电视线等。

根据直径大小，可以将同轴电缆分为粗缆（RG-11）和细缆（RG-58）两种类型。

① 粗缆。粗缆的直径为 1.27 cm，最大传输距离达到 500 m。粗缆的数据传输距离长，性能高，但成本较高，常用作大型局域网的干线。粗缆在安装时不需要切断电缆，可以根据需要灵活调整计算机等设备的入网位置，但是，粗缆在用于网络连接时其两端需要安装终端匹配器，安装难度较大。

② 细缆。细缆的直径为 0.26 cm，最大传输距离为 185 m。细缆的数据传输距离短，性能不高，但成本较低。由于细缆在安装过程中需要切断电缆，因此需要使用 T 形接头与 BNC 接口网卡相连，两端需要安装 50 Ω 终端电阻，所以当接头较多时容易接触不良，这也是目前以太网中常见的故障之一。为了使同轴电缆保持正确的电气特性，其导电层必须接地，同时两端要安装终端匹配器来削弱信号反射作用。

用户从节约资金的角度出发，通常使用细缆。粗缆的安装和接头的制作比较复杂。在中小型局域网中很少使用。

根据用途，可以将同轴电缆分为基带同轴电缆和宽带同轴电缆两种。

① 基带同轴电缆：目前常用的基带同轴电缆采用铜制、网状的导电层，其特征阻抗为 50 Ω（如 RG-8、RG-58 等）。

② 宽带同轴电缆：也被称为视频同轴电缆，其特征阻抗为 75 Ω。宽带同轴电缆是 CATV 系统使用的标准，既可以发送频分多路复用的模拟信号，也可以发送数字信号。

3. 光纤

光纤是由一组光导纤维组成的、用来传播光束的、细小而柔韧的传输介质。

与其他传输介质相比较，光纤的电磁绝缘性能好，信号衰减小，频带较宽，传输距离大。光纤主要用于传输距离较长的主干网的连接。光纤通信由光发送机产生光束，将电信号转变为光信号，再把光信号导入光纤，在光纤的另一端由光接收机接收光纤上传输来的光信号，并将它转变成电信号，经解码后再进行处理。光纤的传输距离远、传输速度快，是局域网传输介质中的佼佼者。

（1）光纤的结构

光纤有不同的结构形式。目前，通用的光纤绝大多数是用石英材料做成的横截面很小的双层同心圆柱体，外层的折射率比内层低。光纤的基本结构如图 7–9 所示。折射率高的中心部分称为纤芯，折射率低的外围部分称为包层。

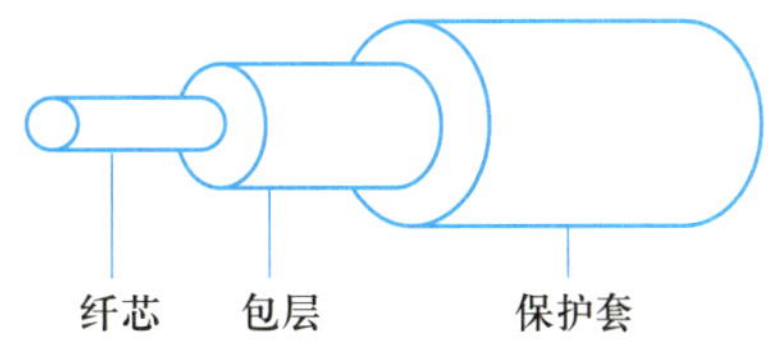

图 7–9　光纤结构图

（2）光纤的特点

① 光纤通信容量大。由于光纤的光学反射特性，一根光纤内部可以同时传送多路光信号，所以光纤的数据传输速率非常高。目前 1 000 Mb/s 的光纤网络已经成为主流高速网络，光纤网络的理论数据传输速率最高可达 50 000 Gb/s。

② 损耗低，可进行长距离数据传送。光纤通信的损耗比普通通信的损耗要低得多，目前最长的光纤通信距离可以达到万米以上。此外，光纤通信性价比高，而且具有很高的安全性。

③ 抗电磁干扰能力强。光纤主要是将石英作为原材料制造出的绝缘体材料，这种材料绝缘性好，不易被腐蚀，并且不受自然界太阳黑子活动的干扰、电离层的变化以及雷电的干扰，也不会受到人为的电磁干扰，这一特性对强电领域的通信系统具有很大的作用。

④ 安全性和保密性好。光纤利用光波进行信号的传输，光信号完全被限制在光波导的结构中，而其泄漏的射线会被光纤的包层吸收，即使在条件不好的环境中，或者是拐角处也很少有光波泄漏的现象。

除此之外，光纤的原材料成本低、柔软、重量轻，易于敷设，并且光纤的使用寿命长、稳定性好。目前我国的光纤通信技术不仅可以满足国内网络建设的需求，还越来越多地参与国际通信网络的建设。

（3）光纤的分类

根据传输点模数的不同，光纤可分为单模光纤和多模光纤。所谓“模”是指以一定角速度进入光纤的一束光。多模光纤允许多束光在光纤中同时传播，从而形成模分散（因为每一个“模”光进入光纤的角度不同，所以它们到达另一端点的时间也不同，这种特征称为模分散）。模分散技术限制了多模光纤的带宽和距离，因此，多模光纤的芯线粗，传输速率低，距离短，整体的传输性能差，但其成本比较低，一般用于建筑物内或地理位置相邻的环境下。单模光纤只允许一束光传播，所以单模光纤没有模分散特性，因此单模光纤的纤芯相应较细，传输频带宽，容量大，传输距离长，但因其需要激光源，成本较高。

① 多模光纤。多模光纤是一种常见的光纤类型，其纤芯直径（以下简称“芯径”）为

50 μm ~ 100 μm，可以在给定的工作波长上传输多种模式。相对于双绞线，多模光纤能够支持较长的传输距离，在 10 Mb/s 和 100 Mb/s 的以太网中，多模光纤最长可支持 2 000 m 的传输距离。常见多模光纤的芯径为 50 pm、62.5 pm 和 100 μm。由于多模光纤中传输模式多达数百个，各个模式的传播常数和群速率不同，因此光纤的带宽窄，色散大，损耗也大，只适用于中短距离和小容量的光纤通信系统。

② 单模光纤。单模光纤是只有一股（大多数应用中为两股）玻璃纤维的光纤，纤径为 8.3 μm ~ 10 μm，只有一种传输模式。在相同的条件下，芯径越小衰减就越小。由于芯径相对较小，单模光纤只能传输波长为 1 310 nm 或 1 550 nm 的光信号。单模光纤传输频带宽、信息量大、传输距离长，在 100 Gb/s 的高数据传输速率下可以传输 100 km 而不必采用中继器。但是，单模光纤的成本较高，通常用于长距离传输数据。

4. 无线传输介质

前面介绍了 3 种传输介质。如果通信线路通过一些高山或岛屿，就会很难施工。即使是在城市中，挖开马路铺设电缆也不是一件容易的事。当通信距离很远时，铺设电缆既昂贵又费时。利用无线电波在自由空间的传播就可较快地实现多种通信。尤其在信息时代，很多人需要在运动中通过计算机或移动设备进行数据通信，此时无线介质就是解决此问题的唯一手段。

（1）无线电波通信

无线电波被分为 8 个波段范围，如表 7-1 所示。国际电信联盟（International Telecommunication Union，ITU）给不同波段取了正式名称，它们分别是（3 ~ 30）kHz 的甚低频（VLF）、（30 ~ 300）kHz 的低频（LF）、300 kHz ~ 3 MHz 的中频（MF）、（3 ~ 30）MHz 的高频（HF）、（30 ~ 300）MHz 的甚高频（VHF）、300 MHz ~ 3 GHz 的超高频（UHF）、（3 ~ 30）GHz 的特高频（SHF）和（30 ~ 300）GHz 的极高频（EHF）。3 kHz 以下用于语音系统，3 kHz ~ 300 GHz 用于无线通信，而 300 GHz 以上的波段分别是红外线、可见光［（430 ~ 750）THz］、紫外线、X 射线、伽马射线和宇宙射线。

表 7-1 无线电波波段范围

<table>
<tr><th colspan="2">波段</th><th>波长</th><th>频率</th><th>传播方式</th><th>主要用途</th></tr>
<tr><td colspan="2">长波</td><td>30 000 m ~ 3 000 m</td><td>10 kHz ~ 100 kHz</td><td>地波</td><td>超远程无线电通信和导航</td></tr>
<tr><td colspan="2">中波</td><td>3 000 m ~ 200 m</td><td>100 kHz ~ 1 500 kHz</td><td rowspan="2">地波和天波</td><td rowspan="3">调幅（AM）无线电广播、电报通信</td></tr>
<tr><td colspan="2">中短波</td><td>200 m ~ 50 m</td><td>500 kHz ~ 6 000 kHz</td></tr>
<tr><td colspan="2">短波</td><td>50 m ~ 10 m</td><td>6 MHz ~ 30 MHz</td><td>天波</td></tr>
<tr><td rowspan="4">微波</td><td>米波（VHF）</td><td>10 m ~ 1 m</td><td>30 MHz ~ 300 MHz</td><td>近似直线传播</td><td>调频（FM）无线电广播、电视、导航</td></tr>
<tr><td>分米波（UHF）</td><td>1 m ~ 0.1 m</td><td>300 MHz ~ 3 000 MHz</td><td rowspan="3">直线传播</td><td rowspan="3">电视
雷达
导航</td></tr>
<tr><td>厘米波</td><td>10 cm ~ 1 cm</td><td>3 000 MHz ~ 30 000 MHz</td></tr>
<tr><td>毫米波</td><td>10 mm ~ 1 mm</td><td>30 000 MHz ~ 300 000 MHz</td></tr>
</table>

无线电波是一种能量的传播形式，其传播方式有直线传播和反射传播两种，如图 7-10 所示。反射传播主要靠电离层的反射。无线电波被广泛应用于室内和室外通信，因为无线电波容易产生，传播距离很远，并很容易穿过建筑物，而且它可以全方向传播，所以无线电波的发射和接收装置不必要求精确对准。无线电波存在着显而易见的缺陷，如不能满足高速网络通信要求、使用的频率难以控制。如果有其他频率与无线电通信的频率在相似范围之内，信号就会受干扰。同时，无线电波易受自然环境的影响，如遇山峰会减弱或干扰信号的传输。无线电波的优点：技术成熟、应用广泛，以较小发射功率传输更远距离。

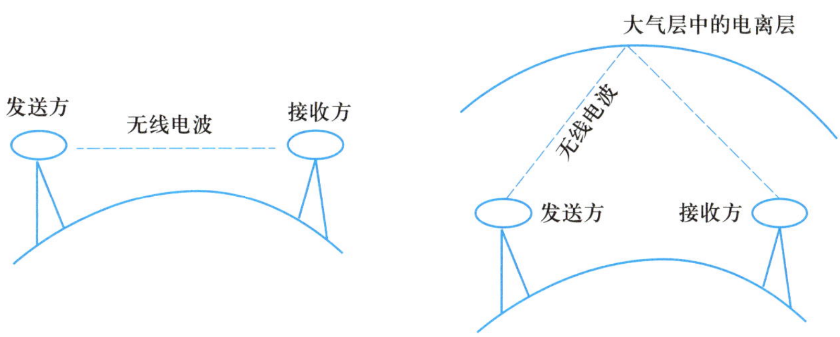

图 7-10　无线电直线传播和反射传播

（2）微波

微波通信在数据通信中占有重要地位，其频率范围为 300 MHz ~ 300 GHz。微波在空间中主要是直线传播。由于微波会穿透电离层进入宇宙空间，因此它不像短波那样可以经电离层反射传播到地面上很远的地方。传统的微波通信主要有两种方式：地面微波接力通信和卫星通信。

由于微波在空间中是直线传播，而地球表面是个曲面，地球上还有高山或高楼等障碍，因此其传播距离受到限制，一般只有 50 km 左右。但若采用 100 m 高的天线塔，则传播距离可增大到 100 km。为实现远距离通信，必须在一条无线电通信信道的两个终端之间建立若干个中继站。

微波通信的特点：信道容量大，传输质量较高，相比有线传输介质而言投资少，见效快，易于跨越山区、江河。

其缺点是，相邻站之间必须能直视，不能有障碍物；会受恶劣气候影响；与线缆通信系统相比，隐蔽性和保密性较差；大量中继站的使用和维护要耗费较多的人力和物力。

（3）卫星通信

卫星通信其实就是使用地球卫星作为微波中继器的一种微波接力通信。由于通信卫星具有通信距离远、覆盖面积大、不受地理条件限制、信道带宽较宽、可进行多址通信与移动通信等优点，因此它在几十年中获得快速发展，并成为现代主要的通信手段之一。

卫星通信的另一特点是具有较大的传输时延。不管地球表面上的两个站点之间的距离是多少（相隔一条街或相隔上万千米），从一个地球站经卫星到另一个地球站的传播时延一般在 270 ms 左右。这和地面微波接力通信链路的传输时延 3.3 μm/km 相比，尤其是相对较近距离的站点来说，相差了几个数量级。因此，利用卫星信道进行交互式的网上游戏显然是不适合的。卫星通信非常适合用于广播通信，因为它的覆盖面很广。但从安全方面考虑，卫星通信系统的保密性较差。

（4）红外线

红外线是波长介于微波与可见光之间的电磁波，波长为 760 nm ~ 400 μm，是比红光长的非可见光。目前广泛使用的家电遥控器大多采用红外线传输技术。红外线局域网采用波长小于 1 μm 的红外线作为传输介质，有较强的方向性，但受太阳光的干扰大，对非透明物体的透过性极差，这导致传输距离受限。红外线的优、缺点如下。

优点：

① 作为一种无线局域网的传输方式，红外线传输的最大优点是不受无线电波的干扰。

② 抗干扰性强，几乎不会受到电气、雷电和人为干扰。此外，红外线通信机体积小，质量轻，结构简单，价格低廉，但是它必须在直视距离内通信，且传播受天气的影响。在不能架设有线线路，而使用无线电又怕暴露自己的情况下，使用红外线通信是比较好的。

③ 不易被人发现和截获，保密性强。如果在室内发射红外线，室外就收不到，这可避免各个房间的红外线相互干扰，并可有效地进行数据的安全性和保密控制。

缺点：传输距离有限，受太阳光的干扰大，一般仅限于室内通信，而且不能穿透坚实的物体（如砖墙等）。

除了上述无线传输介质外，还有无导向的红外线、激光等通信介质，前者广泛应用于短距离通信，如电视、录像机、空调等家用电器使用的遥控器；后者可用于建筑物之间的局域网连接，因为它具有高带宽和定向性好的优势，但是，它易于受天气、热气流或热辐射等影响，工作质量存在不稳定性。

7.2 局域网概述

局域网（local area network，LAN）是在一个较小的区域范围内（例如，一栋楼、一座工厂或一所学校）将各种通信设备和计算机以及一些外部设备和数据库互联起来，以实现资源共享和信息交换的计算机网络。局域网可以实现文件管理、应用软件共享、打印机共享、工作组内的日程安排、电子邮件和数据通信等功能。

7.2.1 局域网的主要特点

数据传输速率和距离是局域网区别于多处理机系统和广域网的两个主要参数。从计算机网络发展的历程可以看出，多处理机系统是紧耦合的，通常需要中央控制。而局域网上各个设备是分散的、独立的，是松耦合的。事实上，第一代局域网就是某种形式的多处理机系统，这些处理机和外设采用专用的高速数据传输线路相互连接。与广域网相比，局域网的传输距离比较短，数据传输速率比较高，因此误码率也低得多，通信代价也低得多。从性价比上来比较，局域网是比较有优势的。由此可以看出，局域网实际上是介于距离和数据传输速率之间的一种折中选择。局域网具有以下特点。

① 覆盖范围小。局域网中节点分布的地理范围较小，用户可以在局部范围内移动，距离的改变一般不大。

② 成本低。由于网络范围有限，所用通信线路短、网络设备较少，从而降低了网络成本，缩短了建网周期。

③ 传输速率高。由于局域网所用通信线路较短，故可选用高性能的传输介质作为通信线路，使线路有较高的带宽。这样就可以提高通信速率，缩短延迟时间。一般高速局域网的速率可达 100 Mbps 甚至 1 000 Mbps 以上。

④ 误码率低。由于局域网通信线路短，而且局域网多为专用，噪声干扰等因素影响较小，因而网络信息传输过程中出错的概率也比较小，可靠性高。误码率可达 $10^{-8} \sim 10^{-11}$。

⑤ 易于更新扩展。局域网通常为一个部门所有，也不受其他网络规定所约束，容易进行设备的更新和技术的更新，扩展网络功能。

⑥ 介质适应性强。在局域网中可采用价格低廉的双绞线、同轴电缆或价格昂贵的光纤，也可采用微波信道。

⑦ 使用灵活，易于操作，便于维护和检修。

⑧ 结构简单，易于实现。

7.2.2　局域网参考模型

20 世纪 80 年代初，美国电气和电子工程师学会 IEEE 802 委员会结合局域网自身特点，参考 OSI/RM 提出了局域网参考模型（LAN/RM），制定了局域网体系结构。该模型对应于 OSI 参考模型的最低两层，即物理层和数据链路层，它将数据链路层分为逻辑链路控制（logical link control，LLC）子层和媒体访问控制（medium access control，MAC）子层。

1. LLC 子层

LLC 子层也是数据链路层的一个功能子层，它构成了数据链路层的上半部，与网络层和 MAC 子层相邻。LLC 子层在 MAC 子层的支持下向网络层提供服务，可运行于所有 802 标准的局域网和城域网协议之上。LLC 子层与传输媒体无关，它独立于媒体访问控制方法，隐藏了各种 802 网络之间的差别，向网络层提供一个统一的格式和接口。LLC 子层的作用是在 MAC 子层提供的介质访问控制和物理层提供的比特服务的基础上，将不可靠的信道处理成可靠的信道，以确保数据帧能够正确传输。LLC 子层的具体功能包括，向上层用户提供一个或多个服务访问点，管理链路上的通信，同时具备差错控制和流量控制等功能，并为网络层提供两种类型的服务：面向连接服务和无连接服务。

2. MAC 子层

MAC 子层是数据链路层的一个功能子层。MAC 子层构成了数据链路层的下半部，它直接与物理层相邻。MAC 子层主要制定管理和分配信道的协议规范，即决定广播信道分配的协议属于 MAC 子层。MAC 子层是与传输介质有关的一个数据链路层的功能子层，它的主要功能是在发送数据时进行冲突检测，实现帧的组装与拆卸。它完成介质访问控制的功能，为竞争的用户分配信道使用权。MAC 子层为不同的物理介质定义了介质访问控制标准。目前，IEEE 802 已制定的介质访问控制方法的标准有著名的带冲突检测的载波监听多路访问（carrier sense multiple access with collision detection，CSMA/CD）、令牌环网

（token ring）和令牌总线（token bus）等。介质访问控制方法决定了局域网的主要性能，它对局域网的响应时间、吞吐量和网络利用率等有十分重要的影响。

3. 物理层

物理层的主要作用是处理机械、电气、功能和规程等方面的特性，确保二进制位信号的正确传输，包括信号的编码和解码，同步前导码的生成与去除，二进制比特流的正确传送与正确接收，差错校验，物理连接的物理设施的建立、维护和断开等功能。

局域网物理层制定标准规范的主要内容如下。

① 局域网支持的传输媒体及相应的传输距离。

② 传输速率。

③ 拓扑结构。

④ 物理信令、物理层向 MAC 子层提供的服务原语，包括请求、证实、指示原语。

⑤ 物理接口的机械特性、电气特性、功能特性和规程特性。

⑥ 传输信号的编码方案，包括曼彻斯特、差分曼彻斯特、4B/5B、8B/6T、8B/10B 等。

⑦ 差错校验码及同步信号的产生与删除。

7.2.3 IEEE 802 标准

为了规划网络通信的基本标准，1980 年 2 月，电气和电子工程师协会（Institute of Electrical and Electronics Engineers，IEEE）成立了专门负责制定局域网络标准的 IEEE 802 委员会，该委员会制定了一系列局域网标准，称为 IEEE 802 标准。所谓标准是指被广泛使用的，或者由官方规定的一套规则和程序。该标准描述了协议的规定，设定了保障网络通信的最简性能集。IEEE 802 标准化工作进展很快，不但为以太网、令牌网、FDDI 等传统局域网技术制定了标准，近几年还开发出一些新的高速局域网标准，如快速以太网、交换以太网、千兆以太网、万兆以太网等局域网标准。局域网的标准化极大地促进了局域网技术的飞速发展，并对局域网的推广应用起到了巨大的推动作用。

经过讨论，ISO 建议将 IEEE 802 标准定为局域网国际标准。IEEE 802 标准包括很多标准，并且随着局域网技术的发展和更新，这些标准还在不断地扩充和完善。以下简要列出几个主要的标准及其内容。

① IEEE 802.1：致力于解决局域网和城域网中的网络互连问题，定义了网络体系结构、网络互连、网络管理和性能测量等。

② IEEE 802.2：该协议对逻辑链路控制（LLC）、高层协议以及 MAC 子层的接口进行了良好的规范，从而保证了网络信息传递的准确性和高效性。

③ IEEE 802.3：定义了 10 Mb/s、100 Mb/s、1 Gb/s，甚至 10 Gb/s 的以太网雏形，同时还定义了第五类屏蔽双绞线和光纤是有效的缆线类型。该工作组确定了众多厂商的设备互操作方式，而不管它们各自的速率和缆线类型。而且这种方法定义了 CSMA/CD（带冲突检测的载波侦听多路访问）这种访问技术规范。IEEE 802.3 产生了许多扩展标准，如快速以太网的 IEEE 802.3u、千兆以太网的 IEEE 802.3z 和 IEEE 802.3ab，10 Gb/s 以太网的 IEEE 802.3ae。目前，局域网络中应用最多的就是基于 IEEE 802.3 标准的各类以太网。

④ IEEE 802.4：定义了令牌总线网的介质访问控制协议和物理层规格。

⑤ IEEE 802.5：定义了令牌环网的介质访问控制协议和物理层规格。

⑥ IEEE 802.6：定义了城域网的介质访问控制协议和物理层规格。

⑦ IEEE 802.7：定义了宽带局域网的介质访问控制协议和物理层规格。

⑧ IEEE 802.8：定义了光纤网的介质访问控制协议和物理层规格。

⑨ IEEE 802.9：定义了综合语音和数据局域网介质访问控制协议和物理层规格。

⑩ IEEE 802.11：定义了无线局域网的介质访问控制协议和物理层规格。802.11 包含一系列无线局域网标准，目前常用的有 802.11b、802.11g（WiFi 3）、802.11n（WiFi 4）、802.11ac（WiFi 5）、802.11ax（WiFi 6）、802.11be（WiFi 7）。

⑪ IEEE 802.12：定义了需求优先级局域网（100VG-Any LAN）。

⑫ IEEE 802.15：定义了短距离无线网络（WPAN），包括蓝牙技术的所有技术参数。个人区域网络设想将在便携式和移动计算设备之间产生无线互联，例如，PC、外围设备、蜂窝电话、个人数字助理（PDA）和消费电子产品，该网络使用这些设备可以在不受其他无线通信干扰的情况下进行相互通信和相互操作。

7.3　局域网的组建和接入

7.3.1　小型局域网组建

1. 局域网的分类

局域网按规模大小可以分为小型局域网、中型局域网和大型局域网。小型局域网适用于宿舍、实验室、机房、办公室等，规模局限于一栋建筑物的单元房间内；中型局域网适用于教学楼、宿舍楼、办公楼等，规模局限于一栋独立的建筑物内；大型局域网适用于学校、医院、社区等，规模比较大，包括多个建筑物，大型局域网的结构、功能都比较复杂。

按工作模式，计算机网络可以分为客户机 / 服务器（client/server，C/S）模式和对等（peer-to-peer，P2P）模式，这两种模式在小型局域网中都得到了应用，但由于对等局域网组网简单、操作简便、投资少等特点，在家庭、校园宿舍、小型办公场所成了主要的网络模式。本节组建的局域网均为对等网。

对等网也称为工作组网，是通过“工作组”来组织的。对等网上的各台计算机具有相同的功能，无主从之分，地位平等，网内的每台计算机既可以作为服务器为其他计算机提供资源，也可以作为工作站分享其他计算机提供的资源。

2. 组建传统小型局域网需要的硬件设备

组建传统的局域网需要的硬件设备包括传输介质和网络设备。传输介质一般包括双绞线、同轴电缆或光纤，网络设备可分为物理层设备（如中继器等）、数据链路层设备（如网桥、交换机等）、网络层设备（如路由器等）和应用层设备（如网关、防火墙等）。组建一个小型的家庭局域网一般需要的硬件设备有双绞线、网卡、交换机、路由器。

3. 组建一个传统的家庭局域网

图 7-11 是一个由 4 台计算机组成的家庭局域网示意图，该局域网通过 ADSL 接入 Internet，该局域网中的每台计算机都可以联入因特网，网内计算机之间可以共享文件等资料。组建该局域网需要的硬件设备包括双绞线、安装有网卡的计算机和宽带路由器。本例中网卡、宽带路由器的接口均为 RJ-45 接口。以下是具体的步骤：

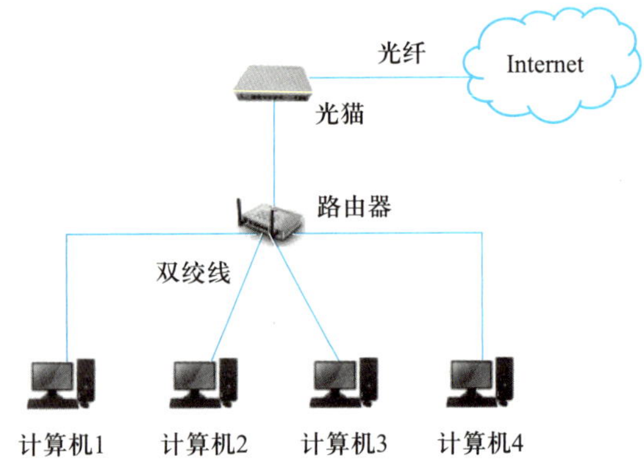

图 7-11　家庭局域网示意图

① 给需要联入局域网的计算机安装网卡，安装网卡驱动程序。

② 使用双绞线和 RJ-45 接头，制作若干根网线。

③ 用网线两端的 RJ-45 接头分别插入计算机网卡和路由器的 LAN 接口。

④ 用网线将路由器的 WAN 口和光猫连接，通过光猫接入 Internet。

⑤ 根据需要设置各计算机的主机名称、工作组和 IP 地址，工作组名称应该相同，如图 7-12 所示。根据具体情况安装相应的网络协议，一般情况下 IP 地址可以设为自动获取。

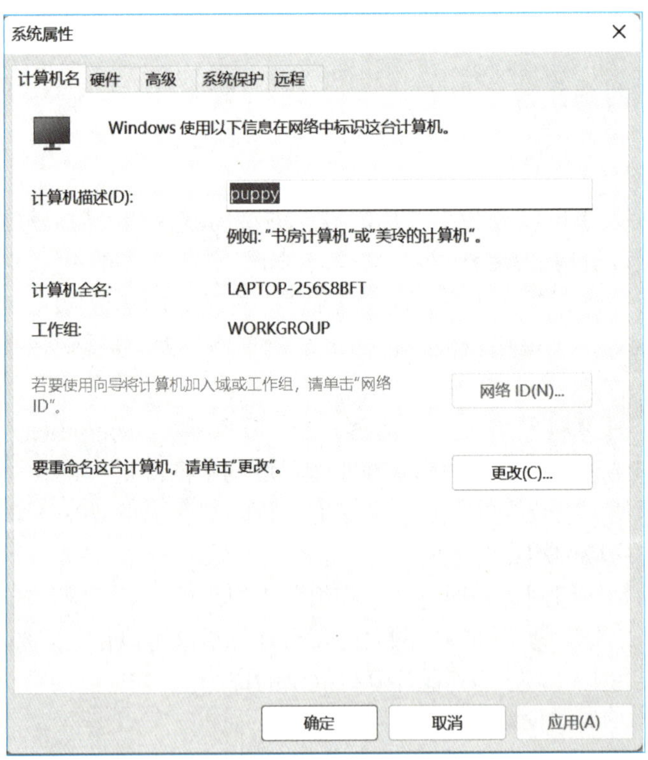

图 7-12　【系统属性】对话框

⑥ 设置路由器。

⑦ 用 ping 命令检测计算机之间是否连通。

7.3.2　电力线载波局域网组建

电力线载波（power line carrier，PLC）是电力系统特有的通信方式，电力线载波通信是指利用现有电力线，通过载波方式将模拟信号或数字信号进行高速传输的技术。电力线载波局域网的最大特点是不需要重新布线，只需要利用现有的电源线，通过各个房间的电源插座就能上网，每个电源插座都是上网的接口。

1. 组建一个电力线载波家庭局域网需要的硬件设备

（1）电力猫

电力猫又称为电力调制解调器，如图 7-13 所示。电力猫必须配对使用，其中，作为发送端的电力猫的作用是把网络信号调制到电流上通过电线传输，而作为接收端的电力猫的作用是把网络信号从电流中分离出来。电力猫是一种即插即用设备，使用电力猫上网，不需要安装任何软件和驱动程序。根据传输速率，电力猫分为 85 Mb/s、200 Mb/s、500 Mb/s 等，根据传输媒介，电力猫分为无线和有线两种，根据接口数量，分为单口和多口电力猫。

图 7-13　电力猫

（2）标准路由器或电力路由器

标准路由器的功能在前面已经介绍过，而电力路由器兼具了电力线通信和标准路由器的功能。

2. 组建电力线载波家庭局域网

图 7-14 是一个由 4 台终端组成的电力线载波家庭局域网示意图，其中使用标准路由器组建局域网。组建该局域网需要的硬件设备包括安装有网卡的终端设备（台式机、笔记本电脑、电视机、游戏机等）、路由器、电力猫。

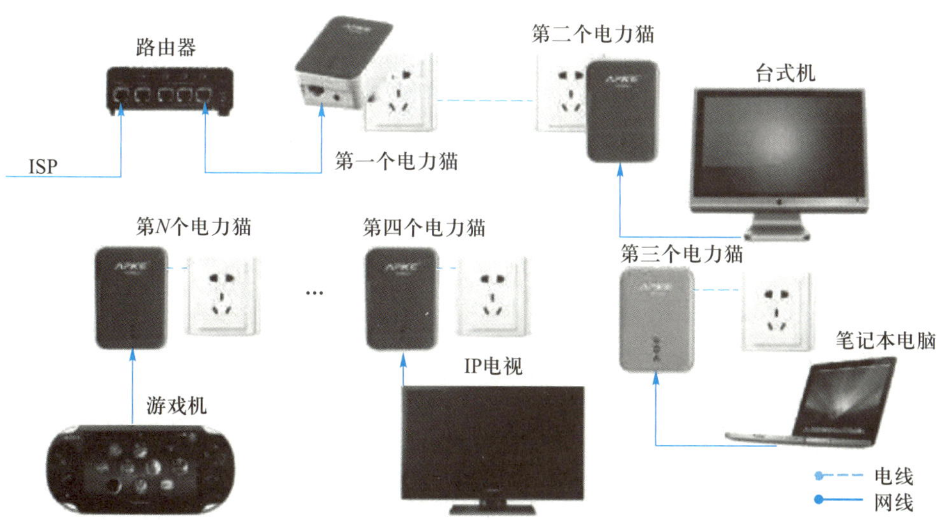

图 7-14　电力线载波局域网示意图

7.3.3 无线局域网组建

无线局域网（wireless local area network，WLAN）是计算机网络与无线通信技术相结合的产物。无线局域网利用电磁波在空气中发送和接收数据，通过无线接入功能，用户可以在没有线缆的环境中上网。与有线网络相比，由于 WLAN 具有安装便捷、经济节约、易于扩展等特点，近年来随着笔记本电脑、智能手机、平板电脑等移动设备的迅速发展而普及，WLAN 已经在家庭、商场、医院、工厂、学校等各领域得到广泛应用。

1. 无线局域网的拓扑结构

（1）自组织网络

自组织网络也称为 Ad hoc 网络，是一种对等模型的网络，网络中的站点以对等方式互连，在无线信号的覆盖范围内，进行点对点或点对多点之间的通信，如图 7–15 所示。组建这种网络仅需要带有无线网卡的移动节点并配置相应的协议（自组织网络使用非集中式的 MAC 协议，如 CSMA/CA），不需要配备无线 AP（access point，访问节点）或路由器。该结构主要应用于用户较少、距离较近的组网环境。

（2）基础结构型网络

基础结构型网络是指网络中的无线站点通过无线 AP 互连，同时通过 AP 将无线网络与高速的有线网络连接，从而扩展 WLAN 的范围。基础结构型网络如图 7–16 所示。在目前的实际应用中，大部分无线局域网都基于基础结构型网络。

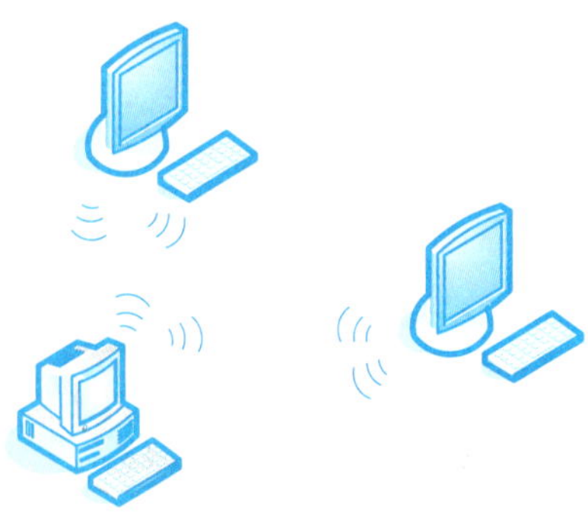

图 7–15 自组织网络示例

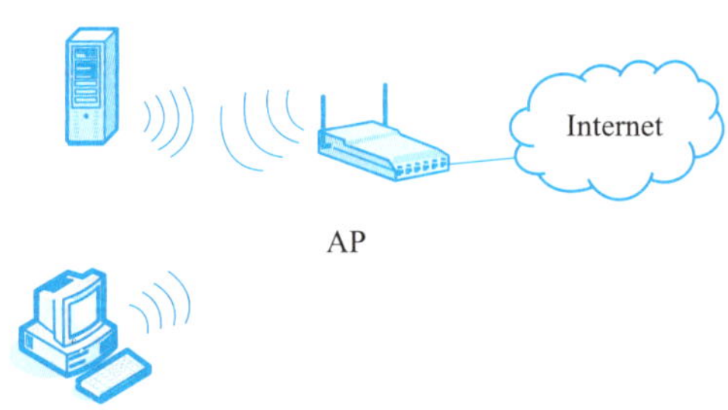

图 7–16 基础结构型网络示例

2. 无线局域网的硬件设备

无线局域网的主要硬件设备包括无线网卡、无线 AP、无线路由器、无线网关和无线天线等几种，在日常生活中，组建小型的家庭或办公无线局域网时，无线网卡和无线路由器是最常用的设备。

（1）无线网卡

无线网卡的功能与有线网卡的功能相同，区别仅在于无线网卡传输数据是通过无线信号实现的。根据接口类型不同，无线网卡通常分为 PCMCIA、PCI、USB 三种。其中，PCMCIA 无线网卡仅适用于笔记本电脑，PCI 无线网卡主要适用于普通台式计算机，USB 接口的无线网卡同时适用于笔记本电脑和台式计算机。

（2）无线路由器

无线路由器是将单纯的无线接入点和宽带路由器合二为一的一种结合体，可支持局域网用户的网络连接共享，可实现家庭无线网络中的 Internet 连接共享以及 ADSL 和小区宽带的无线共享接入。无线路由器一般有一个 WAN 接口，通过该接口可以将无线路由器连接到外部网络，其余的接口为内部局域网接口，用来连接有线局域网。

3. 组建家庭无线局域网

图 7-17 是一个典型的家庭无线局域网示意图，组建一个家庭局域网需要的硬件设备包括无线宽带路由器、具有无线上网功能的计算机和其他通信终端（智能手机、PDA、平板电脑等）。组建一个家庭无线局域网包括以下步骤。

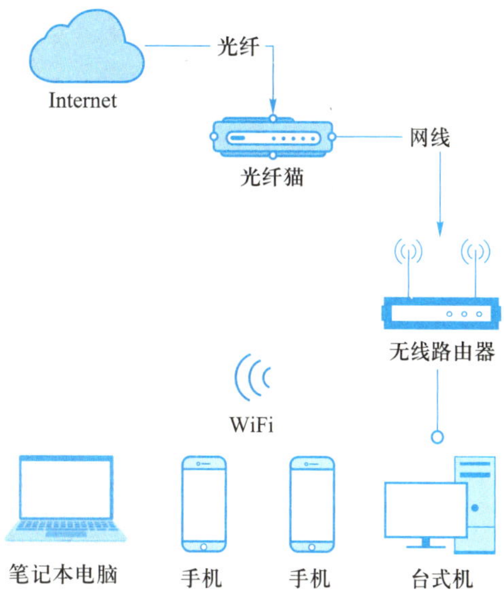

图 7-17　家庭无线局域网示例

① 安装无线网卡。将无线网卡插入计算机，如果无线网卡不能被自动识别，则需在计算机上安装无线网卡驱动程序。像智能手机、平板电脑之类的通信终端已经内置了无线上网模块，因此，该步骤可省略。

② 用网线将无线路由器的 WAN 接口与外部网络接口相连，例如，如果家庭是通过 ADSL 或者光纤上网，就可以用一根网线将无线路由器的 WAN 与 ADSL Modem 或者光纤猫相连即可。

③ 设置各计算机的 IP 地址（路由器采用 DHCP，此步可省略）。

④ 设置路由器。在浏览器的地址栏输入路由器地址（一般在路由器的标签上），会显示如图 7-18 所示的界面。此时可以采用一键配置或者向导配置，不同厂家的路由器设置大同小异，这里根据向导配置进行设置。

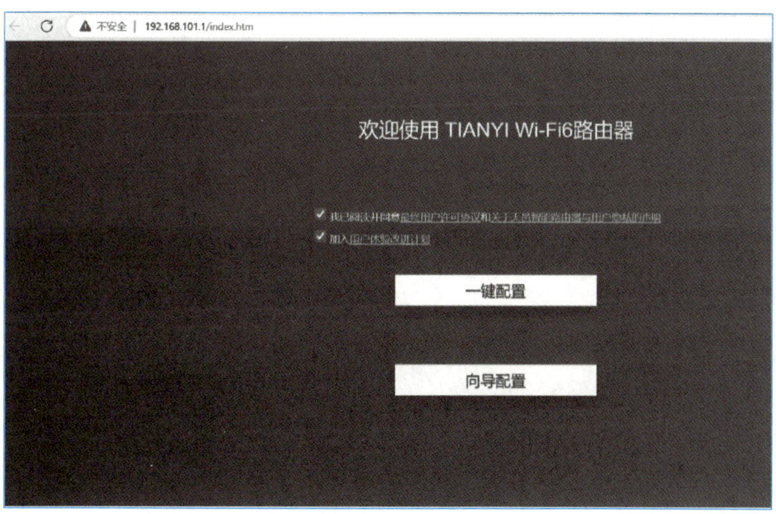

图 7-18　路由器设置

系统会自动检测上网设置，地址获取方式可以选择 DHCP（动态主机配置协议）或者静态分配，如图 7–19 所示。如果选择 DHCP，则路由器会自动为连接到网络的终端动态分配 IP 地址。

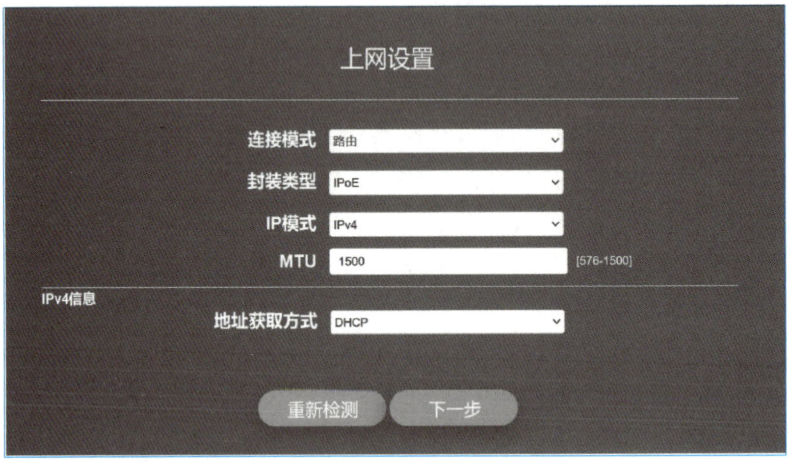

图 7–19 设置地址获取方式

为局域网 WiFi 设置账号和密码。在 SSID 处输入 WiFi 名称，系统默认的名字一般较长而且对于用户来说不好记忆，可以为局域网起一个好记的名字，然后在下方网络密钥处设置 WiFi 密码，如图 7–20 所示。作者的路由器是双频路由器，所以可以设置两个 WiFi 名称和密码，一些路由器支持 WiFi 双频合一。开启后，2.4G 和 5G 会使用同一名称，路由器会自动为终端选择最佳 WiFi 网络。如离路由器较近，会切换至 5G 网络，反之会切换至 2.4G 网络。但由于终端设备存在差异，可能存在自动切换信号源时网络会短暂中断，甚至频繁掉线等问题。

图 7–20 设置 WiFi 账号和密码

设置路由器的登录密码，用于以后修改和设置路由器使用，如图 7-21 所示。一般路由器最开始登录是没有密码的，第一次设置完成后可以设置路由器登录密码。如果忘记密码，可以长按路由器的 reset 键恢复出厂设置，重置路由器。

图 7-21　设置路由器登录密码

在路由器的安全设置中，一般有家长控制或者 MAC 过滤设置，用于限制某些终端访问网络，如图 7-22 所示。在其中添加设备 MAC（物理地址），选择禁止使用日期和时间选项，单击“确定”按钮即可。被限制的终端将在设置时间内无法使用无线网络。

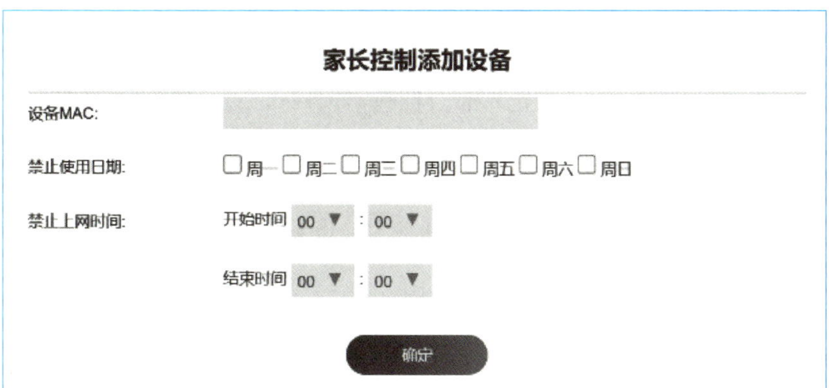

图 7-22　MAC 地址过滤功能

⑤ 在终端搜索并选取无线网络。

知识扩展

获取设备的 MAC 地址

① 如果是自己的设备，例如手机，在设备的“设置”界面中，依次选择“关于手机”“状态信息”“WLAN MAC 地址”选项，可以查看自己手机的 MAC 地址。

② 局域网中不认识的设备，可以在路由器的状态或者限速界面显示所有局域网中的设备名称和 MAC 地址，将不认识的 MAC 滤掉即可，如图 7-23 所示。

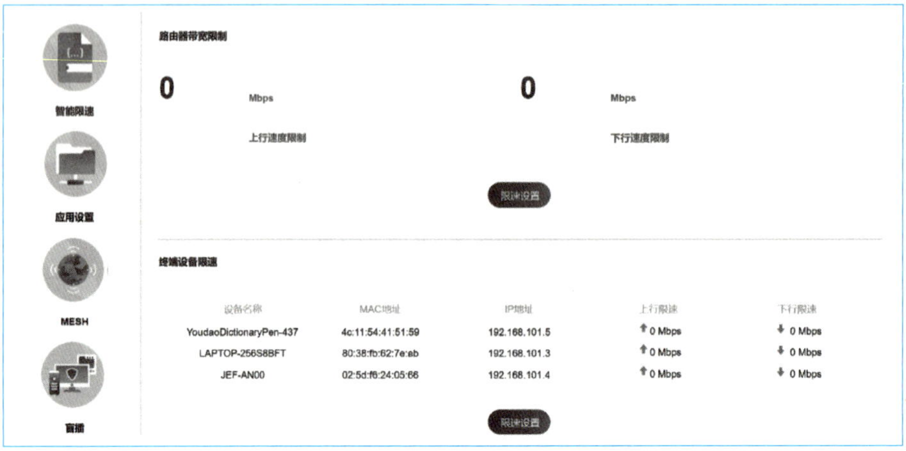

图 7-23 路由器智能限速界面

7.3.4 Internet 接入技术

Internet 接入就是计算机或网络通过某种方式与互联网连接在一起，使得它们之间能互相交换信息。目前常见的 Internet 接入技术有以下几种方式。

1. ADSL 接入

DSL（digital subscriber line，数字用户线）是一种高速、数字化的因特网接入技术，它使用标准的电话线系统，是适合家庭用户的几种最快的因特网连接方式之一。该技术包括几种变体，ADSL（asymmetric DSL，非对称数字用户线）就是其中的一种。

ADSL 的优点如下：

① 传输速率高。ADSL 为用户提供上行、下行非对称的传输速率，上行为低速传输，速率可达 1 Mb/s；下行为高速传输，速率可达 10 Mb/s。实际开通的速率与具体的线路条件和用户选择的资费有关。

② 由于利用现有的电话线，并不需要对现有网络进行改造，因此所需投入的资金不大。

③ ADSL 采用了频分多路技术，用户可以边上网边打电话。

④ 每个用户都独享带宽资源，不会出现因为网络用户增加而使得传输速率下降的现象。

2. HFC 接入

与电话交换网一样，有线电视网络（CATV）也是一种覆盖面广的传输网，被视为解决互联网宽带接入“最后一公里”问题的最佳方案。

20 世纪 70 年代，有线电视网仅能提供单向的广播业务，当时网络以简单共享同轴电缆的分支或树状拓扑结构组建。随着交互式视频点播、数字电视技术的推广，用户点播与电视节目播放必须使用双向传输的信道，产业界对有线电视网络进行了大规模双向传输改造。光纤同轴电缆混合网（hybrid fiber coax，HFC）就是在这样的背景下产生的。

由于有线电视网采用的是模拟传输协议，因此需要使用线缆调制解调器（cable modem）来协助完成数字数据的转换。线缆调制解调器有对称速率型和非对称速率型两种连接方式。对称速率型上传和下载数据的速率相同，为 500 kb/s ~ 2 Mb/s；非对称速率型数据上传速率为 500 kb/s ~ 10 Mb/s，数据下载速率为（2 ~ 40）Mb/s。

我国的有线电视网的覆盖面很广，通过对有线电视网的双向传输改造，可以为家庭宽带接入互联网提供一种经济、便捷的方法。HFC 已成为一种极具竞争力的宽带接入技术。

尽管利用 CATV 接入广域网拥有廉价和带宽优势，使它具有广阔的应用前景，但也存在以下问题：

① 首先需要将原有的基于纯同轴电缆单向传输的 CATV 改造为双向传输的 HFC。为了实现双向通信，需要用双路信号放大器替换原有的单路信号放大器。为了能接入广域网，还需要安装 IP 路由器。

② 由于线缆调制解调器模式采用的是将几个节点连在一起形成的一个总线型网络结构，因此网络用户要和邻居分享带宽。当在传输数据时正好有较多的用户收看电视节目或上网时，会影响传输速率。为改进传输性能，可以改为星型结构。

3. 宽带网接入

宽带网接入方式是利用以太网技术，采用“光缆 + 双绞线”的方式对社区进行综合布线。从社区机房敷设光缆至用户单元楼，楼内布线采用双绞线敷设至用户家。社区机房的出口通过光缆或其他介质接入城域网。

采用宽带网接入可以充分利用小区局域网的资源优势，为居民提供 10 Mb/s 以上的共享带宽，并可根据用户的需求升级到 100 Mb/s 及以上。

4. 光纤接入

光纤接入是指局端与用户端之间全部以光纤作为传输介质的接入方式。光纤接入分为两类：有源光网络（active optical network，AON）接入与无源光网络（passive optical network，PON）接入。SONET 属于有源光网络。互联网接入主要采用无源光网络接入，在局端与用户端之间没有任何有源电子设备，通过无源的光器件构成光传输网。

在讨论 ADSL 与 HFC 宽带接入方式时已经介绍了，远距离的传输介质已经都采用光纤，只有临近用户家庭、办公室的地方仍然使用电话线或同轴电缆。光纤接入是将最后接入用户端的电话线与同轴电缆全部用光纤取代。人们将多种光纤接入方式称为 FTTx，这里的 x 表示不同的光纤接入点。

PON 又称为被动式光纤网络，是光纤通信网络的一种，其特色为不用电源就可以完成信号处理，就像家里的镜子，不需要电就能反射影像，除了终端设备需要用到电以外，其中间的节点则以精致小巧的光纤元件构成。该种网络具有节省光缆资源、节省机房投资、设备安全性高、建网速度快、综合建网成本低等优点。

5. LMDS 无线通信接入

LMDS（local multipoint distribution services，本地多点分布服务）是目前可用于社区宽带接入的一种无线接入技术，属于无线固定接入，即其用户基本固定不动或在小范围内活动。LMDS 采用一种类似蜂窝的服务区结构，将一个需要提供业务的地区划分为若干服务区，每个服务区内设基站，基站设备经点到多点无线链路与服务区内的用户端通信。每个服务区覆盖范围可达几公里至十几公里，并可相互重叠。

6. 电力线接入上网

电力线接入上网是指借助电力猫，利用现有的电力线来进行网络数据传输的一种技术。

7. 移动通信网接入

图 7-24 给出了移动通信网接入示意图。移动通信网接入的术语主要包括移动台、基

站、无线信道和空中接口等。

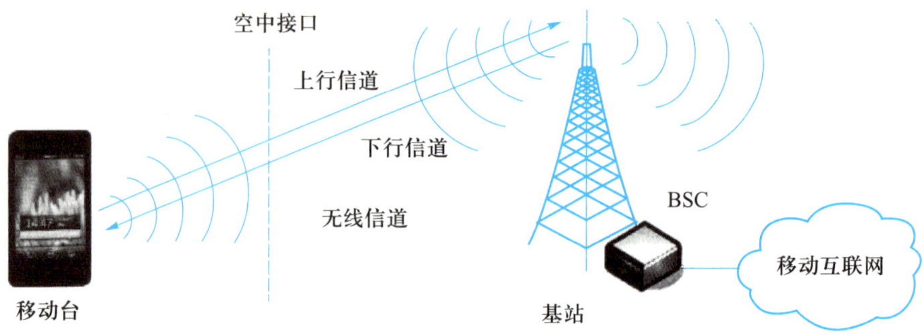

图 7-24 移动通信网接入示意图

（1）移动台

所有通过空中接口与基站通信的移动终端设备统称为移动台。移动台包括各种手持或车载移动终端设备，如手机、PDA、笔记本电脑、可穿戴计算设备等。

（2）基站

基站包括天线、无线收发机与基站控制器（basic station controller，BSC）。基站一端通过空中接口与移动台通信，另一端通过基站控制器接入移动通信网。

（3）无线信道

移动台与基站之间通过无线信道进行通信，移动台向基站发送信号使用上行信道，基站向移动台发送信号使用下行信道。为了防止上行与下行信号之间相互干扰，两个信道使用的频段不同。例如，在 2G 的 GSM 移动通信中，上行信道采用（935 ~ 960）MHz 频段，下行信道采用（890 ~ 915）MHz 频段。

（4）空中接口

移动台与基站通信的接口称为空中接口（简称空口）。蜂窝移动通信网 1G 到 5G 技术的区别主要表现在无线信道采用不同的空中接口标准。

7.3.5 网络故障排查

1. 网络故障排查

当网络出现故障时，可以对物理层、数据链路层、网络层、传输层、应用层采取逐层分析、排查的方法检查故障。

① 物理层检查网络设备的电源通电情况，网线水晶头是否老化，水晶头是否打好，网线与墙面模块、与计算机网口的接触是否发生松动，墙面模块是否接触不良等。

② 数据链路层检查联入网络的机器中网卡设置是否正常，确认网线和网络设备工作是否正常，检查驱动程序是否完好，和网卡相关的驱动、插槽等软硬件情况和交换机端口配置等。

③ 网络层可检查 IP 地址配置、TCP/IP 是否安装启用、DHCP 与 DNS 配置、路由器配置是否正确等。

④ 传输层检查防火墙安全策略配置、主机服务端口启禁用情况等。

⑤ 应用层可通过重装操作系统、安装杀毒软件、应用程序修复重装等方式进行检查修复。

大多数情况下，直接由中间的网络层开始进行排查，凡是涉及网络通信方面的问题，首先测试网络连通性，如果网络不能连通，再从物理层开始排查，如果网络能够连通，则从应用层开始排查。

以下是 3 种典型计算机网络故障的解决方法。

（1）断开连接的处理方法

如果显示本地连接已经断开，可初步判定为硬件故障。可通过检测设备对端口、网线等位置进行排查。

（2）连接受限或无连接的处理方法

如果出现连接受限或者无连接的情况，往往是因为逻辑故障，即出现软件故障。

（3）本地连接正常，却无法访问网页的处理方式

如果出现了本地连接显示正常，却无法打开浏览器进行网页浏览的情况，通常判定为逻辑故障，即软件故障。简单处理可以借助 360 安全卫士等工具进行修复。

2. 常用网络工具简介

（1）ping

功能：ping 命令用来检查网络是否通畅或者网络的连接速度。

用法：ping [−t][−a][−n count][−l size][−f][−i TTL][−v TOS]
[−r count][−s count][[−j host−list]|[−k host−list]]
[−w timeout][−R][−S srcaddr][−4][−6] target_name

各参数意义可以通过输入 ping 命令查询，如图 7-25 所示。

说明：ping 命令有两种用法，即 ping 主机 IP 和 ping 主机域名。

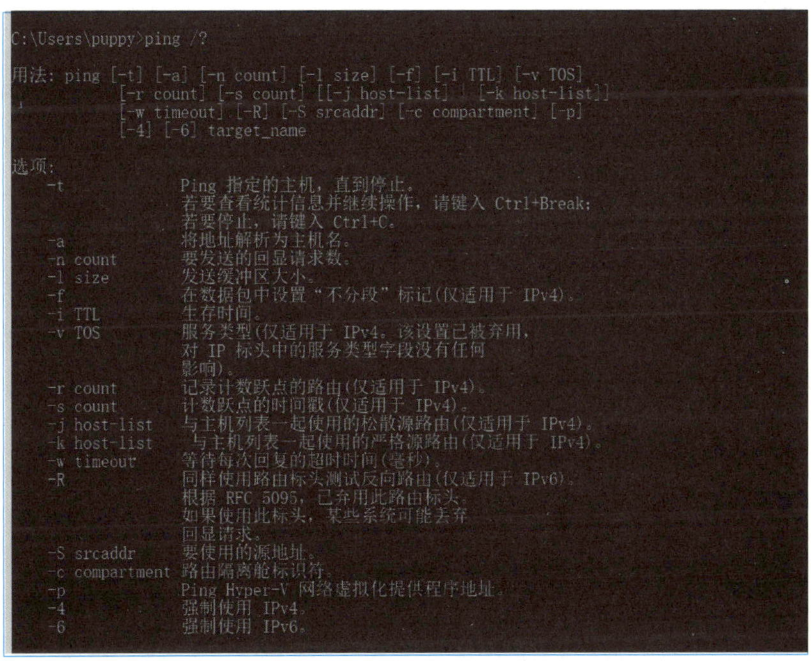

```
C:\Users\puppy>ping /?

用法: ping [-t] [-a] [-n count] [-l size] [-f] [-i TTL] [-v TOS]
           [-r count] [-s count] [[-j host-list] | [-k host-list]]
           [-w timeout] [-R] [-S srcaddr] [-c compartment] [-p]
           [-4] [-6] target_name

选项:
    -t             Ping 指定的主机，直到停止。
                   若要查看统计信息并继续操作，请键入 Ctrl+Break;
                   若要停止，请键入 Ctrl+C。
    -a             将地址解析为主机名。
    -n count       要发送的回显请求数。
    -l size        发送缓冲区大小。
    -f             在数据包中设置"不分段"标记(仅适用于 IPv4)。
    -i TTL         生存时间。
    -v TOS         服务类型(仅适用于 IPv4。该设置已被弃用，
                   对 IP 标头中的服务类型字段没有任何
                   影响)。
    -r count       记录计数跃点的路由(仅适用于 IPv4)。
    -s count       计数跃点的时间戳(仅适用于 IPv4)。
    -j host-list   与主机列表一起使用的松散源路由(仅适用于 IPv4)。
    -k host-list    与主机列表一起使用的严格源路由(仅适用于 IPv4)。
    -w timeout     等待每次回复的超时时间(毫秒)。
    -R             同样使用路由标头测试反向路由(仅适用于 IPv6)。
                   根据 RFC 5095，已弃用此路由标头。
                   如果使用此标头，某些系统可能丢弃
                   回显请求。
    -S srcaddr     要使用的源地址。
    -c compartment 路由隔离舱标识符。
    -p             Ping Hyper-V 网络虚拟化提供程序地址。
    -4             强制使用 IPv4。
    -6             强制使用 IPv6。
```

图 7-25 ping 的所有参数

在命令提示符窗口中输入“ping www.cdut.edu.cn”，按 Enter 键。如果网络连通，则

显示如图 7-26 所示的信息。其中，返回目标计算机的 IP 地址为 202.115.137.77，传送 4 个测试分组，对方同样收到 4 个分组。“字节 =32”表示发出的测试分组的大小是 32 字节，“时间 =4 ms”表示到对方主机往返一次所用的时间为 4 ms。

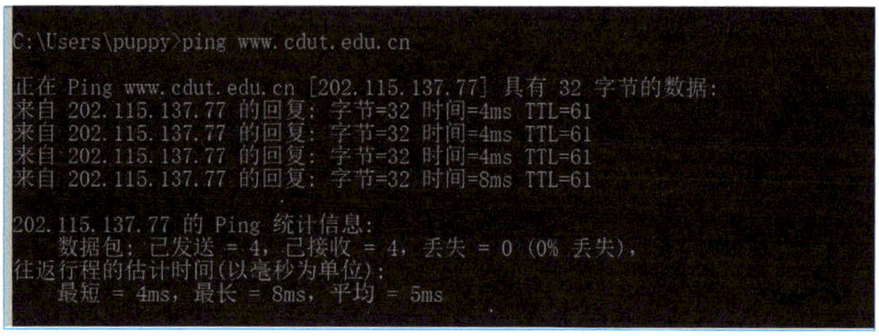

图 7-26　网络连通时 ping 命令显示信息

（2）ipconfig

功能：ipconfig 命令通常用于显示本机的 TCP/IP 配置信息，包括本机的 IP 地址、子网掩码、默认网关、网卡物理地址（MAC 地址）等相关网络详细信息，这些信息一般用来检验人工配置的 TCP/IP 设置是否正确。

用法：

① 当 ipconfig 不带任何参数时，仅显示绑定到 TCP/IP 的适配器的 IP 地址、子网掩码和默认网关。

② 使用 ipconfig/all，可显示所有详细配置信息。

（3）tracert

功能：tracert 命令可以测试报文从发送端到目的地所经过的路由。它能够直观展现报文在转发时所经过的路径。tracert 命令基于 ICMP 来实现。当网络出现故障时，用户可以使用 tracert 命令确定出现故障的网络节点。

用法：tracert [-d][-h maximum_hops][-j host-list][-w timeout]
　　[-R][-S srcaddr][-4][-6] target_name

各参数意义可以通过输入 tracert 命令查询。

（4）netstat

功能：使用 netstat 命令可以查看本机系统开放的端口以及本机与其他计算机的连接情况，对开放端口的辨别可以发现本机中是否存在木马病毒和黑客程序等。

用法：netstat [-a][-b][-e][-f][-n][-o][-p proto][-r][-s][-t][-x][-y][interval]

各选项含义可以通过输入 netstat/? 命令查询。

习　题

一、思考题

1. 路由器的主要作用是什么？

2. 什么是交换机?
3. 网络适配器的基本功能是什么?
4. 局域网有哪些主要特点?
5. IEEE 802 标准主要是针对什么网络的标准?
6. Internet 的接入技术有哪些?

二、选择题

1. 双绞线绞合的目的是（　　）。
   A. 增大传输距离　B. 增大抗拉强度　C. 减少干扰　D. 提高传输速度
2. IEEE 802.5 标准定义了（　　）。
   A. 以太网　B. 令牌总线　C. 令牌环网　D. 无线局域网
3. 数据链路层分为（　　）。
   A. MAC 和 LLC　B. 接入层　C. 路由层　D. 核心层
4. ASDL 通常使用（　　）。
   A. 电话线路进行信号传输　B. ATM 网进行信号传输
   C. DDN 网进行信号传输　D. 有线电视进行信号传输
5. 在计算机网络中，（　　）能将异种网络互联起来，实现不同网络协议相互转换。
   A. 集线器　B. 网桥　C. 路由器　D. 网关
6. IEEE 802 是（　　）体系结构标准。
   A. LAN/MAN　B. 互联网　C. WAN　D. 都不是
7. 目前网络传输介质中传输速率最高的是（　　）。
   A. 双绞线　B. 同轴线缆　C. 光纤　D. 电话线
8. 以太网中，双绞线使用（　　）与其他设备连接起来。
   A. BNC 接口　B. AUI 接口　C. RJ-45 接口　D. RJ-11 接口

第 8 章　计算机信息安全

学习目标

1. 理解信息安全的基本概念。
2. 了解常见的信息安全威胁。
3. 掌握信息安全的保障措施。
4. 理解数据加密、数字签名与身份认证技术。
5. 了解其他常用的信息安全技术。
6. 理解计算机病毒，掌握防病毒和反病毒技术。

计算机系统和信息安全问题很早就存在了，随着互联网飞速的发展，安全问题就更加突出。大到国家军事政治等机密安全，小到如商业企业机密的泄露、防范青少年对不良信息的浏览、个人信息的泄露等。争夺信息资源，获取对方机密，篡改、破坏和销毁对方重要数据，破坏对方的信息处理设备，早已成为一场看不见硝烟的全球性战争。

8.1　信息安全概述

随着全球经济和信息化的发展，信息资源已经成为社会发展的重要战略资源，信息化技术也蓬勃发展。日常生活中，我们很多人都在计算机前工作，在家上网冲浪，在线上网课，用智能手机购物、乘车等，计算机技术使我们只需点击相应的按钮就可以访问大量的信息，这也同时带来了巨大的安全风险。我们可以通过新闻报道发现网上的攻击和破坏事件、民众被诈骗的案例层出不穷，造成了大量经济损失或者人身伤害。计算机信息安全关系到国家安全、经济发展、社会稳定和人们的日常生活，理解信息安全的基础知识，就可以更好地做到信息的保护和防御。

8.1.1　计算机信息安全定义

信息安全是一个包括信息安全行为主体、保护对象、防护手段、任务目的等内容的综合性概念，国际标准化组织 ISO 对其的定义为，为数据处理系统建立和采用的技术、管理上的安全保护，为的是保护计算机硬件、软件、数据不因偶然和恶意的原因而遭到破坏、更改和泄露。也可理解为，运用技术、法律、管理、教育等手段，积极应对敌对势力攻击、网络犯罪和意外事故等多种威胁，有效保护信息基础设施、信息系统、信息应用服务和信息内容的安全，为经济发展、社会稳定、国家安全和公众权益提供安全保障。

信息安全包括以下几个基本要素，如图 8-1 所示。

1. 机密性

机密性指信息不泄露给非授权用户、实体和过程，保护数据不被非法利用，要求未经授权的用户不能使用信息，即使窃取了数据，窃取者也不能理解信息的真实含义。

例如，假设你去银行自动取款机上取钱，你就要注意保护好银行卡和密码，因为如果卡片被偷盗、密码被人偷看，钱就会丢失。而银行就要对用户的各种信息加以保密。

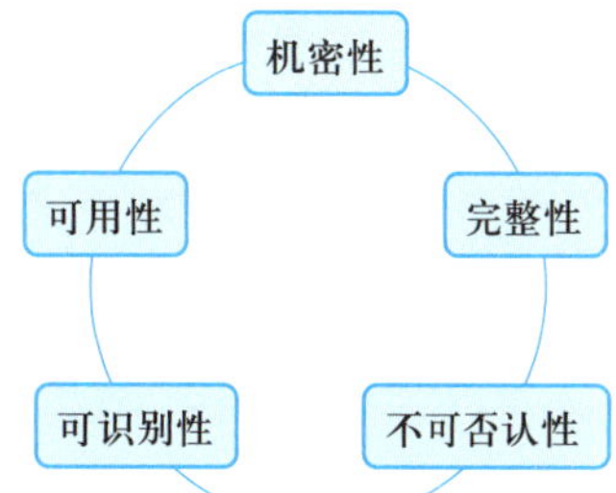

图 8-1　信息安全要素

2. 完整性

完整性指数据未经授权不能进行改变的特性，即信息在存储和传输过程中能够防止被非法修改、破坏和丢失，从而保持信息的原样性，并且能够判别出数据是否已被改变。

例如，在 Windows 操作系统的文件系统中，文件所有者拥有文件读写的权限，其他人无法修改文件信息。

3. 可用性

可用性指合法授权用户可以根据需要随时访问所需信息而不被拒绝。

例如，如果出现网络攻击或者系统出现问题，信息就失去了可用性。

4. 可识别性

可识别性即真实性，指信息接收者可判断信息是否来自正确的创建者，防止第三者冒充，从而保证信息的真实性。

例如，一封修改过实际发送地址的电子邮件就违法了真实性。可以使用数字签名来加强真实性。

5. 不可否认性

不可否认性指能够确保用户无法在事后否认曾经对信息进行的生成、签发、接收等行为。在通信过程中，对于同一信息，收、发双方均不可抵赖，这在交易系统中十分重要。一般常用数字签名和公正机制来保证不可否认性。

例如，某人在淘宝网上购买了 3 件商品，收到商品后声称只有 2 件商品而引发的一系列问题。

8.1.2　常见信息安全威胁

信息安全从不同的角度来看，理解是不同的。例如，从个人用户、企业用户的角度，希望个人隐私或商业机密信息在网络上传输时受到机密性、完整性、真实性的保护，避免其他人利用窃听、冒充、篡改、抵赖等手段侵犯用户的利益和隐私。从网络运行和管理者角度，希望对本地网络信息的访问、读写等操作受到保护和控制，避免出现后门、病毒、非法存取、拒绝服务等威胁，制止和防御黑客攻击。从安全管理部门角度，希望对非法的、有害的或涉及攻击机密的信息进行过滤和防堵，避免信息泄露，避免对社会产生危害，避免对国家造成巨大的损失。

兵家云："知己知彼，百战不殆"，了解在互联网的世界中计算机信息系统所面临的常见威胁，才能落实有的放矢的安全保障措施。信息安全常常面临的威胁是来自方方面面，无处不在的，如图 8-2 所示。

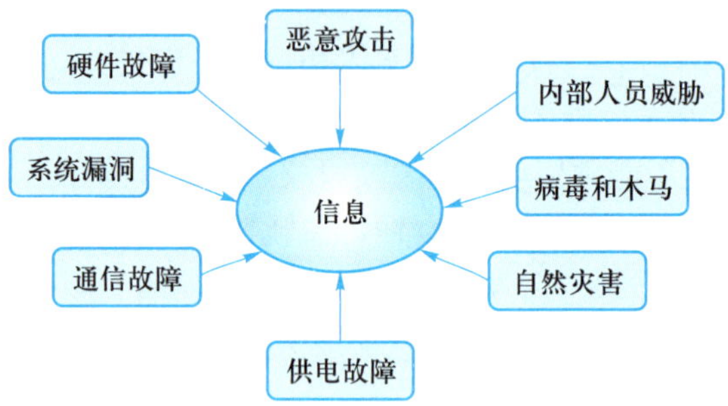

图 8-2　信息安全面临的各种威胁

常见的安全威胁如下：

① 恶意攻击。侵入国家事务、国防建设、尖端科学技术领域的计算机信息系统；窃取、泄露国家秘密、情报或者军事秘密。

② 故意制作、传播计算机病毒等破坏性程序，攻击计算机系统及通信网络，致使计算机系统及通信网络遭受损害。

③ 违反国家规定，擅自中断计算机网络或者通信服务，造成计算机网络或者通信系统不能正常运行。

④ 利用互联网造谣、诽谤或者发表、传播其他有害信息，煽动颠覆国家政权、推翻社会主义制度，或者煽动分裂国家、破坏国家统一。

⑤ 拒绝服务，一个授权实体不能获取对网络资源的访问。

⑥ 利用互联网侮辱他人或者捏造事实诽谤他人。

⑦ 利用互联网组织邪教组织、联络邪教组织成员，破坏国家法律、行政法规实施。

⑧ 利用互联网销售伪劣产品或者对商品、服务做虚假宣传。

⑨ 商业间谍，利用互联网损害他人商业信誉和商品声誉。

⑩ 利用互联网编造并传播影响证券、期货交易或者其他扰乱金融秩序的虚假信息。

⑪ 非法截获、篡改、删除他人的数据资料，侵犯公民通信自由和通信秘密；"人肉搜索"的成功便是个人隐私被暴露和非授权利用的典型例子。

⑫ 利用互联网进行盗窃、诈骗、敲诈勒索；钓鱼网站等引发的信息欺骗，伪装成某个实体向其他网络用户提供虚假信息，从而达到从中盗取用户的秘密并牟利的目的。

那么，信息安全问题面临各种威胁的根源是什么呢？包括以下几个方面：

1. 物理安全的问题

包括物理设备本身出现故障、设备安装位置的安全、限制物理访问、物理环境的安全、地域因素等。物理设备放置不当，可能受到攻击者的破坏，应该放置在严格限制来访人员的地方，降低出现未授权访问的可能性。物理设备也面临着环境的威胁，包括温度、湿度、供电系统等的影响以及火灾、水灾、雷电、地震等造成的信息丢失。

2. 技术安全的问题

软件漏洞：随着软件规模的扩大，软件程序的复杂性和编程风格的多样性，人的认知能力和实践能力的局限性，设计和开发出的操作系统、各类服务器、浏览器、数据库等都存在着或多或少的后门和漏洞，随着系统的功能越做越大，复杂性不断增加，错误就会越来越多。如操作系统中的输入输出非法访问、访问控制混乱、不完全的中介、操作系统陷门等。

安全缺陷：网络开放性的要求，使得设计出的网络结构存在不少漏洞，网络结构往往比较复杂，拓扑结构多样化，每一种结构都存在着不同的安全缺陷。网络协议漏洞也是造成安全问题的普遍原因，TCP/IP 协议的体系和实现是公开的，其中的缺陷很可能被熟悉协议的程序员所利用，常常会受到窃听、欺骗、服务拒绝攻击 DoS 和劫持攻击。常见的漏洞有 Finger 漏洞、匿名 FTP、远程登录、电子邮件等，曾经名噪一时的莫里斯“蠕虫”病毒就是利用电子邮件的漏洞在网上疯狂传播。

3. 人的问题

人为因素分为非故意的人为因素和故意的人为因素两种。非故意的人为因素包括内部人员操作不当等，特别是系统管理员和安全管理员出现的管理配置的操作失误，可能会使信息系统工作不良甚至瘫痪，使信息所有者的合法利益受到侵害。

实际上，大多数信息安全都是由故意的人为因素导致的，有内部人员的违规犯罪，也有外部人员的威胁和攻击。主要体现在对信息系统的硬件、外部设备及信息网络的线路等的破坏；对信息的泄露、信息的非法修改、删除、添加、伪造及复制等；不法分子利用信息系统，通过非法操作或以其他手段破坏、危害国家社会和他人的利益的不法行为；利用运行一段病毒代码，干扰或破坏信息系统正常工作等。

8.1.3　信息安全的保障措施

随着信息技术的发展和应用，人们对信息安全理论和信息安全技术的研究取得了可喜的成就，确立了独立的学科体系，制定了相关的法律、规范和标准。保障信息安全的措施主要包括以下三方面。

1. 信息安全技术

信息安全技术保障信息的价值，保持信息的各种安全属性，做到“进不来、拿不走、看不懂、改不了、跑不了、可审查”，如图 8-3 所示。

图 8-3　信息安全保障措施

目前最主要的信息安全技术主要包括如下几个方面。

（1）数据加密技术

这是信息安全最常用的一种技术，主要是通过对信息进行加密处理再进行存储、传输等，使数据即使被非法用户获取，也没有办法直接利用，只有知道密码，才可以正确利用该信息。

（2）数字签名技术

它是对网络上传输的电子报文进行签名确认的一种方式，具有安全、保密和防止修改的特性，目前广泛应用于网络安全支付系统、电子银行系统等领域。

（3）身份认证技术

这是信息安全的一个重要内容，是一种新兴的技术，也是密码学的一个重要分支。通过对用户的身份进行认证识别，可以有效防止第三方的攻击。

（4）数字证书技术

它相当于网上身份证，以数字签名的方式通过第三方证书认证（certificate authority）中心有效地进行网上身份认证，从而实现对信息的有效保护和安全传递，目前在网上银行、电子商务等多个领域得到广泛应用。

（5）防火墙技术

这是网络安全中最基本的一种技术，是通过在内部网和外部网之间构筑一道防御系统，有效地实现网络之间的相互隔离和互访限制等，使得非合法用户进不来。

（6）虚拟专用网技术

虚拟专用网技术（virtual private network，VPN）是通过在两台计算机之间建立一条专用连接从而达到在 Internet 上传输私有数据的目的。该技术是一种综合性的信息安全技术，包含安全隧道技术、信息加密技术、用户认证技术和访问控制技术等。目前许多企业都有专用的 VPN 服务器，VPN 技术的发展代表着 Internet 信息安全技术方面的发展趋势。

2. 信息安全的管理

加强信息安全的管理，完善信息安全管理制度对保障信息安全来说也是相当重要的一个环节。主要可以从以下几个方面着手。

① 建立安全决策机构和安全审查机构，加强对相关安全人员的审查与录用、岗位职责管理等，保障信息安全。

② 加强信息教育，普及信息知识，提高人们对信息的识别能力，增强信息意识。

③ 加强信息咨询服务和管理工作，建立更完善的信息管理规章制度。

④ 制定出使用计算机系统的制度，制定严格的操作规程，制定系统维护制度和应急措施等。

3. 信息安全的政策法规

在“法律公正”和“依法办事”的环境下，加强信息安全法制建设，完善管理法规，使个人或组织都在法律的框架内从事相关的信息活动，同时通过法律手段确保信息资源的有效开发利用；对构成犯罪的，依照刑法有关规定追究刑事责任。

常见的网络安全法规有《中华人民共和国保守国家秘密法》《中华人民共和国国家安全法》《中华人民共和国电子签名法》《计算机信息系统国际联网保密管理规定》《涉及国家秘密的计算机信息系统分级保护管理办法》《互联网信息服务管理办法》《非经营性互联

网信息服务备案管理办法》《计算机信息网络国际联网安全保护管理办法》《中华人民共和国计算机信息系统安全保护条例》《信息安全等级保护管理办法》《公安机关信息安全等级保护检查工作规范（试行）》等。

8.2　数据加密、数字签名与身份认证技术

密码技术是一种防止信息泄露、保护信息保密性的访问控制机制，通过编码数据，使数据内容变得难以理解。早在 4 000 年前，古埃及就开始使用密码传递信息，近代历次重大战争更是促进了密码技术的发展。密码技术在政治、军事和经济等各个领域得到了非常广泛的应用，在现实生活中，人们到银行存款或取款、上网冲浪聊天、手机付款、各类应用软件的注册使用等都离不开密码，密码与人们的生活密切相关。了解一定的密码技术对保障个人财产和个人隐私安全都有很大的帮助。

8.2.1　数据加密技术

数据加密（data encryption）技术是指将一个明文信息经过加密钥匙及加密函数转换，变成无意义的密文，而接收方则将此密文经过解密函数及解密钥匙还原成明文。它是实现数据安全最经济、最有效、最可靠的手段，对数据进行加密，并结合有效的密钥保护手段，可在开放环境中实现对数据的强访问控制，从而让数据共享更安全、更有价值。随着《密码法》等“一法三规一条例”的落实，各行业对数据加密技术、产品和服务的重视程度不断提升。数据加密实现了信息的保密，即使信息被攻击者获取，也会由于看不懂而一无所获。

1. 古典密码算法

古典密码有悠久的历史，大多采用手工或机械操作来对明文进行加密和解密。尽管在科学技术高度发达的今天，这些密码大都比较简单，绝大多数已毫无安全性可言。但古典密码的基本设计思想仍然是现代密码的设计基础，在现代密码学中还有一定的意义。较为经典的古典密码算法有替换加密、棋盘密码、代码加密、变位加密、一次性密码簿等。

（1）替换密码

替换密码是按照一定的要求，将明文中的每个字符替换成另一个字符，明文中字符的位置保持不变，但其内容改变了。典型的替换密码有移位密码、单表置换密码、多表置换密码等。最著名的例子就是恺撒密码，它将明文信息中的字母在字母表上的顺序移位一定数量，例如，将明文按 S → V、E → H、C → F 等进行替换。

（2）换位密码

换位密码也称为置换密码，它改变明文中字母的位置，但明文中的字母不变。也就是说，明文中的字母保持不变，但顺序被打乱了。例如，可以将明文 sun 变换成 nus。现在所知的最古老的加密方法是在公元前 400 年，古希腊人先将纸带绕在圆筒上，然后沿圆筒水平方向在纸带上书写明文，当把纸带从圆筒上取下来后，明文字母的排列顺序就会被打

乱，成为密文，从而隐藏了其中的信息。我国古代文学中的藏头诗、回文诗也是换位密码方法的典型实例。

2. 现代密码算法

现代密码学已发展成两个重要的研究分支：一个是对称加密体制，其典型代表是 DES（数据加密标准）、AES（高级加密标准）、IDEA（国际数据加密算法）、RC4 等算法；另一个分支是公开密钥体制，也称为非对称加密体制，其典型代表是 RSA、椭圆曲线加密、NTRU 算法等。

（1）对称加密体制

对称加密算法，又称为私钥密码算法，指信息的发送方和接收方用同一个密钥去加密和解密数据。加密 / 解密过程如图 8–4 所示。

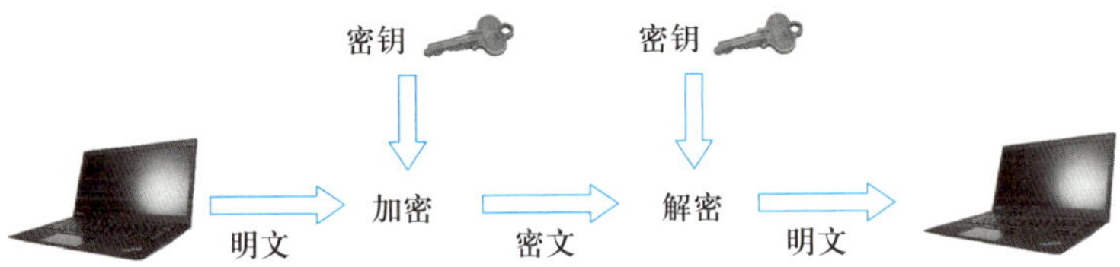

图 8–4　对称加密

对称加密算法要求发送者和接收者在安全通信之前先商定一个密钥。算法的安全性依赖于密钥的保密性，泄露密钥就意味着任何人都能对信息进行加密和解密。

对称加密的典型特点如下：

① 采用的解密算法是加密算法的逆运算，或者解密算法与加密算法完全相同。

② 加密密钥和解密密钥相同，或者加密密钥能够从解密密钥中推算出来，可以用简单的方法随机产生密钥。

③ 如果有 N 个用户，就需要 $N(N-1)/2$ 个密钥，这巨大的密钥量给密钥的分配和安全管理带来了困难。

④ 用对称加密算法传送信息时，通信双方在开始通信之前必须约定使用同一密钥，这就带来了密钥在传递过程中的安全问题，所以必须建立受保护的通道来传递密钥。

⑤ 对称加密算法不能提供法律证据，不具备数字签名功能。

⑥ 对称加密算法重要的优点是加密速度快，通常用对称加密算法加密大量的明文。

对称加密算法可分为两类，一类称为分组密码，另一类是序列密码。

① 分组密码（block cipher）。分组密码是将明文分成固定长度（通常是二进制 64 位）的组，然后用同一密钥和算法对每一组进行加密，输出密文的长度也是固定的，分组密码算法很容易用软件实现。

数据加密标准 DES 算法：是 20 世纪 70 年代由美国 IBM 公司的 WTuchman 和 C. Meyers 研制，并且于 1970 年 5 月被美国国家标准局公布为数据加密标准的分组加密算法。它在商业等领域有着广泛的应用，如在 UNIX 操作系统中就使用了 DES 算法。

DES 是对明文从右向左按顺序每 64 位分为一组（不足 64 位时在高位补 0），并按组进行加密或解密，通过初始置换，将置换后的明文分成左、右两组，每组 32 位，再进行 16 轮相同的变换，包括密钥变换，将变换后的左右两部分合并在一起，逆初始变换，输出 64 位密文，实现二进制明文的加密与解密。

高级加密标准（advanced encryption standard，AES）算法：随着计算机技术的迅猛发展和新的有效攻击算法的不断提出，加上 DES 算法存在密钥长度较短、迭代次数偏少等问题，使破译 DES 算法成为可能。2000 年 10 月 2 日，由比利时密码专家 Joan Daemen 和 Vincent Rijmen 提出的 Rindael 加解密算法被美国商务部推荐为高级加密标准算法。

AES 使用三种不同的密码：一种使用 128 位密钥，一种使用 192 位密钥，另一种使用 256 位密钥。AES 比 DES 支持更长的密钥，AES-128 的密钥个数比 DES 的 56 位密钥个数要多 1 021 倍，消除了在 DES 中会出现的弱密钥的可能性，具备安全性、可实现性及灵活性等优点。

② 序列密码（stream cipher）。序列密码也称为流密码，是对明文以单个位作为加密单位，然后将其与密钥流序列逐位进行模 2 加运算，其结果作为密文的算法。由于序列密码每次只能对一个数据比特位进行加密和解密，因此更适合用硬件实现，具备实现简单、便于硬件计算、加密和解密处理速度快等优点。

例如，明文序列 X 是一串二进制数据 $X=(101011001111000011111111)_2$，密钥 $K=(111100001111000011110000)_2$，则

加密过程：$Y=X+K(\mathrm{mod}\ 2)=(010111000000000000001111)_2$

解密过程：$X=Y+K(\mathrm{mod}\ 2)=(101011001111000011111111)_2$

通常，分组密码更适用于大小固定或预先知道的消息，如文件。在加密未知大小的数据或连续流中的数据时，例如，在网络上传输的信息，其中发送和接收的数据种类是可变的，则最好使用流密码。

（2）公开密钥体制

1976 年，美国斯坦福大学迪菲（Diffie）和赫尔曼（Hellman）在 IEEE 期刊上提出了划时代的公开密钥密码系统的概念，他们把密钥分为一对，一把密钥是用于加密的公钥，另一把密钥是用于解密的私钥，有效地解决了传统密钥密码系统通信双方密钥共享困难的缺点，并引进了创新的数字签名的观念。由于加密或签名验证密钥是公开的，故称为公钥（public key），而解密或签名产生密钥是秘密的，故称为私钥（private key）。因为公钥与私钥不同，因此又称为非对称密码系统。加密 / 解密过程如图 8-5 所示。

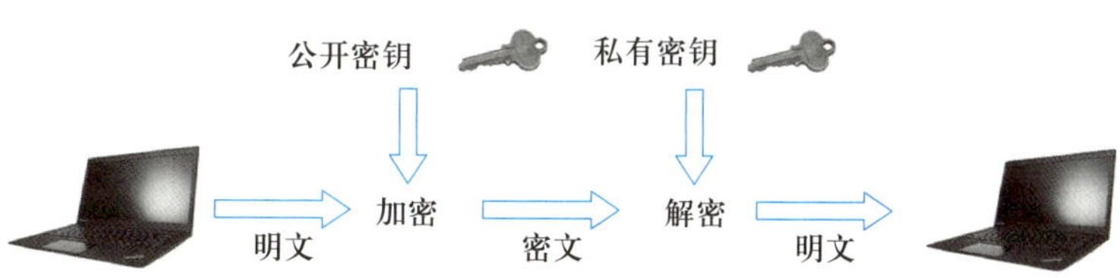

图 8-5　非对称加密

非对称加密的典型特点如下：

① 在公开密钥体制中，每个用户都有一对密钥。如果有 N 个用户，只需要 N 对密钥。由于公钥可以公开，用户只要保管好自己的私钥即可，因此密钥的分配和安全管理相对容易。

② 知道加密过程不能推导出解密过程，不能从公钥推导出私钥，或从私钥推导出公钥。或者说，如果能推导出来也是很困难的，要花很长的时间和很大的代价。

③ 用公开密钥算法传送信息时，任何需要发送加密消息的人都可以使用公钥，无须在通信双方传递密钥，也就不需要建立受保护的信息通道，这是公开密钥算法最大的优势。

④ 每个用户的私钥是唯一的，用于数字认证时，接收方（验证人）可以通过信息发送者的公钥来验证信息来源是否真实，用于数字签名时，使用发送方（签名人）的私钥加密（签名），确保发送者无法否认曾发送过该信息。

⑤ 就目前来看，非对称加密的缺点是公开密钥算法加密和解密的速度要比对称加密算法慢得多，密钥位数也较多一些。所以在实际应用中，通常将两者结合在一起使用，例如，对称加密系统用于大量数据的加密，而非对称加密系统则用于加密密钥。

典型的非对称加密算法是 RSA。密码算法是美国麻省理工学院的 Rivest、Shamir 和 Adleman 这 3 位学者于 1978 年提出的。在数论中，反运算问题往往极难求解。例如，给出两个素数 p 和 q，求两者乘积 N，即使 p 和 q 很大，计算它们的乘积仍然是可行的。但反过来，给出 N，要求出素数 p 和 q 就极为困难了。RSA 算法就利用了数论上的反运算难度原理，它是研究得最广泛的公钥密码算法，经历了各种攻击的考验，目前已经成为公钥密码的国际标准。它是第一个既能用于数据加密，也能用于数字签名的公开密钥密码算法。在 Internet 中，许多协议和应用都基于非对称加密，电子邮件收发的加密和数字签名软件 PGP 就采用了 RSA 密码算法。

3. 密码破解

有加密自然就有破译，理论上任何加密都有被破解的可能。一般情况下，密钥越长，破译的难度越大。为了破解用户加密的数据，黑客们也在钻研如何破解加密的信息。掌握基本的密码破解原理和方法，是提高信息安全的必要途径。从黑客角度来看，主要有以下三种破译密码获取明文的方法。

（1）密钥搜索

密钥搜索包括暴力破解法、字典式破解法等。

密钥暴力破解也称为密钥穷尽搜索，即通过利用大量猜测和穷举的方式来尝试获取密钥的攻击方式。虽然大多数尝试都是失败的，但总会有一个密钥让破译者得到原文。密钥暴力破解虽然可以用计算机进行，但效率很低，甚至达到不可行的程度。例如，PGP 加密算法使用 128 位密钥，因此密钥存在 2^{128} 种可能组合。即使破译计算机能每秒尝试 1 亿把密钥，每天 24 小时不停计算，可能需要 1 千多年才能完成密钥破解。如果加密系统对密钥生成的概率分布不均匀，例如，有些密钥的组合根本不会出现，而另一些组合则经常出现，那么密钥的有效长度会减小很多，破译者就可能大大加快搜索的进度。例如，用户采用 8 位数字做密码和用户采用 8 位数字的生日做密码，后者组合的可能就更少，这样就大大减少了计算的工作量。

字典式破解法指对已定义的“字典”中的每个单词进行密码测试。字典指一个包含密码组合的文件，假设黑客编制了一个有 100 万个最常用的单词的密码表，当他通过网络偷到了加密文件，就可以把加密文件和已准备好的密码数据库文件进行匹配，再观察哪个密码能匹配成功。这就是字典式密码破解法。

（2）密码分析学

如果密钥长度是决定加密可靠性的唯一因素，也就不需要密码学专家来钻研这门学问，只要用尽可能长的密钥就足够了，可惜实际情况并非如此。在不知道密钥的情况下，利用数学方法破译密文或找到密钥的方法称为密码分析。密码分析学有两个基本目标，一是利用密文发现明文；二是利用密文发现密钥。

常见密文攻击类型有唯密文破译、已知明文破译、选择明文破译、选择密文破译、选择文本破译。

（3）社会工程学方法

除了对密钥的穷尽搜索和进行密码分析外，黑客经常利用社会工程学破译密码。黑客可能针对人机系统的弱点进行攻击，而不是攻击加密算法本身，以达到目的。例如，可以欺骗用户，套出密钥；在用户输入密钥时，应用各种技术手段“窥视”或“偷窃”密钥；利用加密系统实现中的缺陷或漏洞；对用户使用的加密系统偷梁换柱；从用户工作和生活环境的其他方面获得未加密的保密信息（如“垃圾分析”）；让通信的另一方透露密钥或信息；胁迫用户交出密钥等。虽然这些方法不是密码学研究的内容，但对于每一个使用加密技术的用户来说，都是不可忽视的问题，甚至比加密算法本身更为重要。

知识扩展

密码破解系统和工具

Kali Linux 是基于 Debian 的 Linux 发行版，用户可以通过 Kali 系统官网下载后使用。用户可通过硬盘、CD 或 USB 运行 Kali Linux，它的目标用户群是那些希望从事信息安全工作的人，可能是安全性测试，也可能是漏洞利用开发或逆向工程，也可能是数字取证。Kali Linux 提供了无线攻击、嗅探和欺骗、密码攻击、硬件攻击、密码字典生成等一系列工具，预装了许多渗透测试软件，包括 nmap、Wireshark、John the Ripper、Crunch、Reaver 以及 Aircrack-ng。Crunch 是一款用于生成密码字典的工具；Aircrack-ng 是一个与 802.11 标准的无线网络分析有关的安全软件，主要功能有网络侦测，数据包嗅探，WEP 和 WPA/WPA2-PSK 密码破解；Wireshark 是一个网络包分析工具，该工具主要是用来捕获网络数据包，并自动解析数据包，为用户显示数据包的详细信息，供用户对数据包进行分析；John the Ripper 是一个快速的密码破解工具，用于在已知密文的情况下尝试破解出明文的破解密码软件，支持大多数的加密算法；nmap 是一个网络连接端扫描软件，用来扫描网上计算机开放的网络连接端；Reaver 是无线网络攻击特别是针对 WPS 漏洞的工具，Reaver 对 WiFi 保护设置（WiFi protected setup，WPS）注册的 PIN 码进行暴力攻击以恢复 WPA/WPA2 的密码，由于许多路由器制造商和 ISP 默认启用了 WPS，因此，许多路由器都很容易受到此漏洞的攻击。

8.2.2　数字签名

密码技术除了提供信息的加密解密功能外，还提供对信息来源的鉴别、保证信息的完整和不可否认等功能，而这些功能都是通过数字签名来实现的。数字签名是实现认证的重要工具之一。

1. 数字签名的含义

数字签名（digital signature）又称公钥数字签名，是通过在消息上附加一些能体现发送者身份的信息来实现的。它是只有信息的发送者才能产生的别人无法伪造的一段数字串，这段数字串同时也是对信息的发送者发送信息真实性的一个有效证明。它是一种类似写在纸上的普通的物理签名，使用了公钥加密技术来实现，用于鉴别数字信息的方法。一个数字签名算法包含两部分：签名过程和验证过程，签名是一个加密的过程，验证是一个解密的过程。

在日常生活中，许多事务如各种合同、借款、文件等都需要当事人签名，手写签名、印章、按指纹等是常见的实现手段。由于传统的手工签名一般是双方直接见面的，身份一清二楚。而在计算机应用和网络通信中，由于电子信息的可修改性和容易复制等原因，很容易发生如下问题：

① 否认：发送信息的一方不承认自己发送过某一信息。

② 伪造：接收方伪造一份文件，并声称它来自某发送方。

③ 冒充：网络上的某个用户冒充另一个用户接收或发送信息。

④ 篡改：信息在网络传输过程中已被篡改，或接收方对收到的信息进行篡改。

数字签名就可以有效地解决这些问题。

2. 数字签名的特性

数字签名机制作为保障网络信息安全的手段之一，应具有以下特性。

① 签名是可信的，可鉴别身份，任何人都应该能够验证签名的有效性。

② 防冒充，签名是无法伪造的，私有密钥只有签名者自己知道，除了合法的签名者之外，任何其他人伪造其签名都是困难的。

③ 签名是不可复制的，对一个信息的签名不能通过复制变为另一个信息的签名。如果对一个信息的签名是从别处复制得到的，则任何人都可以发现信息与签名之间的不一致，从而可以拒绝签名的信息。

④ 签名的信息是不可篡改的，例如，对于传统的手工签字，要签署一份 50 页的合同，如果仅在合同末尾签名，可能会被偷换其中的几页信息，无法保障信息的完整性。而对于数字签名，签名与原有文件已经形成了一个混合的整体数据，不可能被篡改，从而保证了数据的完整性。

⑤ 防抵赖，在数字签名体制中，要求接收者返回一个自己的签名表示收到的报文，或者引入第三方机制仲裁，保证双方均不可抵赖。

例如，张三通过智能手机上的手机银行 App 操作转账 5 万元时，银行首先要确认张三是否真的发出转账请求，而不是其他客户，银行还要确认张三是否确实要转账 5 万元，以防止客户信息通过网络传输时被修改，或防止客户事后否认自己要转账 5 万元。同时，张三也要防止转账失败，而银行却说转账成功，防止交易中的抵赖发生。

3. 数字签名的实现

数字签名技术建立在哈希摘要和公钥加密体制基础上，是公钥加密技术的应用。

数字签名通过如下的流程实现：

① 采用散列算法对原始报文进行运算，得到一个固定长度的数字串，称为报文摘要（message digest）。不同的报文所得到的报文摘要各不相同，但对相同的报文的报文摘要却是唯一的。在数学上保证，只要改动报文中任何一位，重新计算出的报文摘要值就会与原先的值不相符。

② 发送方生成报文的报文摘要，用自己的私有密钥对摘要进行加密来形成发送方的数字签名，如使用 RSA 加密算法。

③ 这个数字签名将作为报文的附件和报文一起发送给接收方。

④ 接收方首先从接收到的原始报文中用同样的算法计算出新的报文摘要，再用发送方的公开密钥对报文附件的数字签名进行解密，比较两个报文摘要，如果值相同，接收方就能确认该数字签名是发送方的，否则就认为收到的报文是伪造的或者中途被篡改了。

通常，产生报文摘要的快速加密算法被称为哈希函数，也称为散列函数，它是一种“压缩函数”，可以把任意长度的输入经由散列函数算法变换成固定长度的输出，该输出的哈希值就叫做报文摘要。

数字签名有两种功效：一是能确定消息确实是由发送方签名并发出来的，因为别人假冒不了发送方的签名。二是数字签名能确定消息的完整性，保证信息未做任何修改。因为数字签名的特点是它代表了文件的特征，文件如果发生改变，数字摘要的值也将发生变化。不同的文件将得到不同的数字摘要。一次数字签名涉及一个哈希函数、接收者的公钥、发送方的私钥。

数字签名是电子商务、电子政务中应用普遍、技术成熟、可操作性强的一种电子签名方法。它采用了规范化的程序和科学化的方法，用于鉴定签名人的身份以及对一项电子数据内容的认可。使用数字签名技术能够验证文件的原文在传输过程中有无变动，确保传输电子文件的完整性、真实性和不可抵赖性。

4. 数字证书

数字证书（digital certificate）相当于电子化的身份证明，由权威认证中心（certificate authority，CA）签发，可以用来强力验证某个用户或某个系统的身份，也可以用来加密电子邮件或其他种类的通信内容。数字证书上要有值得信赖的颁证机构的数字签名，证书的作用是对人或计算机的身份及公开密钥进行验证。数字证书可以向公共的颁证机构申请，也可以向提供证书服务的私人机构申请。

在国际电信联盟制定的标准中，数字证书内包括了申请者和颁发者的信息。其中，申请者的信息包括证书序列号（类似于身份证号）、证书主题（即证书所有人的名称）、证书的有效期限以及证书所有人的公开密钥；颁发者的信息则包括颁发者的名称、颁发者的数字签名（类似于身份证上公安机关的公章）以及签名使用的算法。

数字证书可用于发送安全电子邮件、访问安全站点、网上证券交易、网上招标采购、网上办公、网上保险、网上税务、网上签约和网上银行等安全电子事务处理和安全电子交易活动。数字证书中并不包含用户的私钥，签名用的私钥必须用户唯一持有，其他机构不能有备份。数字证书和私钥可以存储在硬盘、USB Key 等介质中，例如，当前世界上绝大多数银行的网上银行系统都是基于公开密钥体系和数字证书建立起来的，大量使用了带智能卡芯片的 USB Key。

8.2.3　身份认证技术

身份认证机制就是将每个人的身份标识出来，并确认其身份的合法性。现实世界中的身份认证可以通过出示带相片的身份证件来完成。在计算机网络世界中，传统的物理身份认证机制并不适用，如何识别用户的数字身份，如何保证这样的数字身份就是合法的操作者，身份认证技术是确认操作者身份的有效解决方法之一。

1. 基本概念

身份认证（authentication）是主体审查客体身份的过程，从而确定该客体是否具有某种资源的访问和使用权限。这里的主体和客体，可能是用户、主机、应用程序或者进程。

各种信息系统和上层应用只有通过身份认证后，才能让用户合法地访问，确定用户的权限，对系统资源进行访问和使用。因此身份认证在网络信息安全中占据着十分重要的位置，如果身份认证系统失效，那么整个信息系统将会暴露于危险之中，其他的安全措施将无法发挥任何作用。

身份认证的一般方法有以下 3 种：

① 用户所知道的东西：一个典型的例子是口令、密码认证。比如，登录操作系统，通常要输入正确的口令。

② 用户所拥有的东西：典型的例子有智能卡、身份证、护照、密钥盘等。

③ 用户所具备的生物特征：直接根据用户独一无二的体态特征来证明用户的身份，例如，指纹、笔迹、声音、DNA、视网膜扫描等。

2. 基于口令的身份认证技术

口令认证也称密码认证，它是计算机系统和网络系统中应用最早、最广泛的一种身份认证技术。“用户名 + 口令”的方式成为信息系统中最为常见的限制非法用户的手段。

（1）传统的口令认证——直接明文存储口令

用户和验证者共享一对相同的口令（sk，vk)，其中，sk 由用户存放，vk 由验证者存放，验证者通常使用数据库以明文的方式存放 vk，如表 8-1 所示。

表 8-1　验证者存放的明文口令

Zhangsan	Zh123456*!
Lisi	Li9470si
…	…

验证的过程是，当用户申请验证时，向验证者发送密钥 sk；验证者收到后，比较 sk 与 vk 是否相等。如果相等，则说明验证成功；否则，验证失败。这是最简单、易于理解的一种口令认证协议。

传统口令认证存在以下安全隐患：

① 弱口令问题。弱口令即容易被猜测到或被破解工具破解的口令。常见的弱口令包含空口令、生日信息、连续字母、连续数字、常见短语等信息。假如用户要设置 8 个字符的口令，每个字符有 256 种选择，那么该口令有 256^8 种可能。看起来，口令的选择范围非常大，应该是足够安全的。但是，人们并不会真正地随机选择口令，反而通常选择易于记忆的字符串。比如，用户会倾向选择 12345678 作为口令，而不愿意选择 5*702!a8 这样难以记忆的字符串。因此，攻击者常常会选择建立用户的口令字典，用更少的代价达到攻击的目的。

口令就相当于进入家门的钥匙，当他人有一把可以进入你家的钥匙，想想都非常可怕。研究人员发现，很多脆弱、容易破解的密码长期保持不变，只是顺序略有不同而已。如果你不想别人知道你的密码，永远不要使用这些经常被使用的弱密码。

② 口令泄露问题。口令以明文的方式存放于服务器之中，一旦被攻破，则所有口令将泄露。验证者保存着用户的大量口令，一旦存储的服务器被攻破，用户所有的口令都将丢失。口令必须秘密保存，用户和验证者都不能将密钥泄露给其他人，否则他人即可登录通过验证者的验证，从而认证成功。另外，sk 在传输过程中易遭受窃听攻击，从而使得口令泄露。

（2）改进的口令认证——基于哈希函数的口令认证

针对弱口令和服务器明文存放导致的泄露问题，一个理想的解决方案是使用哈希函数。将密码以哈希函数转换后，以加密的方式将密码与账户资料存放在一个验证表中。当用户申请验证时，向验证者发送密钥 sk；验证者收到后，先计算散列值，将该值与存储的 vk 相比较。如果相等，则说明验证成功；否则，验证失败，就相对地增加了安全性。

这种认证方式解决了明文存放问题，但仍然存在离线字典攻击问题。例如，使用著名的口令破译软件 John the ripper，破解 7 位字母组成的口令，通过 360 000 000 次猜测，在几秒时间内就能恢复 23% 的口令。2016 年，一个名为 CrackStation 的黑客小组释放了包含 15 亿个口令的字典文件。实验表明人类使用过的近一半口令出现在该文件中，几乎能破解 50% 的口令。

为提高口令的安全性，建议做到以下几点：

① 尽可能使用密码管理工具，为每个业务账户设置一个强大且单一的密码。密码管理器允许用户将各种密码安全地存储在一个数据库中。

② 更多使用可变的字符组合，在可能的情况下，引入额外的符号来增加复杂性。

③ 在用户登录时增加验证码，采用“用户 + 口令 + 验证码”方式，防止通过程序自动枚举账户。

④ 确保所有类型的验证码能够“用后即失效”，防止被重用。

⑤ 在用户登录中增加对同一 IP 地址尝试次数的限制。

⑥ 在多个账户之间使用不相同的口令，定期更换密码。

⑦ 定期对比数据库存储的密码密文值与 Top500 弱密码的密文值，不使用证件号码、电话号码、生日等容易被猜到的组合做口令。

（3）一次性口令认证

前面提到的口令通常是静态的，也就是说在一段时间内是不变的，重复使用的，因此容易受到重放攻击，即攻击者通过重放消息或消息片段达到对目标主机进行欺骗的行为。例如，假设 A 向 B 认证自己，B 要求 A 提供账户和密码作为身份信息。但是，C 截获了两人的通信内容，并记下账户和密码。在 A 和 B 完成通信后，C 联系了 B，假装自己是 A，当 B 要求 C 提供账户和密码时，C 将 A 的账户和密码发出，B 就可以认为和自己通信的人是 A。

20 世纪 80 年代初，针对静态口令认证的缺陷，美国科学家 Leslie Lamport 首次提出了利用散列函数产生一次性口令的思想，即用户每次登录系统时使用的口令是变化的。1991 年贝尔通信研究中心用 DES 加密算法首次研制出了基于一次性口令思想的挑战 / 应答（challenge/response）式动态密码身份认证系统 S/KEY。之后，更安全的基于 MD4 和

MD5 散列算法的动态密码认证系统也开发出来。为了克服“挑战 / 应答式动态密码认证系统”使用过程烦琐、占用过多通信时间的缺点，美国著名加密算法研究实验室 RSA 研制成功了基于时间同步的动态密码认证系统 RSA SecurID，RSA 公司也由此获得了时间同步的专利。

一次性口令是变动的密码，其变动来源于产生密码的运算因子是变化的。一次性口令的产生因子一般都采用双运算因子，一是用户的私有密钥，它代表用户身份的识别码，是固定不变的。二是变动因子，不断变化，才产生了一次性口令。采用不同的变动因子，形成了不同的一次性口令认证技术，常采用基于时间因素或哈希函数而设计。基于时间的一次性口令认证技术是把流逝的时间作为变动因子，每隔一小段时间就更新一次，例如，每 60 秒变化一次。

3. 基于智能卡的身份认证技术

智能卡是一种内置集成电路的芯片，主要由微处理器、程序存储器（ROM）、临时工作存储器（RAM）、用户存储器（目前多为 EEPROM）、输入输出接口、安全逻辑及加密解密运算协处理器等组成，具有存储功能和信息处理功能。智能卡的硬件就是一个小型的微处理器系统，只是在安全方面有更多的设计；而软件系统监控程序或操作系统是智能卡实现其安全性的关键。

智能卡由合法用户随身携带，登录时将智能卡插入专用的读卡器读取其中的信息，以验证用户的身份。智能卡内存有口令、密钥、数字证书、生物特征等秘密信息，根据应用类型，智能卡可分为接触式智能卡、非接触式智能卡和双界面智能卡。

接触式智能卡是最早的应用形式，也是目前使用最多的智能卡。按触式智能卡的芯片封装在 PVC 卡片中，芯片外露，需与卡槽等读卡设备接触才可读写数据，如学校食堂用的饭卡等。

非接触式智能卡的芯片内装有一根射频天线，通过天线在卡片和读卡器之间通信，如门禁卡、公交卡等。

双界面智能卡是将接触式和非接触式智能卡合二为一的两用智能卡，典型的代表是银行卡。它有裸露的类似 SIM 手机卡的铜片和闪付标识，属于磁条卡、非接触式 IC 卡和接触式 IC 卡的混合卡。

基于智能卡的身份认证技术将智能卡内置的信息作为独一无二的证据，起到了通行令牌的作用，现今智能卡的主流形式为 IC 卡、USB Key 等。

IC 卡是一种内置了集成电路芯片的卡片，芯片中存储了身份认证所需的用户身份信息。IC 卡由专门的厂商制造，是不可复制的硬件设备。用户在需要登录系统时将 IC 卡插入读卡器中读取其中存储的用户身份信息来检测用户身份是否合法。IC 卡具有以下特点：一是可靠性高，IC 卡具有防磁、防静电、防机械损坏和防化学破坏等能力，信息可保存 100 年以上，读写次数在 10 万次以上，至少可用 10 年；二是安全性好；三是存储容量大；四是类型多。从全球范围看，IC 卡的应用范围已不再局限于早期的通信领域，而广泛地应用于金融财务、社会保险、交通旅游、医疗卫生、政府行政、商品零售、休闲娱乐、学校管理及其他领域，如校园智能一卡通、小区智能一卡通、办公大楼智能一卡通、酒店智能一卡通等。

USB Key 是一种基于 USB 接口的硬件存储设备，它内置单片机或智能卡芯片，有一定的存储空间，客户端登录时所需的认证信息（如用户名、密码、QQ 号、邮箱地址、电话号码、身份证号等）均可写入其内。可以写入算法，也可写入代码，利用 USB Key 内置的密码算法可实现对用户身份的认证。当前绝大部分银行的网上银行系统都是基于公开密钥体系（PKI）和数字证书建立起来的，大量使用带有智能卡芯片的 USB Key。例如，中国工商银行的通用 U 盾，如图 8-6 所示。

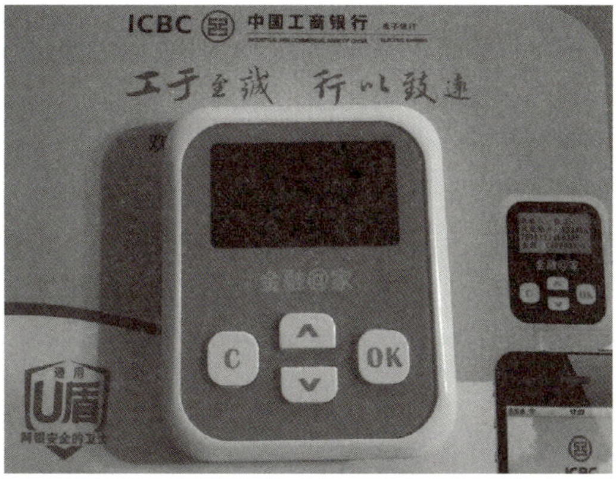

图 8-6　中国工商银行的通用 U 盾

为了防止 USB Key 不慎丢失而可能被他人盗用，USB Key 中通常都设置有保护密码，即通常所说的个人识别号码（personal identification number，PIN）。这就意味着使用该私钥不仅需要物理上获得其存储介质 USB Key，且需要知道其保护密码，这就是双因子认证。USB Key 取代传统的“用户名 + 密码”的登录方式，实现了插上 Key 才能登录网站或应用系统的目标。

智能卡具有以下特点：

① 强大的运算处理能力。智能卡支持浮点运算库、数学函数库、安全服务库、标准输入和输出库等，这些对提高加密强度（如公开密钥运算）起着至关重要的作用。

② 信息记录的高可靠性与高安全性。智能卡芯片能够有效抵御电子探测攻击和物理攻击。智能卡在硬件设计阶段就提了完善的安全保护措施。

③ 芯片自锁功能。软件对芯片的访问首先由 PIN 码保护，PIN 码的尝试次数可由软件开发商设定。当非法用户使用字典攻击时，如果尝试次数超过设定值，芯片会自我锁定，外界一切对芯片的操作均被停止。

④ 高保密性。智能卡芯片具有全球唯一序列号，不可更改。这可以杜绝冒用的情况发生，同时也可以对已发行的产品进行有效管理。

⑤ 便于随身携带，相对价格便宜。

智能卡也存在安全威胁：智能卡易被丢失，一旦智能卡丢失或被窃取，用户同样面临口令猜测攻击；智能卡存储的数据并不是绝对安全的，也容易遭受旁路攻击或者能量攻击等。

4. 基于生物特征的身份认证技术

基于生物特征的身份认证技术是指通过唯一的可测量的生物特征（如指纹、虹膜、脸部、掌纹等）作为识别身份依据的身份认证技术，采用计算机强大的计算功能和网络技术进行图像处理和模式识别。生物特征因其具有是人类特有的、唯一的、稳定的且不可复制的特性，成为一种相当安全、可靠和有效的身份认证方式。同时，生物特征具有不用记忆、不易被伪造或被窃取、随身“携带”及随时可用等优点，相对于口令认证和智能卡认证，更加方便。

基于生物特征的身份认证大多进行了这样 4 个步骤：抓图、抽取特征、存储数据、比较和匹配。生物识别系统捕捉到生物特征的样品，唯一的特征将会被提取并且被转化成数字的符号。这些符号可能被存储在识别系统中，也可能在各种各样的存储器中，如计算机的数据库、智能卡或条码卡中，人们同识别系统交互进行他或她的身份认证，以确定匹配或不匹配。

生物特征分为行为特征和身体特征，其中，行为特征包括签名、语音、行走步态等；身体特征包括指纹、掌型、虹膜、视网膜、人体气味、脸型、血管纹理和 DNA 等。通常又将使用这些生物特征的识别技术分为次等生物识别技术、高等生物识别技术和深奥生物识别技术。次等生物识别技术包括掌型识别、脸型识别、签名识别和语音识别；高等生物识别技术包括指纹识别、虹膜识别和视网膜识别；深奥生物识别技术包括血管纹理识别、人体气味识别和 DNA 识别。其中，指纹识别和人脸识别是现阶段最常使用的基于生物特征的身份识别技术。

常见的生物特征认证技术有以下几种。

（1）指纹识别技术

指纹识别技术是现在用得最多的身份鉴别方式。随着技术的发展，在计算机、手机等电子设备上都具有了指纹识别采集器。指纹是指人的手指末端的纹路。人的指纹特征各有差别，指纹识别就是根据指纹的细节特征的不同来进行识别。指纹识别技术中，在两枚指纹中只要判断有相同特征点一致（根据不同的指纹识别算法以及使用的场合确定），即可认为是相同指纹。指纹识别技术现在已经广泛应用于门禁、企业考勤等身份识别领域，如图 8-7 所示。

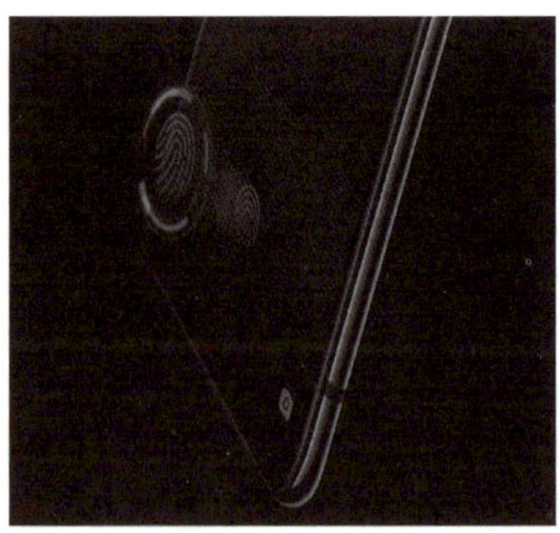

图 8-7　指纹识别

（2）虹膜识别技术

人眼的虹膜位于巩膜和瞳孔之间，和指纹一样，也包含了千差万别的纹理信息，如图 8-8 所示。虹膜识别技术是利用虹膜终身不变性和差异性的特点来识别身份的。虹膜识别技术与相应的算法结合后，可以达到十分优异的准确度，即使全人类的虹膜信息都录入到一个数据中，出现认假和拒假的可能性也相当小。采用虹膜识别技术识别率较高，也比较方便，还能克服指纹磨损的缺点，并且能克服指纹识别存在的一些指纹特征被窃取或者采用指模冒充的问题。

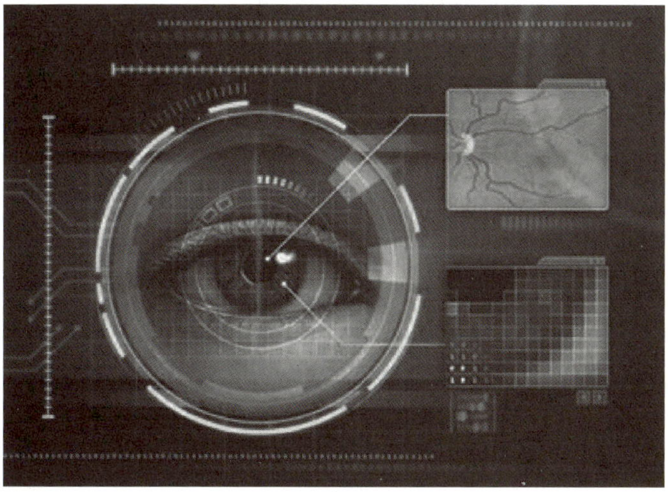

图 8-8　虹膜识别

（3）语音识别技术

每个人讲话都是鼻腔、胸肺、声道和口舌的多重配合，因此人的语音也是唯一的。语音识别（图 8-9）就是让机器通过识别和理解过程把语音信号转变为相应的文本或命令的技术，主要包括特征提取技术、模式匹配准则及模型训练技术三个方面。它是一门交叉学科，所涉及的领域包括信号处理、模式识别、概率论和信息论、发声机理和听觉机理、人工智能等。近二十年来，语音识别技术取得显著进步。

图 8-9　语音识别

语音识别技术逐步进入到工业、家电、通信、汽车电子、医疗、家庭服务、消费电子产品等各个领域。常见的应用系统有语音输入系统，相对于键盘输入方法，它更符合人的日常习惯，也更自然、更高效；语音控制系统，即用语音来控制设备的运行，相对于手动控制来说更加快捷方便，可以用在诸如工业控制、语音拨号系统、智能家电、声控智能玩具等许多领域；智能对话查询系统，根据客户的语音进行操作，为用户提供自然、友好的数据库检索服务，例如，订票系统、医疗服务、银行服务等。目前，语音识别在移动终端上的应用最为热门，语音对话机器人、语音助手、互动工具等层出不穷。

（4）人脸识别技术

人脸识别是基于面相特征，如眼睛、眉毛、鼻子、耳廓、嘴唇和下颚等的形状、尺寸、位置、表面温度和它们相互间的位置关系等进行身份识别的技术。利用分析比较的计算机技术识别人脸，包括人脸追踪侦测、自动调整影像放大、夜间红外侦测、自动调整曝光强度等技术。

人脸识别技术的优点是，非接触的，用户不需要和设备直接接触；非强制性，被识别的人脸图像信息可以主动获取；并发性，即实际应用场景下可以进行多个人脸的分拣、判断及识别。人脸识别技术的弱点是，对周围的光线环境敏感，可能影响识别的准确性；人体面部的头发、饰物等遮挡物，人脸变老等因素，导致需要进行人工智能补偿做修正。

人脸识别在信息安全如计算机登录、电子政务和电子商务等领域就可以做到当事人在网上的数字身份和真实身份统一，从而大大增加电子商务和电子政务系统的可靠性；企业、住宅安全和管理，如人脸识别门禁考勤系统、人脸识别防盗门等；自助服务，如银行的自动提款机，应用人脸识别就会避免被他人盗取现金现象的发生；电子护照及身份证；公安、司法和刑侦，如利用人脸识别系统和网络，在全国范围内搜捕逃犯。人脸识别如图 8-10 所示。

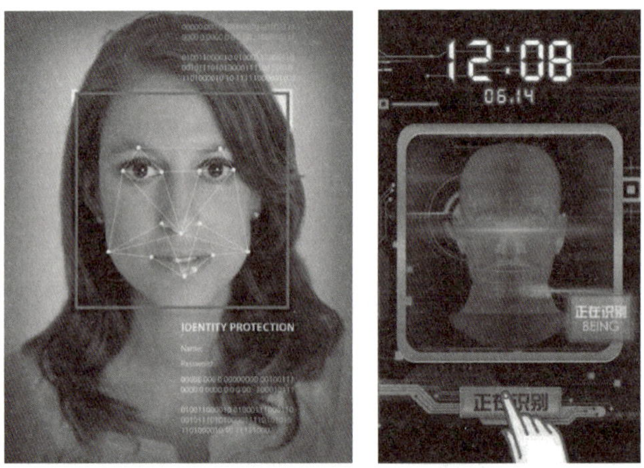

图 8-10　人脸识别

（5）其他生物特征识别技术

除了前面常见的几种生物特征识别技术外，还有笔迹识别、手形识别、DNA 基因识别等。

笔迹识别是一种公认可靠且容易被接受的身份识别技术。在日常生活中，利用笔迹鉴定身份仍然是最为普遍的方法，如信用卡交易、各类合同文本签名等。但随着环境、年龄、性情等的改变，笔迹也会改变。

手形识别是基于人手的特征，如手的形状、长度、宽度、厚度等进行身份识别的技术。人类手形的立体形状如同指纹一样，每个人都互不相同，因此可以作为身份识别的特征。该技术的主要缺点是手形生理特征的永久性不强，其特征可能会随人的成长而有所变化，难以达到较高的准确度。

基因识别是利用每个人具有的独一无二的遗传基因，它存在于人类细胞核的 DNA 上，运用现代高科技手段，可以对其进行精确的分析和测定。DNA 基因识别技术被认为是迄今为止最准确的生物识别方法之一。由于该技术需要昂贵的设备，完成鉴定所花费的时间也较长，目前多用于亲子鉴定、罹难人员身份认定等。

与其他身份认证技术相比，生物认证技术具有以下特点：

① 随身性：生物特征是人体固有的特征，与人体是唯一绑定的，具有随身性。

② 安全性：人体特征本身就是个人身份的最好证明，可满足更高的安全需求。

③ 唯一性：每个人拥有的生物特征各不相同。

④ 稳定性：指纹、虹膜等人体特征不会随时间等条件的变化而变化。

⑤ 方便性：生物识别技术不需记忆密码与携带使用特殊工具（如钥匙），不会遗失。

⑥ 可接受性：使用者对所选择的个人生物特征及其应用愿意接受。

尽管生物特征具有很多优点，其仍然存在以下缺陷。

① 生物特征具有模糊性。所谓模糊性，是指即使对同一个人提取同一种生物特征，每次提取的生物特征也可能不完全相同。

② 生物特征不可再生且涉及用户隐私，一旦原始生物信息丢失后就不能再生。

8.3 其他常用信息安全技术

在网络信息安全保卫战中，常常会通过漏洞扫描、网络防火墙、安全管理、运行隔离等技术，将威胁抵挡在系统之外，保障系统内部的安全。

8.3.1 漏洞扫描

信息安全工作是防守和进攻的博弈，及时、准确地审视信息系统中的弱点，检查信息平台的漏洞和问题，及时堵漏，让信息安全威胁“进不来”，才能在这场信息安全战争中，抓住先机，立于不败之地。由于网络管理员需要面对大量的主机、网络、用户、设备、审计文件以及潜在的大量入侵行为和手段，安全性弱点和漏洞的发现和保护仅仅依靠人力是不能解决的。因此，必须提供一种高效的网络安全性隐患扫描的工具，通过它能自动发现网络系统的弱点，以便管理员能够迅速有效地采取相应的措施。

漏洞扫描技术是通过扫描等手段对指定的远程或者本地计算机系统的安全脆弱性进行检测，发现可利用的漏洞的一种安全检测行为。

漏洞扫描是一种主动的防范措施，它和防火墙、入侵检测系统互相配合，能够有效提高网络的安全性。其原理是采用模拟黑客攻击的形式对目标可能存在的已知安全漏洞和弱点进行逐项扫描和检查。目标可以是工作站、服务器、交换机、数据库应用等各种对象。根据扫描结果向系统管理员提供周密可靠的安全性分析报告，网络管理员能了解网络的安全设置和运行的应用服务，及时发现安全漏洞，客观评估网络风险等级；根据扫描的结果更正网络安全漏洞和系统中的错误设置，有效避免黑客攻击，做到防患于未然。

漏洞扫描包括针对网络系统的扫描、针对个人计算机系统的主机扫描、针对数据库的扫描等不同种类。很多正规个人信息安全产品中均集成了针对个人计算机系统的漏洞扫描工具和打补丁工具，很多黑客网站提供对网络系统的漏洞扫描工具。专业安全厂商则提供更高级、价格不菲的、性能强劲的扫描工具。

对于普通用户而言，应坚持定期安装新的网络扫描工具软件、启动自我漏洞扫描，尽可能早地发现安全漏洞并进行修补，最大可能地消除安全隐患。针对个人计算机系统的漏洞扫描结果通常有以下几种。

① 推荐：表示系统已存在漏洞，需要安装补丁来进行修复，对于计算机安全十分重要。因此推荐的补丁应尽快进行安装。

② 可选：表示对于自身计算机的情况进行有选择性的修复，对于这类补丁，用户应在对计算机自身情况有着充分的了解后再来进行选择性的修复。

③ 不推荐：表示如果修复这些补丁，有可能引起系统蓝屏、无法启动等问题。因此对于这些漏洞，建议大家不要修复，以免引起更大的计算机故障。当然这些漏洞往往也是对计算机没有太大损害的。

8.3.2 防火墙技术

1. 防火墙的概念

防火墙（fire wall）的本意是指房屋之间修建的可以用来防止火焰蔓延到别的房间的墙体。在信息安全技术领域，防火墙是隔离在内部网与外部网之间的一道防御系统，在两个网络之间实施访问控制策略，解决内网和外网之间的安全问题，用于防止网络外部恶意攻击的安全隔离和访问控制技术。其中，防火墙内的网络一般称为“可信赖的网络”，而外部的因特网称为“不可信赖的网络”，如图 8-11 所示。

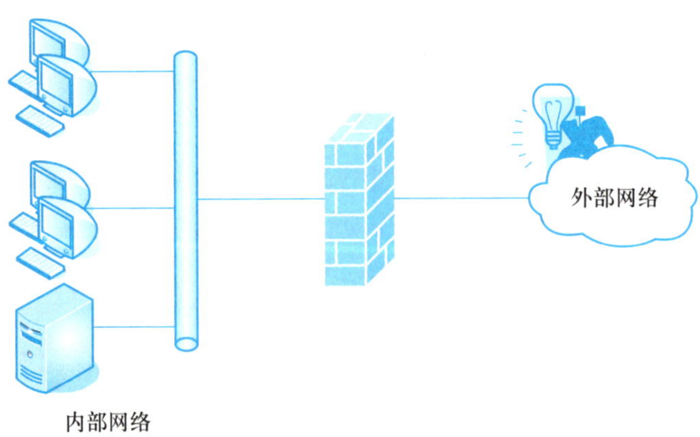

图 8-11　防火墙示意图

防火墙借助硬件和软件的作用在内部和外部网络的环境间产生一种保护屏障，从而实现对计算机不安全网络因素的阻断。只有在防火墙同意的情况下，用户才能够进入计算机内，如果不同意就会被阻挡于外。防火墙可以监测和限制通过防火墙的数据流，从而尽可能地对外部网络屏蔽内部网络的信息，以此来解决内部网络和外部网络的安全性问题，实现网络的安全保护。

防火墙还能根据企业的安全政策控制出入网络的信息流，且本身具有非常强的抗攻击免疫力，是提供信息安全服务、实现网络和信息安全的基础设施。在计算机网络安全中，防火墙技术得到了广泛应用。

2. 防火墙的功能

防火墙是内部网和外部网之间信息的唯一出入通道，应具备以下功能：

① 所有内部网络和外部网络之间交换的数据必须经过该防火墙。

② 只有防火墙安全策略允许的数据，才可以出入防火墙，防止内部信息的外泄。

③ 防火墙本身受到攻击后，应当仍然能稳定有效地工作。

④ 防火墙应当可以有效地记录和统计网络的使用情况。

⑤ 防火墙应当有效地过滤、筛选和屏蔽一切有害的服务和信息。

⑥ 防火墙应当能隔离网络中的某些网段，防止一个网段的故障传播到整个网络。

⑦ 防火墙应当能支持内部网络技术体系 VPN。

3. 防火墙的类型

防火墙可分为硬件防火墙和纯软件防火墙。硬件防火墙可以是一台独立的硬件设备，也可以在一台路由器上经过软件配置使其成为一台具有安全功能的防火墙。纯软件防火墙，如 360 杀毒软件附带的个人防火墙软件、Windows 自带的防火墙软件等。一般来说，软件防火墙功能强于硬件防火墙，硬件防火墙性能高于软件防火墙。目前市场上大多数企业级防火墙都是硬件产品，普通用户使用的个人防火墙是软件防火墙，安装在用户所使用的计算机中。

按照防火墙的实现技术，也可将其分为包过滤型防火墙、代理型防火墙或混合型防火墙。企业级的包过滤防火墙型产品有以色列的 Checkpoint 防火墙、美国 Cisco 公司的 PIX 防火墙，企业级代理型防火墙的典型产品有美国 NAI 公司的 Gauntlet 防火墙。

我国的硬件防火墙主要产品有天融信公司的网络卫士防火墙、山石网科的防火墙等。天融信公司于 1996 年 6 月研制出我国第一套自主版权的防火墙系统，填补了国内空白。随后几年，天融信公司相继推出了 5 个系列适合不同客户需求的技术领先的防火墙产品。同时，天融信公司推出了和国际同步的 VPN 解决方案、先进的审计类产品、安全管理类产品等。2001 年，天融信公司推出了国内安全界的技术标准——TOPSEC 协议，通过这个协议，天融信公司与许多业界领先合作伙伴为政府、金融、电信、能源、交通、军队、教育等各行各业的客户提供优秀的 TOPSEC 解决方案，保障从网关到桌面，从局域网到广域网的高度安全。

（1）包过滤型防火墙

包过滤型防火墙是最古老也最简单的防火墙技术，也称为网络层防火墙，顾名思义就是对网络数据包进行过滤。它根据数据包头源地址、目的地端口号和协议类型等标志确定是否允许通过。只有满足过滤条件的数据包才会被转发到相应的目的地，其余数据包则被从数据流中丢弃。

包过滤是一种通用有效的安全手段，它不针对各个具体的网络服务采取特殊的处理方式，因此适用于所有网络服务。但是由于包过滤防火墙会对每一个数据包进行单独检查，而不是与组成流量的其他数据包一起检查，因此攻击者会通过发送覆盖多个数据包的流量来突破此类防火墙。

（2）代理型防火墙

代理型防火墙是专门针对应用程序的防火墙，也称为应用层防火墙。特点是完全阻隔了网络通信流，通过对每种应用服务编制专门的代理程序，实现监视和控制应用层通信流的作用。

代理型防火墙最突出的优点是安全，工作在最高层，可以对网络中任何一层的数据通信进行筛选保护，而不像包过滤，只是对网络层的数据进行过滤。

代理型防火墙的最大缺点是速度相对较慢。当用户网关吞吐量要求比较高时，代理型防火墙就会成为内部网络与外部网络之间的瓶颈。

（3）下一代防火墙

Palo Aito Networks 公司在 2008 年发布了下一代防火墙，采用 App-ID、User-ID 和 Content-ID 这三种独特的识别技术，针对应用程序、用户和内容实现前所未有的可视化和控制能力。这三种识别技术已运用于每个 Palo Alto Networks 防火墙，让企业能够安全放心地使用应用程序，同时，通过设备整合可大幅降低总成本。

下一代防火墙包含的功能如下：

涵盖传统防火墙功能：数据包过滤、网络地址转换（NAT）、协议状态检查以及 VPN 等功能。

采用集成式入侵防御系统（IPS）：支持基于漏洞的签名与基于威胁的签名，IPS 与防火墙的互动效果应当大于这两部分效果的总和。

基于应用识别的可视化：下一代防火墙最重要的功能就是要能够正确地理解、解码以及分析应用流量来检测已知或未知威胁。下一代防火墙依托于 DPI 技术，能够有效地识别具体的应用，并根据应用之间细微的变化做出恰当的策略决策。任何高效的下一代防火墙必须支持细颗粒度的应用策略部署及管控。相比传统防火墙大多数基于 CLI 的配置及管理，下一代防火墙大多数支持 Web 管理界面，提供基于应用和流量的可视化，可以直观地呈现网络中应用以及威胁的变化，便于运维及管理。

智能防火墙：可收集防火墙外的各类信息，用于改进阻止决策，或作为优化阻止规则的基础。比如，利用目录集成来强化根据用户身份实施的阻止或根据地址编制黑名单与白名单。

4. 防火墙的不足

防火墙技术不能解决所有的安全问题，它存在以下不足之处：

① 防火墙不能防范不经过防火墙的攻击。例如，内部网络用户如果采用拨号上网的接入方式（如 PSTN、ADSL），则绕过了防火墙系统所提供的安全保护，从而造成了一个潜在的后门攻击渠道。

② 防火墙不能防范恶意的知情者或内部用户错误操作造成的威胁以及由于口令泄露而受到的攻击。

③ 防火墙不能防止受病毒感染的软件或木马程序文件的传输。由于病毒、木马程序、文件加密、文件压缩的种类繁多，而且更新很快，所以防火墙无法逐个扫描每个文件以查找病毒。

④ 由于防火墙不检测数据的内容，因此防火墙不能防止数据驱动式的攻击。有些表

面看来无害的数据或电子邮件在内部网络主机上被执行时，可能会发生数据驱动式攻击。例如，一种数据驱动式攻击可以修改主机系统与安全有关的配置文件，从而使入侵者下一次更容易攻击这个系统。

⑤ 物理上不安全的防火墙设备、配置不合理的防火墙以及防火墙在网络中的位置不当等，都会使防火墙形同虚设。

8.3.3　防病毒和反病毒技术

随着计算机应用的快速发展与普及，计算机病毒已经威胁到各行各业，不断带来一次又一次的灾难，造成大量的经济损失和破坏。

1. 计算机病毒的概念

20 世纪 80 年代初期，美国著名的计算机病毒研究专家 F・Cohen 博士率先提出了“计算机病毒”这一概念。在《中华人民共和国计算机信息系统安全保护条例》中，计算机病毒被给予了明确的定义，即计算机病毒是指编制者在计算机程序中插入的破坏计算机功能或者破坏数据，影响计算机使用并且能够自我复制的一组计算机指令或者程序代码。

美国人 Thompson 于 1984 年设计出了破坏 UNIX 操作系统的病毒程序。1988 年 11 月 2 日，美国康奈尔大学研究生罗特・莫里斯向 Internet 中投放了蠕虫病毒。这种病毒在 Internet 中迅速扩散，导致了大批计算机的瘫痪，甚至波及众多的欧洲网络用户，造成了几千万美元的直接经济损失。

类似自然界中的生物病毒，计算机病毒具有强大的复制能力，能够迅速地蔓延到网络上的每一台计算机。病毒能够将自己隐藏在各种类型的文件上，当用户复制感染了病毒的文件后，病毒就伴随着文件的副本蔓延开来。此外，某些计算机病毒能够利用被污染的程序传送病毒的载体，当用户发现病毒载体似乎仅仅表现在文字或图像上时，它们可能已经损坏了文件、再格式化了用户的硬盘驱动器或引发了其他类型的灾害。

2. 计算机病毒的特征

随着计算机技术的高速发展，计算机病毒也得到了广泛的发展，到目前为止，计算机病毒（包括各种木马）已经多达数十万种，加上各种病毒所表现出来的变种数目，病毒的种类将更大。但对于所有的计算机病毒而言，它们都具有一些共同的特征。

（1）传染性

传染性指计算机病毒可以将病毒本身和其变种传染到其他程序上。计算机病毒一旦进入计算机并得以执行，它会搜寻符合其传染条件的程序或存储介质，确定目标后再将自身代码插入其中，达到自我繁殖、相互传染的目的。计算机中毒之后若得不到及时的处理，病毒会在该台计算机上迅速扩散，甚至会通过网络造成大规模的计算机感染。

（2）破坏性

任何计算机病毒只要侵入计算机系统，都会对系统及应用程序产生不同程度的影响。良性病毒对计算机系统产生的破坏性轻微，可能只显示些搞笑图片或无意义的语句及发出嘟嘟声等，只会浪费计算机的资源，恶性病毒的危害可导致系统崩溃，甚至导致硬件的损伤。如 CIH 病毒是计算机历史上产生破坏性最强的病毒之一，CIH 病毒导致硬盘数据全部丢失，甚至 BIOS 信息也会被彻底破坏，主机无法启动。

（3）可触发性

病毒侵入计算机后，就像一个逻辑“炸弹”，一般不会立即发作。只有当病毒发作的条件成熟时，病毒才可能被激发，从而处于活动状态，进行破坏活动。

（4）隐蔽性

计算机病毒是具有很高编程技巧的短小精悍的程序代码，它可以隐藏在可执行程序或者其他数据文件中，一般附在正常程序中或磁盘较隐蔽的地方，也有个别的以隐含文件形式出现。另外，尽管计算机系统已经感染了病毒，但是系统中的程序仍然能够正常运行，这种假象对计算机用户来说具有很强的欺骗性，用户难以觉察病毒的存在。如果不经过代码分析，病毒程序与正常程序是不容易区别的。一旦病毒发作的条件成熟，它将在用户防不胜防的情况下爆发。比如，“黑色星期五”病毒在每月 13 号恰好是星期五的时候发作；国内的“上海一号”病毒会选择在每年 3 月、6 月、9 月的第 13 天发作。

（5）寄生性

计算机病毒一般都依附于其他文件或者程序而存在，当打开或执行这个文件或者程序时，病毒就会发作。

（6）衍生性

计算机病毒的衍生性指的是掌握某种计算机病毒原理的人可以对病毒进行改动，从而又衍生出一种不同于原版本的新的计算机病毒。

（7）不可预见性

对众多的反病毒软件而言，计算机病毒还有不可预见性。不同的病毒设计者设计的病毒代码千差万别，计算机病毒总是先于反病毒软件出现的。

3. 计算机病毒的分类

计算机病毒根据分类标准不同，可以有不同的分类方法。

① 按病毒破坏程度来分，可以把计算机病毒分为良性病毒和恶性病毒。

良性病毒基本没有任何破坏动作，只是会占用一定的系统资源，但是用户不要轻视良性病毒对计算机系统造成的危害，它会降低计算机系统的运行效率，耗费内存资源和磁盘存储空间。国内出现的“圆点”病毒就属于典型的良性病毒。

恶性病毒会对计算机系统产生直接的破坏作用，破坏数据、删除文件、加密磁盘、格式化磁盘等，有的甚至会损伤硬件，造成不可挽回的损失。它们是计算机病毒防治的重点。近几年比较典型的恶性病毒有“爱你”“熊猫烧香”“红色代码”“网络游戏小偷”“巨大”“MyDoom”“爆炸”等。

② 按病毒侵入的操作系统来分，可以将计算机病毒分为侵入 DOS 系统病毒、侵入 Windows 系统病毒、侵入 UNIX 系统病毒、侵入 Linux 系统病毒以及侵入 0S/2 系统病毒等。

操作系统型病毒传染的目标为操作系统中的一些程序和程序模块。一般来说，作为计算机操作系统的一部分，只要计算机开机，操作系统型病毒就处于随时被触发的状态。计算机操作系统的开放性和不完整性为这类病毒的产生与传染创造了基础条件。“黑色星期五”病毒是常见的 DOS 病毒，CIH 病毒便是 Windows 病毒家族中的一员。

③ 按病毒寄生方式和传染对象来分类，可以将计算机病毒分为引导型病毒、文件型病毒、宏病毒以及混合型病毒等。

磁盘引导区传染的病毒是用自身的部分或全部逻辑来替代正常的引导记录的，同时将正常的引导记录隐藏在磁盘的其他区域。由于计算机读取磁盘首先要读取其引导区，因此这种病毒在系统启动时就能轻易地获得计算机的控制权。如果磁盘上被隐藏的正常引导记录没有及时地得到保护，那么在磁盘写入的过程中正常引导记录就会被破坏。

文件型病毒是病毒寄生、感染于可执行文件中，一旦可执行程序被执行，寄生在其中的病毒就会被激活。病毒程序首先被执行，然后常驻内存，通过设置病毒的触发条件进行大范围的传播。

宏病毒寄生于 Word 文档或模板的宏中。一旦用户打开包含宏病毒的文档，宏病毒就会被激活并转移到用户计算机的 Normal 模板中。如此一来，计算机用户自动保存的 Word 文档就会携带这种宏病毒。更糟糕的是，如果其他的用户在自己的计算机中打开了已经感染这种宏病毒的 Word 文档，宏病毒就会轻易地转移到此用户的计算机中。

混合型病毒同时具有引导区型病毒和文件型病毒的特征，攻击对象为存储在硬盘中的文件和硬盘引导扇区两种目标。混合型病毒通常都具有加密和变形算法，使用非法的途径入侵计算机系统，危害性更大。

④ 按病毒的功能来分，可以将计算机病毒分为感染型病毒、蠕虫型病毒、后门程序和木马病毒等。

感染型病毒入侵计算机系统，首先将病毒代码添加到宿主文件上，两者同时在计算机系统中运行。这种病毒具有较强的欺骗性，因为感染型病毒隐藏在宿主文件中，宿主文件的功能没有消失，因此用户不能简单地将染毒文件删除，只能清除病毒。这类病毒清理起来比较困难，因此它的危害性最大。

蠕虫病毒的传播载体众多，如操作系统漏洞、电子邮件、局域网中可共享的目录、文件传输软件、移动存储设备等。例如，IM 病毒利用即时通信作为载体进行传播；Mail 病毒借助电子邮件进行传播；QQ 病毒借助 QQ 软件进行传播。这类病毒的传播媒介广泛，传播能力强，它的危害等级仅次于感染型病毒，位居第二。“熊猫烧香”“红色代码”是蠕虫病毒的典型代表。

后门程序是指在用户不知情的情况下，对被感染的系统进行远程操纵。由于这种程序在运行时隐藏了自身，因此用户很难通过常规的手段阻止其非法活动，它的危害等级为第三。

⑤ 按病毒的链接方式来分，可以将计算机病毒分为源码型病毒、嵌入型病毒、操作系统型病毒、外壳型病毒。

源代码病毒将该病毒代码插入到高级语言所编写的源代码中，病毒代码经过编译后将构成合法程序的一部分。

嵌入型病毒将自身嵌入到正常程序中。

外壳型病毒并不修改正常程序，而将自身像外壳一样包裹在正常程序周围，改变正常文件的大小。

操作系统型病毒破坏力很强，用预先编写好的病毒代码加入或代替部分操作系统代码进行工作，可以导致整个计算机操作系统瘫痪。

⑥ 按病毒的传播媒介来分，计算机病毒可以分为单机型病毒和网络型病毒两种。

单机型病毒的传播媒介是磁盘。通常情况下，单机型病毒按照以下的方式进行传播：病毒首先传染移动存储设备（如 USB 盘、移动硬盘）；移动存储设备上的病毒再传染固定存储设备（计算机硬盘），从而进一步地传染计算机系统；计算机系统上的病毒再传染其他的移动存储设备，这些被传染的移动存储设备进而再去传染其他的计算机系统。典型的单机型病毒有 CIH 病毒。

网络型病毒通过计算机网络进行传播，攻击对象为网络中的可执行文件。网络信息传播的快捷性导致了这种病毒具备更强的传染能力和破坏性。典型的网络型病毒有“尼姆达”病毒。

4. 计算机木马

什么样的程序是计算机木马？正像历史上的“特洛伊木马”一样，被称为“木马”的程序也是一种掩藏在美丽外表下侵入计算机内部的东西。确切地说，“木马”是一种经过伪装的欺骗性程序，它通过将自身伪装吸引用户下载执行，从而破坏或窃取使用者的重要文件和资料。

从广义上说，木马也是病毒的一种，因为它们都具有潜伏性和触发性。但是，木马程序与一般的病毒又有不同，它不会自我繁殖，也并不“刻意”地去感染其他文件。它的主要作用是打开用户计算机的门户，可以任意毁坏、窃取用户的文件，甚至远程操控用户的计算机。

特洛伊木马（Trojan Horse）实际上是一种典型的黑客程序，它是一种基于远程控制的黑客工具，现在已成为黑客程序的代名词。将黑客程序形容为特洛伊木马，就是要体现黑客程序的隐蔽性和欺骗性。

恶意的木马程序通常伪装成可以执行的电子邮件、下载软件、免费软件、游戏或贺卡等。木马程序通过网络传输给用户，然后引诱用户进行安装。黑客也可以通过系统软件的漏洞，主动将木马程序安装在用户计算机上。一般用户也许会以为自己的计算机中没有什么秘密资料，不必担心木马，其实不然。首先，中了木马的计算机没有任何安全性可言，QQ 密码、邮箱密码，甚至信用卡密码都可能会被偷走；其次，鼠标会被黑客控制，敲击键盘动作会被记录下来，屏幕信息会被远程的黑客看见，网页页面会被修改等。

木马程序一般由两个部分组成：一个是服务端程序，另一个是客户端程序，即 C/S（client/server，客户机 / 服务器）模式。如果用户的计算机安装了黑客服务器端程序，那么黑客就可以利用自己的客户端程序进入用户的计算机中，通过客户端程序控制和监视用户的计算机。比较有名的有国外的 BO2000（Back Orifice）和国内的冰河木马，具有搜集信息、执行系统命令、重新设置机器、重新定向等功能。当木马程序攻击得手后，计算机就完全成为黑客控制的傀儡主机，黑客成了超级用户，用户的所有计算机操作不但没有任何秘密而言，而且黑客可以远程控制傀儡主机对别的主机发动攻击。

网购木马是以交易劫持为主的一种欺诈木马，是“商家”与网购者进行沟通时，以各种名义给买家传输文件实现盗窃。通常骗子将自己伪装成“卖家”，将包含木马程序的文件伪装成诸如“细节图”等文件发送给买家。程序运行后会在后台篡改支付链接到指定的第三方支付。一旦中招，所有购物交易都将被木马劫持到骗子指定的第三方支付。骗子往往进行的是点对点攻击，极易上当受骗。若受害者计算机安装的杀毒软件未及时拦截，网购木马诈骗成功率就接近 100%。

5. 计算机病毒的感染症状和破坏行为

① 运行速度降低。在运行应用程序时，读取数据的时间比原来长，存文件或调文件

的时间都增加了，则计算机很可能是中了病毒。可以通过查看任务管理器中的进程，来确定哪些程序占用的 CPU 或者内存资源过多，或者有哪些陌生程序出现在其中，可以先将其强制结束。

② 机器不能正常启动。计算机系统受到病毒破坏后，最常见的一种表现形式就是计算机的启动受到影响，有的计算机勉强可以启动，但启动速度比正常情况下明显要慢，有的甚至根本没办法进入系统或者工作时偶尔会出现黑屏现象。

③ 经常死机或者反复重启。如果计算机在正常操作下经常死机或者重启，那么很可能是由于计算机病毒造成的。

④ 外部设备工作异常。由于病毒破坏了计算机系统，可能导致外部设备的驱动或者其他相应的应用程序无法正常使用。

⑤ 磁盘空间迅速变小。主要是由病毒程序驻留内存，而且快速繁殖造成的。

⑥ 文件大小及内容发生改变。主要是病毒的干扰，使文件被替代或者被改写而造成的，文件内容可能出现乱码，无法显示或显示后又消失了。

6. 计算机病毒的预防

计算机病毒的防范要针对病毒的传播途径和病毒的特点，养成良好的使用计算机的习惯，采用有目的性的防范手段。主要包括以下几个方面。

① 在计算机系统中安装正版防病毒软件和防流氓软件，并定期升级病毒库，定期检查计算机系统。

通过技术成熟的反病毒软件对计算机进行自动扫描，可以有效地检测大量的病毒，但根据用户所采用的自动检测工具不同，其检测病毒的性能也会有所区别。无论是哪种软件都需要定时更新反病毒特征库，因为只有病毒特征库中具有的病毒，软件才可以自动识别并清除。由于计算机病毒种类多、变种快，若病毒特征库得不到及时的更新，则将会有部分病毒得不到有效查杀。

② 开启防火墙软件或反病毒软件附带的防火墙。

防火墙开启后，网络外部的黑客将无法突破防火墙构筑的坚固防线而入侵本地的计算机。计算机用户可以根据需要开启不同保护级别的防火墙。

③ 对要使用的移动存储设备和外来公共软件及共享软件，应先杀毒再使用。

计算机病毒的主要来源是移动设备和网络，因此在使用外来移动存储设备之前先对移动存储设备进行病毒查杀；通过网络下载软件时应谨慎地使用公共软件和共享软件，确保里面没有病毒等威胁，下载后及时进行查杀毒处理和木马扫描处理。应尽量避免从网络下载不知名的软件、游戏等程序，不要打开来历不明的电子邮件；尽量不使用盗版软件；尽量不要访问即时通信软件发送过来的不明网站。

④ 及时备份操作系统和重要的数据文件。

为了能够在系统感染病毒后恢复系统，应将主引导区、BOOT 区和 FAT 表做好备份或克隆，备份好干净的系统。同时将重要的数据文件经查杀病毒后备份到 U 盘上，防止数据破坏后造成灾难性的损失。

⑤ 及时修补系统安全漏洞。

黑客攻击的首要任务就是发现和利用安全漏洞，黑客们往往通过操作系统的安全漏洞来发动网络攻击。修补操作系统安全漏洞的方法包括利用漏洞扫描程序修补；使用操作系统自带程序修补，更新补丁；利用 Windows 更新下载器更新补丁。

⑥ 从管理上预防病毒。

通过建立行之有效的病毒防治管理条例，能够在一定程度上预防和抑制计算机病毒的传播。如安排专人维护管理计算机；严格控制外来数据传输介质与计算机的接触，并养成先杀毒再进行数据访问、复制以及转移等操作的习惯；遵守网络的使用规定，不随意在网络上使用外来软件。

7. 反病毒措施

当计算机有了病毒如何解决？必须及时对病毒进行彻底清除，常用以下两种方法：

（1）手动清除计算机病毒

用户可以利用正常的文件覆盖被病毒感染的文件，或者手动删除被病毒感染的文件以达到清除病毒的目的。这种方法要求操作者熟悉计算机资料和操作系统，一般由专业的软件工程师来完成。

一般用户可以采用格式化计算机硬盘，重新安装计算机操作系统的方法，这是最彻底的清除病毒方法。需要注意的是，格式化之前要对重要数据进行备份，将重要数据复制一份副本到其他存储介质上，并将副本中的病毒清除干净。当系统恢复后，可将这些文件重新复制回来。

（2）利用杀毒软件清除计算机病毒

自动杀毒的方法比较简单，操作方便，适合大多数用户。用户只需要将反病毒软件打开，然后进行全盘杀毒即可。但是一款杀毒软件工具并不能清除所有的病毒，特别是一些木马病毒，因此还需要配合使用其他软件以达到更好的杀毒效果，一些特殊的病毒需要利用专杀工具才可以彻底清除。目前常用的自动杀毒工具有卡巴斯基、诺顿、360 杀毒等。2023 年杀毒软件十大品牌榜如图 8-12 所示。

图 8-12　2023 年杀毒软件十大品牌榜

Kaspersky（卡巴斯基）杀毒软件来源于俄罗斯，它是世界优秀网络杀毒软件之一。卡巴斯基查杀病毒的性能很好，支持反病毒扫描、驻留后台监视、脚本检测以及邮件检测等，而且能够实现带毒杀毒。卡巴斯基在病毒查杀技术上具有领先技术，不足的方面是需要占用太多的系统资源。

Norton AntiVirus（诺顿）杀毒软件是 Symantec 公司推出的杀毒软件，它可以检测已知和未知的病毒，每当开机时，自动防护程序会常驻在系统中，当用户从磁盘、网络、电子邮件等操作中打开文件时，就会自动检测文件的安全性，若文件内含病毒，会立即警告，并做适当的处理。诺顿杀毒软件简单易用，比较注重实效，虽然系统资源占用较多，但发现的病毒基本上可以安全地进行处理。

8.3.4　上网冲浪安全

1. 安装安全的浏览器

B/S（browser/server，浏览器 / 服务器）模式是现代信息系统的主要模式，最大的优点就是可以在任何地方进行操作而不用安装任何专门的软件。只要有一台能上网的计算机或手持式智能终端就能使用，客户端零安装、零维护，系统的扩展非常容易。因此，安装一款安全的浏览器一方面为上网保驾护航，另一方面其自身也是抵御攻击入侵的一道重要防线。

常见的浏览器有以下几种：

（1）Google Chrome 谷歌浏览器

Chrome 是由 Google 公司开发的一款设计简单、高效的 Web 浏览工具。特点是简洁、快速，支持多标签浏览，每个标签页面都在独立的“沙箱”内运行，在提高安全性的同时，一个标签页面的崩溃也不会导致其他标签页面被关闭。此外，Google Chrome 基于更强大的 JavaScript V8 引擎，这是当前 Web 浏览器所无法实现的。具备隐私浏览模式，可以让用户无须在本地机器上登录即可使用。浏览器内置防止“网络钓鱼”及恶意软件功能，具备不易崩溃、速度快、几乎隐身、搜索简单、标签灵活、安全性高等优点。

（2）Microsoft Edge 浏览器

Edge 是微软公司结合谷歌公司 Chromium 内核开发的一款快捷且安全的浏览器，其内置于 Windows 10 版本中。新版的 Microsoft Eage 可在所有支持 Windows、macOS、iOS 和 Android 版本的系统上使用。

（3）360 安全浏览器

360 安全浏览器是奇虎 360 公司旗下知名浏览器，是基于 Internet Explorer 和 Chromium 双核的浏览器，兼容多种不同类型网页，并采用恶意网址拦截技术和沙箱技术，为用户带来安全、稳定、快捷的上网体验。360 安全浏览器拥有全国较大的恶意网址库，采用恶意网址拦截技术，可自动拦截木马、欺诈、网银仿冒等恶意网址。360 安全浏览器创新沙箱技术，在隔离模式即使访问木马也不会感染。

（4）QQ 浏览器

QQ 浏览器是腾讯公司开发的一款极速浏览器，支持计算机、安卓手机、苹果手机等多种终端，提供更快的浏览体验及更安全的浏览保护。QQ 浏览器的前身为 TT 浏览器，秉承 TT 浏览器方便易用的特点，采用 Chromium 内核 +IE 双内核，让浏览快速稳定，拒绝卡顿，完美支持 HTML5 和各种新的 Web 标准。同时可以安装众多 Chrome 的拓展，支持 QQ 快捷登录，登录浏览器后即可自动登录腾讯系网页。

2. 防范网络钓鱼

网络钓鱼指任何通过网络电话、电子邮件、即时通信或传真等方式，尝试窃取用户个人身份信息的行为。网络钓鱼大部分会以合法的目的做掩护，实际上是由不法的个人或企业所实施的网络欺骗行为。典型的网络钓鱼攻击会使用以假乱真的电子邮件和诈骗网页来诱骗受害者，使他们认同其合法性。钓鱼网站很难分辨和侦测，因而极具欺诈性，是网购安全威胁的主要因素。

另外，存在类似网络钓鱼的网址嫁接行为。网址嫁接挟持合法的网站，通过 DNS 将网站重新导向看似与原始网站无异的错误 IP 地址。这些假冒的网站会通过图形界面来收集受保护的信息，用户很难发现有异样。

网络钓鱼的主要方式有以下几种：

① 发送电子邮件，以虚假信息引诱用户中圈套。邮件多以中奖、顾问、对账等内容引诱用户在邮件中登录网页并填写用户名、身份证号、金融账号和密码等信息。

② 建立假冒网上银行、网上证券网站，骗取用户密码，从而实施盗窃。

③ 利用虚假电子商务进行诈骗。犯罪分子通常先建立电子商务网站或在知名、大型的电子商务网站发布虚假商品销售信息，引诱用户付款后，犯罪分子就销声匿迹。

④ 利用黑客技术窃取用户信息后实施犯罪活动。黑客攻击通常包括以下几种典型的攻击方式：植入木马；密码破解；嗅探与 IP 欺骗等。

在实际生活中，常常有如下一些表现。

普通用户在网上购物时，很多人选择和卖家在 QQ 或者旺旺聊天，收到卖家发送过来的各种链接，而钓鱼网站就会掺杂其中。页面通常会模仿淘宝、拍拍、支付宝、财富通等购物相关的网站，引导消费者在假冒的网页上进行支付，实施盗窃。此外，骗子批量伪造各种“秒杀网”“淘宝秒杀”“一元秒杀”等网站，诱惑用户去点击，然后引导受骗者输入账号密码，然后盗取用户的个人信息，致使资金全部卷入黑客的钱袋里。有的店家的信誉很高（实为钓鱼网站），其实是通过一些刷信誉软件等来刷信誉，让用户掉入陷阱中。

民航、医院、银行等机构都会有自己的官网，来方便人们自助办理某些业务，于是相应的钓鱼网站也就应运而生。骗子首先群发短信，谎称网民有一笔交易发生，建议网民访问相关网站处理。若网民信以为真，就会访问钓鱼网站。按提示操作，就可能损失金钱或其他敏感信息。

骗子利用木马盗取网民的 QQ 号，再冒用他人身份给 QQ 好友群发消息，让好友代付购物或借款。

为了防范钓鱼网站，用户应当注意以下几点：

① 加强网络安全意识培养，对收到的电子邮件永远保持怀疑态度。

② 将垃圾邮件过滤器设置到最高级别。

③ 在可能的情况下，使用主动白名单。

④ 在单击邮件附件之前，使用链接检查器确定电子邮件链接是否合法。

⑤ 使用收藏夹或者书签将自己经常要访问的网站地址保存下来，需要访问时通过收

藏夹进入，既快速又可防止问题的出现。

⑥ 查看安全证书，目前大型的电子商务网站都应用了可信证书类产品，这类的网站网址都是以“https”开头的，如果发现网址不是以“https”开头，应谨慎对待。使用 https 时，在浏览器“安全状态”栏中将看到一个锁定图标，可以单击锁状图标查看网站的身份。

⑦ 仔细核对域名，比较网站内容。

⑧ 警惕陷阱，不要相信网上发布的或收到的中奖信息，不轻信“限时抢购”“秒杀”和“团购”等宣传，要抵制低价诱惑和虚假广告。

3. 保护无线网络上的数据

目前很多场所都提供免费 WiFi。一般来说，公共无线网络是在没有密码或其他类型加密的情况下设置的，如果使用无线网络发送数据，用户会面临一些安全风险。

（1）无线网络的安全缺陷

由于无线局域网采用公共的电磁波作为载体，电磁波能够穿过天花板、玻璃、楼层、砖等物体。因此在一个无线局域网接入点所服务的区域中，任何一个无线客户终端都可以接收到此接入点的电磁波信号，即使设置了接入密码。比如在酒店，连接到酒店网络的其他人可能看到你的数据，这样就可能包括一些恶意用户也能接收到其他无线数据信号。

此外，有人可能在用户不知情的情况下将无线设备连接到用户的网络。未经授权的无线接入点（通常称为流氓接入点）存在严重的安全问题。例如，某用户在禁止无线连接的区域工作，私自在办公桌下安装无线路由器，以使附近户外吸烟区可以连接 WiFi。尽管他的意图可能是好的，但这个简单的行为可能已经使一整套精心规划的网络安全措施失效。

无线网络面临的安全威胁有网络窃听；窃取网络资源；AP 中间人欺骗；WEP 破解；MAC 地址欺骗等。

（2）无线网络的安全防范措施

既然无线网络存在以上诸多安全隐患，那么如何采取恰当的方法进行防范，使无线网络中的安全隐患消灭在萌芽状态，尽量使无线网络的受破坏的程度减少到最低？有如下几种无线网络安全措施：

① 采用强力的密码。

② 严禁广播服务集合标识符（SSID）。

③ 采用有效的无线加密方式。

④ 采用不同类型的加密。

⑤ 在网络不使用时，将其关闭。

⑥ 对网络入侵者进行监控。

4. 保护自己的上网隐私

① 尽可能使用 https 访问敏感网站，前提是网站本身支持 https 协议。https 既保障了通信的秘密不被窃听，同时又能验证网站的合法身份。

② 在不影响使用的情况下，减少或模糊网上个人隐私信息的提供，不随意在不知底细的网站注册会员或向其提供个人资料。对包含隐私内容的个人网站（如博客）应设置访问密码，保存在网上涉及隐私的文件尽可能加密。不在交谈、个人资料以及论坛留言中轻

易泄露真实姓名、个人照片、身份证号码或家庭电话等任何能够识别身份的信息，更不要透露银行账号、个人账户密码等敏感内容。

③ 慎用社交应用。目前，以微博、微信为代表的社交类应用程序已成为智能手机中最常见的应用，网民可以利用该类应用在互联网上分享各类文字、图片及视频信息。然而这些社交应用经常会泄露用户的隐私信息，然而，用户的关注者却并不一定怀有善意。

④ 学习了解应用，避免意外泄露。建议用户不要轻易允许应用读取、上传、分享自己的地理位置，如需使用，随开随用，用完即关。

⑤ 彻底清除保存在所用计算机的上网痕迹。例如，IE 浏览器中包括 Internet 临时文件夹、Cookie、表单的用户名和密码、历史记录等信息，用户在关机前应删除这些信息。很多安全产品都提供清理用户隐私功能，不仅能一键把上网隐私清理得较干净，还能够清除很多系统与应用软件使用后留下的隐私记录。

5. 重视恶意软件的安全问题

恶意软件一般指流氓软件，中国互联网协会 2006 年公布的恶意软件定义为，恶意软件是指在未明确提示用户或未经用户许可的情况下，在用户计算机或其他终端上安装运行，侵害用户合法权益的软件，但不包含我国法律法规规定的计算机病毒。“流氓软件”是介于病毒和正规软件之间的软件，具有以下几个特征：

① 强制安装。指未明确提示用户或未经用户许可，在用户计算机上安装软件。

② 难以卸载。指未提供程序的卸载方式，或卸载后仍然有活动程序。

③ 浏览器劫持。指未经用户许可，修改用户浏览器或其他相关设置，迫使用户访问特定网站或导致用户无法正常上网。

④ 广告弹出。指未明确提示用户或未经用户许可，利用安装在用户计算机上的软件弹出广告。

⑤ 垃圾邮件。指未经用户同意，用于某些产品广告的电子邮件。

⑥ 恶意收集用户信息。指未明确提示用户或未经用户许可，恶意收集用户信息的行为。

⑦ 恶意卸载：指未明确提示用户、未经用户许可，或误导、欺骗用户卸载其他软件的行为。

⑧ 恶意捆绑：指在软件中捆绑已被认定为恶意软件的软件的行为。

⑨ 其他侵害用户软件安装、使用和卸载知情权、选择权的恶意行为。

流氓软件的正常功能通常较吸引人，基本以共享、免费、试用的方式提供。“流氓软件”的最大商业用途就是散布广告，并形成了整条灰色产业链：企业为增加注册用户、提高访问量或推销产品，向网络广告公司购买广告窗口流量，网络广告公司用自己控制的广告插件程序，在用户计算机中强行弹出广告窗口。而为了让广告插件神不知鬼不觉地进入用户计算机，大多数时候广告公司是通过联系热门免费共享软件的作者，以每次几分钱的价格把广告程序通过插件的形式捆绑到免费共享软件中，用户在下载安装这些免费共享软件时广告程序也就乘虚而入。

我国已开始把对流氓软件的检测纳入杀毒软件的检测标准之中，很多安全产品都提供恶意软件、流氓软件删除功能。2018 年 7 月，国家计算机病毒应急处理中心通过互联网监测发现 10 款违法有害移动应用存在于移动应用发布平台中，提醒广大手机用户不要下载这些违法有害移动应用软件，避免手机操作系统受到不必要的安全威胁。

8.3.5　虚拟专用网技术

除了保护网络免受入侵外，还需要单独保护流经它们的流量。当通过不安全或不可信的网络发送数据时，窃听者可能会从用户发送的内容中收集大量信息。如果使用应用程序或协议时没有对发送的信息进行加密，那么窃听者最终可能会盗取用户登录凭据、信用卡号码、银行信息和其他数据。虚拟专用网络（virtual private network，VPN）可以帮助用户在不安全的网络上发送敏感流量。

1. VPN 的含义

虚拟专用网络连接通常称为隧道，是两点间的加密连接。具体是指依靠 ISP（因特网服务提供商）和其他 NSP（网络服务提供商），通过一个公用网络（通常是因特网）建立一个临时的、安全的、仅供特殊用户使用的网络，是一条穿过混乱的公用网络的安全的稳定的隧道。

所谓虚拟是相对物理上端到端的专有连接而言的，其仅在用户通信时才在公共互联网的基础设施上临时创建逻辑通道进行连接；所谓专用是相对公用而言的，是逻辑上专用，而非物理上的专用。通俗一点讲，VPN 类似于错综复杂的城市交通线路中，临时规划的“公交专用线”，完全不受其他车辆的干扰。

目前，虚拟专用网技术是实现安全传输的重要手段之一，利用它可以在远程用户、公司分支机构、商业合作伙伴与公司的内部网之间建立可信的安全连接，并保护数据的安全传输。同时，通过将数据流转移到低成本的 IP 网络上而大幅度地减少用户在 WAN 和远程网络连接上的费用。基于 IP 的 VPN 网络工作流程如图 8-13 所示。

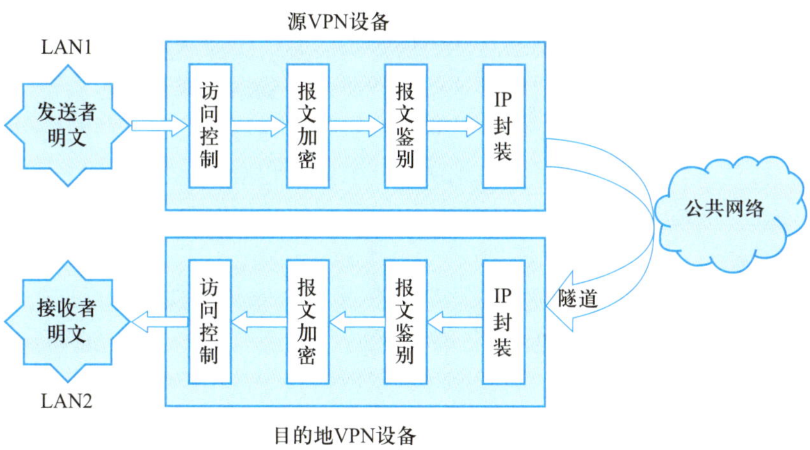

图 8-13　基于 IP 的 VPN 网络工作流程

例如，某公司员工出差到外地，想访问企业内网的服务器资源，这种访问就属于远程访问。让外地员工访问到内网资源，利用 VPN 的解决方法就是在内网中架设一台 VPN 服务器。外地员工在当地连上互联网后，通过互联网连接 VPN 服务器，然后通过 VPN 服务器进入企业内网。为了保证数据安全，VPN 服务器和客户机之间的通信数据都进行了加密处理。有了数据加密，就可以认为数据是在一条专用的数据链路上进行安全传输，就如同专门架设了一个专用网络一样，但实际上 VPN 使用的是互联网上的公用链路，因此 VPN 称为虚拟专用网络，其实质上就是利用加密技术在公网上封装出一个数据通信隧道。有了 VPN 技术，用户无论是在外地出差还是在家中办公，只要能上互联网就能利用 VPN 访问内网资源，这就是 VPN 在企业中应用得如此广泛的原因。

2. VPN 的特点

① 高安全性和可靠性。VPN 通过建立一个隧道，利用加密技术对传输数据进行加密，以保证数据的私有和安全性。确保 VPN 上传送的数据不被攻击者窥视和篡改，并且要防止非法用户对网络资源或私有信息的访问。在可靠性方面，当公共网络的一部分出现故障时，数据可重新选择路由组成新的逻辑网络，不会受到影响。

② 服务质量保证。不同的用户和业务对服务质量保证的要求差别较大，VPN 可以为不同要求提供不同等级的服务质量保证。

③ 易扩充性和灵活性高。VPN 易扩充，不需要专门的线路，只要有恰当的公共网络的地方都可以架设 VPN 的新节点。VPN 支持通过 Internet 的任何类型的数据流，支持多种类型的传输媒介，可以满足同时传输语音、图像和数据等新应用对高质量传输以及带宽增加的需求。

④ 性价比高。这是 VPN 最大的优点，也是它兴盛的根本原因。VPN 具有“专用网的性能，公共网的价格”。在使用 Internet 时，实际上只需付短途电话费，就可以得到长途通信的效果。

3. VPN 的关键技术

VPN 主要采用隧道技术、加密技术和使用者与设备身份认证技术等。

（1）隧道技术

隧道指被封装的数据包在公共互联网络上传递时所经过的逻辑路径。隧道技术是一种通过使用互联网络的基础设施在网络之间传递数据的方式。使用隧道传递的数据可以是不同协议的数据帧或数据包，隧道协议将这些其他协议的数据帧或数据包重新封装在新的包头中发送，新的包头提供了路由信息，被封装的数据包通过隧道在公共网络上传输，一旦到达目的地，将其解封并核对数字签名无误后，对数据包解密，从而使封装的数据能够通过互联网络传递。隧道技术包括数据封装、传输和解包在内的全过程。

（2）加密技术

加密技术是最常用的安全保密手段，利用技术手段对传输数据进行加密、消息验证、数字签名等，保证了传输数据的保密性、完整性、不可否认性，是实现 VPN 安全性的核心技术。当数据离开发送者所在的局域网时，该数据首先被用户端连接到互联网上的路由器进行硬件加密，数据在互联网上是以加密的形式传送的，当到达目的地局域网的路由器时，该路由器就会对数据进行解密，这样目的地的用户就可以看到真正的信息了。

（3）身份认证技术

VPN 一般都是为了内部用户方便、安全地访问网络资源。当需要对访问者进行专门的甄别时，就需要用到身份识别技术。计算机网络世界中一切信息包括用户的身份信息都是用一组特定的数据来表示的，计算机只能识别用户的数字身份，所有对用户的授权也是针对用户数字身份的授权。身份认证技术就是在计算机网络中保证以数字身份进行操作的操作者就是这个数字身份的合法拥有者，也就是说保证操作者的物理身份与数字身份相对应。

身份识别采用的方式可以是简单的用户名 / 口令方式、指纹等生物信息，还可以使用智能卡进行识别。而存储于智能卡中，基于公钥密码算法和 PKI 的数字证书是适于广泛应用且安全性很高的识别手段，各个网络银行使用的“U 盾”就是此类识别手段。

4. 禁止网络“翻墙”

国家《计算机信息网络国际联网管理暂行规定》明确，计算机信息网络直接进行国际联网，必须使用邮电部国家公用电信网提供的国际出入口物理信道。任何单位和个人不得自行建立或者使用其他物理信道进行国际联网。

“翻墙”是指通过虚拟专用网络（VPN）技术规避国家网络监管，突破 IP 封锁、内容过滤、域名劫持、流量限制等，非法访问境外网站的行为，其性质相当于私自“出境”。这里的“墙”是指“国家公共网络监控系统”（The Great FireWall of China，GFW），俗称“国家防火墙”。

“翻墙”行为分为有意“翻墙”和无意“翻墙”，导致的危害有以下几种：

① 使用“翻墙”软件容易导致隐私泄露。使用“翻墙”软件时，发送与接收的数据都会通过提供商的机器，用户的账号密码，甚至一些银行账号信息等个人隐私极易被泄露。

②“翻墙”接触境外不良信息易造成思想混乱。境外网络和社交媒体可能有煽动颠覆政权或分裂领土的内容，部分人员政治鉴别力不够，受反动思想渗透蛊惑、拉拢策反，易沦为错误观点的“二传手”、成为境外间谍情报机关的棋子。

③ 易诱发问题案件。“翻墙”上网浏览暴力、颓废和色情等有害信息，容易被违法犯罪分子所利用，引诱参与网络赌博、非法借贷、吸毒嫖娼，引发刑事案件和自杀问题。

防范“翻墙”问题，远离“翻墙”问题，保证安全用网，应该做到：不注册、购买、使用“翻墙”插件和软件；不点击不明网络链接；不浏览不健康网站；不下载使用 VPN 浏览器和搜索引擎；不下载注册和使用不明软件；不下载注册和使用境外软件；不使用游戏加速器和玩国际版网络游戏。

习　　题

一、思考题

1. 分析网上活跃的社交平台和智能手机应用中隐藏的鲜为人知的个人隐私泄露风险，提出使用建议。

2. 假设某网络 ID 在论坛中发表了一则引起大家不愉快的言论，分析警察如何最终定位到实际的发言者并搜集到足够的证据让发言者无法否认。

3. 用户 A 在网上向他人提供了一份由张三进行数字签名的文件，能否确定用户 A 就是张三？

4. 在网上搜集信息，比较分析个人用户经常使用的现有市场占用率较高的安全产品的功能、口碑，思考其向个人永久免费提供后企业的生存之道。

5. 在网上搜集现有的热点病毒和木马，针对它们的进政方式，分析自己应如何避免中招。

6. 在网上搜集 10 个典型的网络行骗案例，总结出自己的防骗攻略。

7. 结合自身实际，分析个人使用计算机时的不安全因素，为自己量身定制可行的信息安全策略。

二、选择题

1. 信息安全的要素包括保护信息的机密性、完整性、可用性、可识别性和（　　）。

A. 真实性　B. 不可否认性　C. 连续性　D. 独立性

2. 信息安全的核心是（　　）。

A. 机器安全　B. 实体安全　C. 数据安全　D. 物理安全

3. 攻击信息安全的基本手段有合法搜集泄露的信息、寻找漏洞入侵、欺骗和（　　）。

A. 伏击　B. 植入木马

C. 窃听　D. 偷拍输入密码的过程

4. 将被传输的数据转换成表面看起来杂乱无章的数据，合法的接收者通过逆变换可以恢复成原来的数据，而非法窃取得到的则是毫无意义的数据，这是（　　）。

A. 访问控制　B. 防火墙　C. 入侵检测　D. 数据加密

5. 以下加密和解密双方使用不同的密钥的算法是（　　）。

A. DES　B. AES　C. RSA　D. IDEA

6. 以下加密最不容易破解的是（　　）。

A. EFS 加密文件系统加密　B. Word 文档的保护密码

C. Rar 压缩文件的密码　D. Access 数据库文件的保护密码

7. 某个系统使用 6 位数字密码，则密码变化的组合数是（　　）。

A. 60　B. 266　C. 610　D. 106

8. 目前生物特征认证主要有虹膜认证、声音验证、人脸识别和（　　）。

A. 指纹识别　B. 头发识别　C. 大脑识别　D. 眼睛识别

9. Windows 7 中默认权限最高的组是（　　）。

A. Administrators　B. Power Users　C. Users　D. Guests

10. 设置在被保护的内部网络和外部网络之间的软件和硬件设备的组合，对内网和外网之间的通信进行控制的设施是（　　）。

A. 防火墙　B. 访问控制　C. 数据加密　D. 病毒实时监控

11. 非 Windows 7 网络类型的是（　　）。

A. 家庭网络　B. 工作网络　C. 娱乐网络　D. 公用网络

12. 下列关于计算机病毒的叙述中，不正确的是（　　）。

A. 计算机病毒是人为制造的一种破坏性程序

B. 大多数计算机病毒程序具有自身复制功能

C. 高级的计算机病毒可能会传染给身份虚弱、抵抗力差的人

D. 计算机病毒具有很强的破坏性

13. 计算机病毒是指（　　）。

A. 带有生物病菌的磁盘　B. 已损坏的程序、数据

C. 人为设计的具有破坏性的程序　D. 通过计算机网络传播的一种生物病菌

14. 传统的单机病毒主要有引导型、宏病毒、混合型及（　　）。

A. 文件型　B. 冲击波型　C. 熊猫烧香型　D. QQ 木马型

15. 寄生于文档或模板宏中的计算机病毒，一旦打开带有该病毒的文档，病毒就会被激活，驻留在 Normal 模板上，并让所有自动保存的文档感染上这种病毒，这是（　　）。

A. 引导型病毒　　B. 宏病毒　　C. 文件型病毒　　D. 混合型病毒

16.（　　）技术是指将一个信息（或称明文）经过加密钥匙及加密函数转换，变成无意义的密文，而接收方则将此密文经过解密函数、解密钥匙还原成明文。

A. 数据加密　　B. 用户身份识别　　C. 数字证书　　D. 数字签名

17. 下列属于计算机木马的是（　　）。

A. 蠕虫病毒　　B. 后门病毒　　C. 爱虫病毒　　D. 黑客病毒

18. 发现病毒后，比较彻底的清除方式是（　　）。

A. 格式化磁盘　　B. 删除磁盘文件

C. 用查毒软件处理　　D. 用杀毒软件处理

第 9 章　计算机多媒体技术

学习目标

1. 掌握多媒体技术的基本概念。
2. 了解多媒体技术的特征和体系结构。
3. 掌握色彩的基本知识。
4. 理解多媒体元素及编码。
5. 了解数字音频技术和常见音频处理软件，熟悉音频处理软件的使用。
6. 了解图形和图像技术和常见处理软件，熟悉图像处理软件的使用。
7. 了解动画制作技术和常见动画制作软件，熟悉动画制作软件的使用。
8. 了解视频技术和常见视频处理软件，熟悉视频处理软件的使用。

9.1　多媒体技术概述

自 20 世纪 80 年代以来，多媒体技术得到快速的发展和广泛应用，已从影视技术为主导发展到当前的以计算机技术为主导，计算机中处理的信息也从字符和数值向融合图形图像、音频、视频、动画发展。

9.1.1　多媒体基本概念

1. 媒体

媒体（media）是传播信息的媒介，来自拉丁文 medius，即中介的意思。它是指人用来传递信息与获取信息的工具、渠道、载体、中介物或技术手段。根据国际电信联盟（International Telecommunication Union，ITU）的定义，媒体主要有五大类：

① 感觉媒体：直接作用于人的感官，使人直接产生感觉。如声音、图像、文字、动画等。

② 表示媒体：是为了加工、处理和传输感觉媒体而人为构造出来的一种媒体，即各种编码。如在本书第 2 章中所讲的 ASCII 码、汉字国标码、Unicode 编码等都属于表示

媒体。

③ 显示媒体：是指感觉媒体与用于通信传输的电信号之间转换的一类媒体，即感觉媒体与计算机的界面。又可分为两种：输入显示媒体和输出显示媒体。如输入和输出设备，包括键盘、鼠标器、显示器、打印机、话筒、音响、耳机等。

④ 存储媒体：又称存储介质，保存表示媒体的介质。如硬盘、光盘、U 盘等。

⑤ 传输媒体：传输的物理载体，即用来将媒体从一处传送到另一处的物理载体。如电话线、无线电波、光纤、电缆等。

2. 计算机中媒体的定义

计算机中的媒体主要包括两类：媒质和媒介。媒质是存储信息的实体，如磁盘、光盘、磁带、半导体存储器等。媒介是传递信息的载体，如数字、文字、声音、图形和图像等。计算机多媒体技术中的媒体主要是指媒介。

3. 多媒体的定义

多媒体一词译自英文“multimedia”，即“multiple”和“media”的合成词，其核心词是媒体。在计算机系统中，多媒体指组合两种或两种以上媒体的一种人机交互式信息交流和传播媒体。这些信息媒体包括文字、图片、照片、声音、动画、音频和视频。事实上，由于计算机技术和数字信息处理技术的快速发展，才有了多媒体信息的处理能力，使多媒体成为现实。在很多时候，多媒体并不是指多种媒体本身，而是处理和应用它的一整套技术，即多媒体技术。

具体而言，多媒体的定义可概括为，多媒体是一种以计算机为中心的多种媒体的有机组合，这些媒体包括文本、图形、动画、静态视频、动态视频和声音等，并且人们在接受这些媒体信息时具有一定的主动性和交互性。

9.1.2 多媒体技术特征

计算机多媒体技术是利用计算机技术对多种信息进行综合处理、建立逻辑关系，集成为一个具有交互性的系统，具有如下特征：

① 多维化：指计算机处理媒体信息的多样化，它使人与计算机之间的交互不再局限于顺序的、单调的、狭小的范围，而有充分自由的余地。

② 集成性：媒体种类一体化。包括两方面：一方面是指多媒体技术能将各种不同的媒体信息有机地进行同步组合，形成一个完整的多媒体信息；另一方面是指把不同的媒体设备集成在一起，形成多媒体系统。

③ 交互性：人机对话，是多媒体技术的关键特征。在多媒体系统中，除了操作上控制自如之外，在媒体的综合处理上也可以随心所欲。交互可做到自由地控制和干预信息的处理，增加对信息的注意力和理解，延长信息的保留时间。交互性是多媒体区别于传统媒体最重要的特征。

④ 数字化：传统媒体是以模拟信号来存放的，而多媒体中的媒体都是经过数字化处理后的信息。

⑤ 实时性：声音、动态图像（视频）随时间变化。

9.1.3　多媒体体系结构

多媒体系统是多种计算机技术的集成，通过把多种技术综合应用到一个计算机系统，以实现多媒体数据的输入、编辑、输出等多种功能。一个完整的多媒体系统包括多媒体硬件系统、多媒体软件系统、多媒体构造软件、多媒体创作编辑软件以及多媒体应用系统，如图 9–1 所示。

图 9–1　多媒体体系结构

多媒体硬件系统可以是专门的工作站，还可以是一台高性能的个人 PC。主要包括计算机的主要硬件和负责视听信息的输入输出设备等。如计算机中的 CPU、内存、硬盘、光盘、显卡、显示器等，扫描仪、投影仪、麦克风、音箱、音视频采集卡等则属于视听信息相关设备。

多媒体软件系统是指管理多媒体计算机软件和硬件系统资源、控制计算机运行、实现多媒体数据转换和同步控制以及对多媒体设备进行驱动控制的程序等，包括多媒体操作系统、输入输出控制界面程序、多媒体文件系统等。

多媒体构造软件包括对象的构造、生产、处理以及窗口环境的建立，提供 API 接口，供用户进行二次开发使用。

多媒体创作编辑软件是多媒体系统的开发工具，是多媒体系统软件的编制环境。设计者可以利用创作和编辑软件制作各种文教、娱乐、商业、旅游等多媒体产品。比如，Photoshop 可以进行图像处理，Primere 可以编辑视频，Audition 可以处理声音，Tool Book 可以开发多媒体课件系统等。

多媒体应用系统是根据用户需求而订制的多媒体应用软件，也包括对多媒体信息进行播出、展示的系统。如可视电话系统、视频会议系统、在线教学系统等就属于多媒体应用系统，而 CD、VCD、DVD 则属于播出展示系统。

9.1.4　色彩基础

色彩是构成图形与图像的核心要素之一，自然界的色彩是千差万别的，人们能对不同的色彩进行区分，是因为每一种颜色都有自己的鲜明特征。加深对色彩的认识、理解和掌握，是熟练应用多媒体技术的重要基础。

1. 色彩三要素

色彩三要素是色相（hues）、饱和度（saturation）和明度（brightness），简称 HUB。

色相是颜色的基本相貌，是颜色彼此区别的最主要、最基本的特征，表示颜色质的区别，从光的物理刺激角度认识色相，色相是指某些不同波长的光混合后，所呈现的不同色彩表象。光谱上的红、橙、黄、绿、青、蓝、紫就是 7 种不同的基本色相，如图 9–2 所示（说明：扫描侧边栏二维码即可查看图 9–2 的全彩图片）。

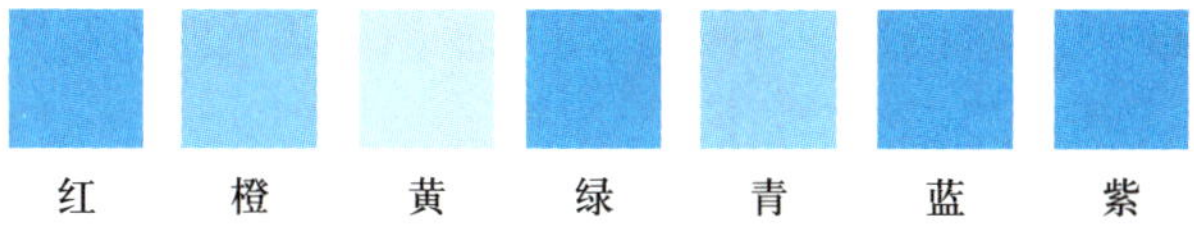

图 9-2 7 种基本色相

饱和度是颜色的纯度，表现为色彩的鲜艳程度。可见光谱的各种单色光是最饱和的彩色，掺杂了其他颜色，如黑色、白色时，颜色的饱和度就会降低，包含的消色成分越少，饱和度越高。色彩的饱和度使用从 0%（灰色）至 100%（完全饱和）的百分比来度量。

明度是指色彩的明暗、深浅程序的差别，取决于反射光的强弱。明度不等于亮度，亮度是与人的视觉无关的客观数值，可以用光度来计量。而明度是颜色亮度在人的视觉上的反映，包括两个含义：一是指一种颜色本身的明与暗，二是指不同色相之间存在着明与暗的差别。明度就是往一个色彩里面加白色和黑色，白色越多，明度越高，黑色越多，明度越低。色彩的明度通常使用从 0%（黑色）至 100%（白色）的百分比来度量。也就是说，当明度升至最高，会变成白色；当明度降至最低，会变成黑色。在 7 种纯正的光谱色中，黄色的明度最高，显得最亮，依次为橙、绿、红、青、蓝，紫色的明度最低，也显得最暗。

色彩三要素在某种意义上是相互独立，但又相互制约，一个要素改变，这个颜色自然也会发生改变。图 9-3 所示为色彩三要素的相互关系。

图 9-3 中，纵轴表示黑白明度变化，上方为白色，下方为黑色，中间是过渡灰色；水平圆表示色相，圆上各点表示可见光谱中不同颜色的色相，圆心表示灰色，其明度和圆上各色相明度相同；从圆心向外，色彩的饱和度逐渐增加。同一水平面上颜色的色相和饱和度变化不影响明度。

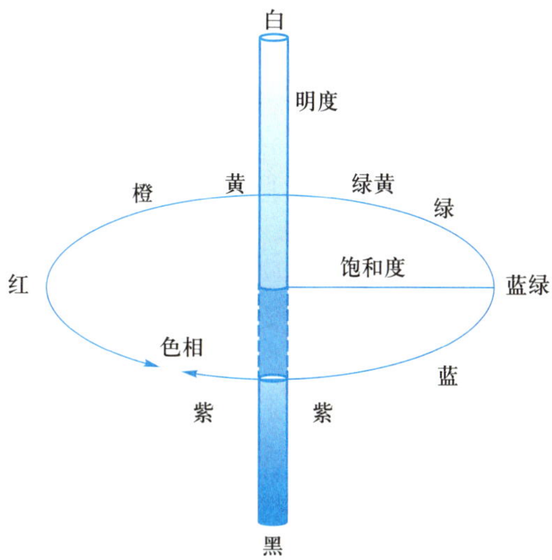

图 9-3 色彩三要素的相互关系

2. 三原色原理

三原色有色彩三原色、色光三原色和色料三原色。色彩三原色为红（red）、黄（yellow）、蓝（blue），色光三原色为红（red）、绿（green）、蓝（blue），色料三原色为青（cyan）、品红（magenta）、黄（yellow）。在计算机中进行图像处理时使用的三原色为色光三原色，即红、绿、蓝三色，也称为 RGB 三原色，红、绿、蓝三种颜色也称为三基色。

当白光通过棱镜后被分解成多种颜色逐渐过渡的色谱，颜色依次为红、橙、黄、绿、青、蓝、紫，这就是常说的可见光谱。在这其中，人眼对红、绿、蓝三种颜色最为敏感，大多数的颜色都可以通过红、绿、蓝三种颜色混合而成，这就是色光三原色原理。

色光三原色是通过多种不同比例的颜色相加混合在一起得到其他颜色的，是一种相加混色法。在Photoshop中，对RGB三种颜色使用滤色模式（加色模式），就可以得到三基色颜色模型，如图9–4所示。

由图9–4可以得知：

红色 + 绿色 = 黄色

红色 + 蓝色 = 品红

绿色 + 蓝色 = 青色

红色 + 绿色 + 蓝色 = 白色

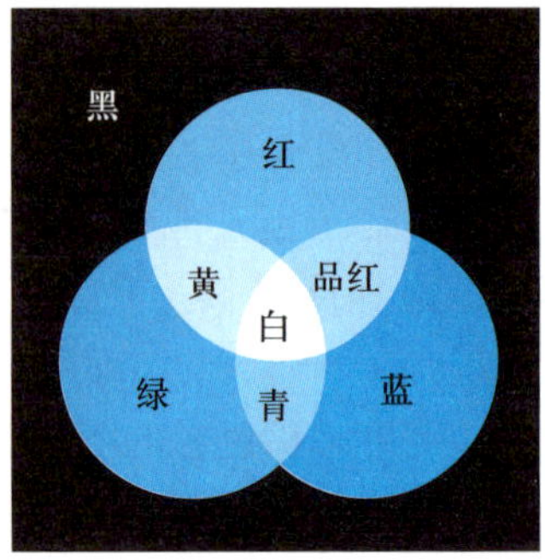

图9–4 RGB三基色颜色模型

黄色、青色、品红都是由两种基色相加混合而成，又称为相加二次色。

补色是指完全不含另一种颜色，红和绿混合成黄色，因为完全不含蓝色，所以黄色就是蓝色的补色。同理，品红是绿色的补色，青色是红色的补色。由图9–4可知，两个等量补色混合也形成白色：

黄色 + 品红 = 白色

黄色 + 青色 = 白色

青色 + 品红 = 白色

青色 + 黄色 + 品红 = 黑色

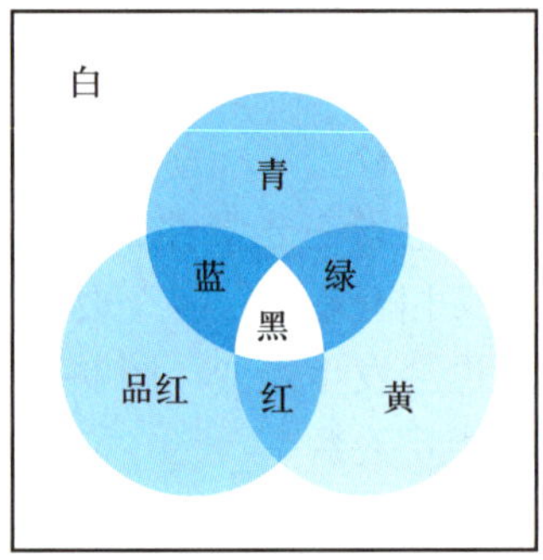

图9–5 色料三原色模型

除了相加混色法之外，还有减色混色法。在白光照射下，青色颜料能吸收红色而反射青色，黄色颜料能吸收蓝色而反射黄色，品红颜料能吸收绿色而反射品红，其实这就是色料三原色。在打印、印刷、油漆、绘画等靠介质表面的反射被动发光的场合，物体所呈现的颜色是光源中被颜料吸收后所剩余的部分，主要使用的就是色料三原色。图9–5是在Photoshop中，对青、黄、品红三种颜色使用正片叠底模式（减色模式）得到的色料三原色模型。

在图像处理中，颜色处理占有非常重要的地位，能体现图像的风格，颜色配合适当，能起到拓展图像的意境和视觉效果。对图像进行处理时，是在不同颜色模式下对颜色进行处理的。在常用的颜色模式中，用相加混色法所表示的颜色模式称为RGB模式，而用相减混色法所表示的颜色模式称为CMYK模式。RGB模式是绘图和图像处理最常用的一种颜色模式，CMYK模式广泛运用于绘画和印刷领域。

9.2 多媒体元素及编码

9.2.1 数据压缩基础

随着信息技术的发展，人们要处理的信息量非常庞大，信息的使用也不再局限于单机个人使用，而是需要借助于网络进行传播和分享。多媒体数据通常都是数据量很大的信息，在存储和传输过程要占用大量的空间和带宽。对多媒体数据进行压缩，在信息时代具有举足轻重的作用和意义。如何在有限的存储空间和网络带宽下，实现大数据量的存储和传播，成为人们急需解决的问题。解决这个问题的关键就是对数据进行有效压缩，以实现实时、快速、有效地处理、传输和存储数据。

总的来说，数据压缩的作用在于，能较快地传输和处理传真、图像、语音等信号；用现有的通信干线并行开通更多的业务（如电视、传真、电话、可视图文等）；压缩数据的存储容量，降低存储费用和传输时长。

1. 数据可压缩性

数据是反映客观事物属性的记录，是信息的具体表现形式。数据经过加工处理之后就成为信息。信息之所以成为人们感兴趣并加以研究的对象，一方面在于信息的不确定性，任何已确定的事物都不含有信息；另一方面在于信息是可以量度的，也就是说，我们可以通过数学工具对其进行精确的描述。信息论的原理表明，任何一种信息源都可以找到相应的压缩编码方法，从而减少信息的数据量。

信息论之父克劳德·香农（Claude Shannon）指出，任何信息都存在冗余，冗余大小与信息中每个符号（数字、字母或单词）的出现概率或者说不确定性有关。数据中间存在的那些多余成分称为冗余度。一条消息中的冗余信息将会产生额外的编码，如果去掉这些冗余信息，就会减少消息占据的空间。从本质上讲，数据压缩的目的就是要消除信息中的冗余，就是用最少的数码来表示信号，减少容纳信息或数据采样集合的信号空间。所谓信号空间即被压缩对象，是指① 物理空间，如存储器、磁盘、光盘、闪存盘等数据存储介质；② 时间区间，如传输给定信息所需要的时间；③ 频域空间，如为传输信息所需要的频谱、带宽等。信号空间的这几种形式是相互关联的。比如，存储空间的减少意味着传输效率的提高和占用带宽的节省。因而，只要采用某种方法来减少某一信号空间，就能压缩数据。

数据压缩可分成两种类型，一种叫作无损压缩，另一种叫作有损压缩。

无损压缩是对文件的数据存储方式进行优化，压缩后信息不受损失。对压缩后的数据进行还原，得到的数据与原始数据完全相同。无损压缩通常用在一些不允许原数据与重构数据之间存在任何差别的应用中。比如，在磁盘文件、数据通信和气象卫星云图等信息类别中，一个数据位的变化都是无法接受的，不允许有丝毫的损失或出错。常用的无损压缩方法有哈夫曼（Huffman）编码方法、算术编码和 LZW（Lempel-Ziv & Welch）压缩方法等。

在进行数据压缩时，我们都希望重构后的数据和原数据完全相同，但无损压缩通常只能压缩到原数据的 1/2 ~ 1/4，远远不能满足大压缩比的需求。在这种情况下，就需要使用有损压缩。有损压缩是指使用压缩后的数据进行重构，重构后的数据与原来的数据有所不同，但不影响人们对原始资料表达信息的理解。有损压缩通常用于重构信号不一定非要与原始信号完全相同的场合，比如，图像和音频等。图像和音频的数据量通常非常大，但所包含的数据却往往多于人的视听系统所能接收的信息，无须完整复原，人们就能获取其要表达的信息，只是清晰度上有损失，但却可以大大提高压缩比。常用的有损压缩方法有预测编码、变换编码和离散小波变换（discrete wavelet transform）等，计算机中常见的 JPEG、MPEG、MP3 都是基于有损压缩的。

2. 数据压缩方法

（1）哈夫曼编码

哈夫曼（Huffman）编码是一种基于统计的无损压缩方法，依据的是变长编码理论，是根据数据信息中字符重复出现的概率生成的一种前缀编码方法。哈夫曼编码根据信源中每个符号发生的概率进行码字分配，出现概率越高的符号，分配的码字越短，而出现概率越低的符号分配的码字越长，从而用尽可能少的码符号来表示源数据，达到压缩的效果。

哈夫曼编码的一般算法如下：

① 首先统计信源中各个符号出现的概率，按符号出现的概率从大到小排序。

② 取两个概率最小的符号赋以 1 和 0（大概率赋 1，小概率赋 0，或相反），将这两个概率相加合并成新的概率，然后与剩余的概率组成新的概率集合。

③ 对新的概率集合重新排序，重复步骤②，直到最后两个概率之和为 1。

④ 从下到上构造一棵编码树，由树的结构可得到信源符号相应的码字。

哈夫曼编码是目前压缩方法中应用最普遍的方法，已经是个人计算机中许多通用程序的基础。

（2）算术编码

算术编码（arithmetic encoding，AE）由 Elias 提出，也是根据字符出现概率的统计结果进行重新编码。算术编码是从全序列出发，采用递推形式的连续编码。它不是将单个的信源符号映射成一个码字，而是把一个较长的码字分配给整个输入流，按照符号序列的出现概率对概率数直线进行区间分割；再在该小区间选择一个二进制小数作为编码输出，从而达到高效编码的目的。

我们熟悉的 JPEG、JPEG2000、H.263、H.264 等图像编码标准中都使用了算术编码。

（3）LZW 编码

LZW（Lempel Ziv & Welch）压缩编码是一种先进的数据压缩技术，属于无损压缩编码。该编码主要用于图像数据的压缩。任何具有可预见性的数据都可以用标记进行表示，即用一种代码表示数据流中的重复字串。LZW 压缩技术就是利用这一原理，把数据流中复杂的数据用简单的代码来表示，并根据代码和数据的对应关系建立一个转换表。转换表是在压缩或解压缩过程中动态生成的表，该表只在进行压缩或解压缩过程中需要，一旦压缩和解压缩结束，该表将不再起任何作用。压缩过程中生成的转换表记录了代码和数据的对应关系，并且只用于压缩和解压缩过程中。

LZW 编码算法逻辑简单、实现硬件便宜、运算速度快。就原理而言，LZW 压缩技术可压缩和解压缩任何类型和格式的数据，对计算机中的各种文件都具有较好的压缩效果，且对机器硬件条件要求不高。

9.2.2　文本

文本是计算机文字处理程序的基础，是以文字和各种专用符号表达的信息形式，是多媒体应用程序的基础，也是现实生活中使用最多的一种信息存储和传递媒介。在多媒体技术中，通过文本信息的使用，可以使多媒体应用系统更好地展示相关信息，更易于被用户所理解。

文本型信息主要有两类：格式化文本和非格式化文本。格式化文本是指带有各种文本排版信息等格式信息的文本文件。非格式化文本是指只有文本信息没有其他任何有关格式信息的文件，又称为纯文本文件。常用的文本文件格式和压缩编码标准主要有以下几种。

1. TXT 文件

TXT 文件是一种纯文本文件，扩展名为“.txt”，是 Windows 系统中常用的一种文本文件，可通过 Windows 自带的记事本进行创建。TXT 文件中不包含任何格式信息，在文件中不保存字体、字号、颜色、位置等格式化信息，任何记事本类型的软件都可以打开该类型文件，如 EditPlus、NotePad 等。

2. DOC 文件

DOC 文件是微软办公软件 Office 中 Word 文字处理软件中使用的一种文本文件，其扩展名为“.doc”。从 Office 2007 版本开始，微软公司在办公软件中加入 Office XML 压缩标准。为了和之前的文件类型相区分，DOC 文件的扩展名变为“.docx”，X 代表 XML。DOC 文件是格式化文本文件，可在其中保存各种排版信息，如字体、字号、颜色、行距、编号等，也可基于宏命令进行编程。

3. WPS 文件

WPS 文件是 WPS Office 文字处理软件所使用的一种文本文件格式，扩展名为“.wps”，也是一种格式化文件。WPS Office 是一套优秀的国产办公软件，由金山公司开发，具有内存占用低、运行速度快、云功能多、强大插件平台支持、免费提供在线存储空间及文档模板的优点。同时，WPS 保存了对微软 Office 文件格式的兼容，可在其中打开和编辑 DOC 文件。

4. RTF 文件

RTF（rich text format）是一种富文本文件，扩展名为“.rtf”，又称为多文本格式，是由微软公司开发的跨平台文档格式。富文本文件不仅保存文件内容，还保存文字样式，从而保证在不同的用户环境下效果的一致性。它是一种方便于不同的设备、系统查看的文本和图形文档格式，具有良好的可移植性、跨平台性。但富文本文件相对较大，不利于网络传输。RTF 文件可用 Word 或写字板创建，大多数的文字处理软件都能读取和保存 RTF 文档。

5. PDF 文件

PDF（portable document format）是一种便携式电子文件格式，扩展名为“.pdf”，由 Adobe 公司开发而成，具有很好的可移植性。PDF 文件不管是在 Windows、UNIX 还是在苹果公司的 macOS 操作系统中都是通用的。PDF 文件以 PostScript 语言图像模型为基础，无论在哪种打印机上都可保证精确的颜色和准确的打印效果。PDF 将忠实地再现原稿的每一个字符、颜色以及图像。常用软件中，Word、WPS、Photoshop 等都可以将文件存储为 PDF 格式。PDF 文件具有良好的不可复制性和不可修改性，若需要对 PDF 文件进行编辑，则需要专门的 PDF 文件编辑工具，Adobe Acrobat 是最专业的 PDF 文件编辑工具之一。在 Acrobat 中，可实现对 PDF 文件的编辑、合并、页面组织、电子签名等操作。

9.2.3　图形与图像

图形（graphics）是通过计算机绘图软件由一组指令集来描述颜色、形状、轮廓、大小和位置等所得到的画面，如直线、圆、圆弧、矩形、曲线、图表等。在图形文件中，只记录生成图的算法和图上某些特征点的信息，也称为矢量图。图形每次显示时，都需要根据记录的算法和特征点信息重新计算，其最大优点在于移动、旋转、放大或缩小、扭曲等操作时不会出现失真。由于图形只保存算法和特征点，占用的存储空间较小，但显示时需经过重新计算，显示速度相对慢些。图形主要用于表示线框型的图画、工程制图和美术字等。

图像（image）又称为位图，是指由描述图像中各个像素点的亮度与颜色、饱和度的数位集合所组成的画面。图像一般由扫描仪、数码相机、数码摄像机等输入设备捕捉实际的画面所产生，也可由图像编辑软件所创作得到。将静止图像区域划分为若干个大小相等的矩形，这一个个矩形就称为像素点。图像由像素点组成，每一个像素点具有位置、颜色、亮度、尺寸等属性，每个属性用若干位二进制数来表示。

对于图像文件而言，其大小由图像的分辨率和色彩深度决定，即图像文件大小 = 垂直分辨率 × 水平分辨率 × 色彩深度。分辨率分为垂直分辨率和水平分辨率，也是垂直和水平方向像素点的数目。色彩深度在计算机图形学领域中表示在位图或者视频帧缓冲区中存储 1 像素的颜色所用的位数，它也称为每像素位（bpp）。色彩深度越高，可用的颜色就越多。单色图像使用 1 位二进制数表示，可表示黑白两种颜色；灰度图像是把白色与黑色之间按对数关系分为若干等级，称为灰度，灰度分为 256 阶，采用 8 位二进制数表示；彩色图像一般有 8 位、16 位、24 位、32 位等几种。8 位可表示 256 种颜色，一般用于低分辨率的显示器或早期的工作站，24 位或 32 位能提供比肉眼能识别的颜色更多的颜色，称为真彩色。

图像用像素点描述任意像素点、强度和颜色，文件存储容量大，适用于表现含有大量细节（如明暗变化、场景复杂、轮廓色彩丰富）的对象，如照片、绘画等。

图形与图像两者都具有各自的特点，其对比如表 9-1 所示。

表 9-1　图形与图像对比

特点	元素	
	图形	图像
文件大小	存储算法和特征点，数据量小	存储像素点信息，数据量大
描述的复杂性	有结构，便于编辑和修改	无结构，不便于编辑和修改
描述精度	能准确表示 3D 景物，易于生成不同视图	3D 部分信息缺失，很难生成不同视图
资源消耗	需要复杂的计算，CPU 资源消耗大	直接显示，CPU 资源消耗小
景物描述难度	只记录算法和特征点，景物描述困难	记录像素点信息，景物描述简单、直观
输入设备相关性	由绘图软件绘制，与输入设备无关	图像质量由输入设备质量和精度决定
输出设备相关性	每次重新计算，与输出设备精度相关性小	质量由本身精度和输出设备精度决定

图形和图像常用文件格式和压缩编码标准主要有以下几种：

1. DWG 文件

DWG 是一种常用的图形文件格式，是 AutoCAD 以及基于 AutoCAD 的软件保存设计数据所用的一种专有文件格式。DWG 格式始于 1970 年的 Interact CAD 软件，1982 年 Autodesk 公司取得版权开始使用这种文件格式，AutoCAD 是该公司具有代表性意义的软件。AutoCAD 是一款计算机辅助设计软件，一般用于工程制图、建筑设计等。计算机辅助设计是运用计算机软件进行设计，由此来展示新研发产品的外观、构造、色彩、质感等特性的一系列过程。DWG 已成为 CAD 设计类软件的标准格式，很多其他 CAD 为了兼容 AutoCAD，也直接使用 DWG 作为默认文件格式。

2. AI 文件

AI 是 Adobe Illustrator 的文件扩展名，是一种矢量图形文件格式。Adobe Illustrator 是一种流行的基于矢量图形的绘图程序，通常用于卡通造型的设计、商业插画的绘制、设计 VI 和 UI 等。AI 格式是一个严格限制的、高度简化的 EPS 子集。AI 文件是一种分层文件，用户可以对图形内所存在的层进行操作。AI 格式文件基于矢量输出，兼容性强，可直接支持大部分文件格式，也能很好地支持印刷，可在任何尺寸大小下按最高分辨率输出，从而确保高的画面质量。

3. CDR 文件

CDR 是平面设计软件 CorelDraw 的源文件格式，是一种矢量图形文件。CorelDraw 为设计师提供了矢量动画、页面设计、网站制作、位图编辑和网页动画等多种功能，是一款主要面向绘图设计师和印刷输出人员的矢量图形设计和排版软件。CorelDraw 引入了全色矢量插图和版面设计程序，可以将位图轻易地转化为矢量图，从而摆脱了位图分辨率不足的问题。

4. BMP 文件

BMP 是 Windows 系统交换图形、图像数据的一种标准格式。在 Windows 系统中，图像资源多数以 BMP 格式存储，并且在 Windows 环境中运行的图形图像软件都支持这种格式。它采用位映射存储格式，除了图像深度可选以外，不采用其他任何压缩方法，因此，BMP 文件所占用的空间很大。

5. JPG 文件

JPG 是基于 JPEG 压缩标准的一种图像文件。JPEG（Joint Photograhic Experts Group，联合图像专家组）是由 ISO 和 CCITT 为静态图像所建立的第一个国际数字图像压缩标准，主要为了解决专业摄影师所遇到的图像信息量过于庞大的问题。JPEG 用有损压缩方式去除冗余的图像和彩色数据，在获得极高的压缩率的同时能展现十分丰富生动的图像，即可以用较少的磁盘空间得到较好的图片质量。JPEG2000 是 JPEG 的升级版，其压缩率比 JPEG 高约 30%，同时支持有损和无损压缩。JPEG2000 格式有一个极其重要的特征，即它能实现渐进传输，即先传输图像的轮廓，然后逐步传输数据，不断提高图像质量，让图像由朦胧到清晰显示。此外，JPEG2000 还支持所谓的“感兴趣区域”特性，可以任意指定影像上感兴趣区域的压缩质量，还可以选择指定的部分先解压缩。JPEG 常用文件格式有 JPG、JPEG 等。

6. PNG 文件

PNG（portable network graphics）是便携式网络图形，是一种采用无损压缩算法的位图格式，支持索引、灰度、RGB 三种颜色方案以及 Alpha 通道等特性。PNG 现行的编码标准是 2003 年作为 W3C 建议发布的 ISO/IEC 15948。PNG 文件采用 LZW 算法的派生算法进行压缩，可获得高的压缩比，同时不损失数据。它利用特殊的编码方法标记重复出现的数据，因而对图像的颜色没有影响，也不可能产生颜色的损失，兼顾了高压缩比和高的图像质量。PNG 设计的目的是试图替代 GIF 和 TIFF 文件格式，支持多幅图像叠加和存储，通过有序自动播放来实现动画。PNG 图像在浏览器上采用流式浏览，图像在完全下载之前提供浏览者一个基本的图像内容，随着下载元素的增多而逐渐清晰起来。PNG 支持透明效果，可以为原图像定义 256 个透明层次，使得彩色图像的边缘能与任何背景平滑地融合，从而彻底地消除锯齿边缘。

7. GIF 文件

GIF 图像格式是 CompuServe 开发的图像互换格式，目的是在不同的系统平台上交流和传输图像。GIF 使用 8 位颜色编码，采取了基于 LZW 算法的无损压缩格式，它采用了可变长度压缩算法，存储效率高，支持多幅图像定序或覆盖、交错多屏幕绘图以及文本覆盖。在 GIF 文件中，可同时存储多幅图像，显示时可根据设定频率自动切换，从而得到 GIF 动画。GIF 是目前 Web 及其他联机服务上常用的一种文件格式。

8. RAW 文件

RAW 文件保存从数码相机、扫描器或电影胶片扫描仪等 CMOS 或者 CCD 图像感应器捕捉到的光源信号转化来的数字信号的原始数据。RAW 图像格式的目的是尽可能捕捉（即特定传感器的最好性能）现场的拍摄特性，记录数码相机传感器的原始信息，同时记录由相机拍摄所产生的一些元数据，如 ISO 的设置、快门速度、光圈值、白平衡等。RAW 是未经处理、也未经压缩的格式，充当与电影底片相同的角色，并不作为图像直接使用，而是创建一个包含所有信息的图像。可以把 RAW 概念化为“原始图像编码数据”或更形象地称为“数字底片”。

9.2.4 音频

声音是物体振动产生的声波通过介质向外传并能被人的听觉器官所感知的波动现象。物体在一秒内振动的次数叫作频率，单位是 Hz。人耳能感知到（20 ~ 20 000）Hz 范围内的声波，该范围内的频率称为声音频率，简称音频。自然界中人耳能听到的音频在时间和幅度上都是连续的，是模拟音频，计算机中使用二进制来存储和处理音频，为数字音频，数字音频可分为波形声音、语音和音乐。波形声音实际上已经包含了所有的声音形式，它可以对任何声音进行采样量化。语音是人说话的声音，是一种特殊的媒体，但也是一种波形。音乐是符号化了的声音，乐谱可转变为符号媒体形式。

音频信息在多媒体中的应用极为广泛，如视频图像配以娓娓动听的音乐和语音，静态或动态图像配以解说和背景音乐，立体声音乐可增加空间感，游戏中的音响效果等。

常用的音频文件和压缩编码方案主要有以下几种：

1. WAVE 音频

Wave 音频是微软公司开发的一种音频文件，扩展名为“.wav”，是 Windows 系统中常用的一种音频文件格式。Wave 音频以 RIFF（resource interchange file format）格式为标准，Wave 文件由文件头和数据体两大部分组成，头 4 个字节便是“RIFF”，用来保存音频流的编码参数。

Wave 有很多不同的压缩格式，对音频流的编码没有硬性规定，最基本的 Wave 文件基于 PCM（pulse code modulation，脉冲编码调制）编码。PCM 编码直接存储采样的声音数据而不经过任何的压缩，是声卡直接支持的数据格式。声卡在播放压缩的音频时，首先需要将压缩数据解压成 PCM 格式，然后才能播放。除了 PCM 之外，还有几乎所有支持 ACM 规范的编码都可以为 Wave 的音频流进行编码。

Wave 音频文件使用采样频率、量化位数和声道数来表示声音。采样频率一般有 11 025 Hz（11 kHz）、22 050 Hz（22 kHz）和 44 100 Hz（44 kHz）三种，量化位数主要有 8 bit 和 16 bit 两种，声道有单声道和立体声道。Wave 文件大小 =(采样频率 × 量化位数 × 声道数）× 时间 ÷ 8。

2. MIDI 音频

MIDI（musical instrument digital interface，音乐设备的数字化界面）是乐器数字接口，文件扩展名是“.mid”或“.rmi”。MIDI 是电子音乐设备与计算机的通信标准，定义了计算机音乐程序、合成器及其他电子设备交换音乐信号的方式，还规定了不同厂家的电子乐器与计算机连接的电缆和硬件及设备间数据传输的协议。

MIDI 文件本身并不是音乐，不包含任何声音信息，而是发音命令，不支持真人原唱或者人声。它只是将所要演奏的乐曲用一系列带时间特征的指令串进行描述，以此记录音乐行为。计算机将记录的发音指令发送给声卡，通过声卡将声音合成播出。与其他音乐文件相比，MIDI 存储容量比波形声音要小。一分钟的立体声音频，若采用无压缩存储，需要大概 10 MB，而用 MIDI 文件，则只需要 7 KB 左右。

3. CD 音乐

CD（compact disc）是一种用以存储数字资料的光学碟片，原被开发用作存储数位音乐。CD 在 1982 年面世，至今仍然是商业录音的标准存储格式。人们熟悉的 CD 音乐，是一个用于存储声音信号轨道如音乐和歌曲的标准 CD 格式，文件扩展名为“.cda”。CDA 文件只是一个索引信息，并不包含声音，其声音数据存放于光盘的数据区内。因而，对于 CDA 而言，不论 CD 音乐时间有多长，都只是一个 44 KB 大小的文件。CDA 文件并不能直接复制粘贴，而需要通过 Windows Media Player 等软件读取音轨和光盘数据，转换为 Wave 或其他音频格式文件后才能复制。

标准 CD 格式使用 44.1 kHz 采样频率，速率为 88 kb/s，16 位量化位数。CD 音轨是近似无损的，声音忠于原声。如果你是一个音响发烧友，那么 CD 会是你的首选。CD 光盘可以在 CD 唱机中播放，也能用计算机光驱通过各种播放软件播放。

4. MP3 文件

MP3（MPEG audio layer3）是计算机特别是互联网中使用最广泛的一种音频文件格式，基于 MPEG（moving picture experts group，运动图像专家组）音频层标准压缩，文件扩展名为“.mp3”。MPEG 音频文件根据压缩质量和编码复杂程度的不同可分为三层：MPEG audio layer1、MPEG audio layer2、MPEG audio layer3。layer1 编码简单，一般用于录音磁带，压缩率 4∶1；layer2 算法较复杂，一般用于数字音频，如 VCD，压缩比 6∶1～8∶1；layer3 编码复杂，常用于互联网上高质量声音的存储和传播。MP3 是一种有损压缩，通过丢弃脉冲编码调制（PCM）音频数据中对人类听觉不重要的数据，可以将音乐以 10∶1 甚至 12∶1 的压缩率进行压缩编码，而对于大多数用户来说，重放的音质与最初不压缩音频相比没有明显的下降。一分钟 CD 质量的音频，未经压缩大概需要 10 MB 的存储空间，经过 MP3 编码后，文件大小大概只有 1 MB，并且音质基本保持不变。

9.2.5 视频

视频是静态图像的连续播放、利用人眼的视觉暂留特性所看到的画面。视觉暂留现象是光对视网膜所产生的视觉在光停止作用后，视觉形象并不会立即消失，仍保留一段时间的现象。一段视频是由一幅幅单独的画面序列组成的，每一幅图像称为一帧（frame）。连续的图像变化每秒超过 24 帧画面以上时，人眼无法辨别单幅的静态画面，看上去是平滑连续的视觉效果，这样连续的画面就是视频。

视频是各种媒体中携带信息最丰富、表现力最强的一种媒体，电影、电视、DVD、VCD 等都属于视频的范畴。常用的视频文件格式和编码方案主要有以下几种：

1. MPEG 视频

MPEG 是 ISO 与 IEC 于 1988 年成立的专门针对运动图像和语音压缩制定国际标准的组织。该组织专门负责为 CD 建立视频和音频标准，成员都是视频、音频及系统领域的技术专家。MPEG 标准主要利用了具有运动补偿的帧间压缩编码技术以减小时间冗余度，利用 DCT 技术以减小图像的空间冗余度，利用熵编码则在信息表示方面减小了统计冗余度。这几种技术的综合运用，大大增强了压缩性能，成功将声音和影像的记录脱离了传统的模拟方式，建立了 ISO/IEC 11172 压缩编码标准，并制定出 MPEG 格式，令视听传播进入了数码化时代。MPEG 标准主要有 MPEG-1、MPEG-2、MPEG-4、MPEG-7 及 MPEG-21 等。

MPEG-1 是为 CD 光盘介质定制的视频和音频压缩格式，也是 MPEG 组织制定的第一个视频和音频有损压缩标准。1992 年底，MPEG-1 正式被批准成为国际标准。MPEG-1 具有随机访问、灵活的帧率、可变的图像尺寸、运动补偿可跨越多个帧、半像素精度的运动向量等特点。MPEG-1 的输出质量大约和传统录像机相当，随后被 Video CD（VCD）采用为核心技术。VCD 的分辨率为 352 × 288，比特率固定为 1.15 Mb/s，其文件扩展名为“.dat”。

MPEG-2 制定于 1994 年，设计目标是高级工业标准的图像质量以及更高的传输率，正式名称为“基于数字存储媒体运动图像和语音的压缩标准”，常用文件扩展名为“.mpg”。MPEG-2 是针对标准数字电视和高清晰电视在各种应用下的压缩方案，与 MPEG-1 标准相比，具有更高的图像质量、更多的图像格式和传输码率的图像压缩标准。MPEG-2 是 DVD 的指定标准，传输速率在 3 ~ 10 Mb/s 之间，在 NTSC 制式下的分辨率可达 720 × 486，并能够提供广播级的视像和 CD 级的音质。MPEG-2 还可用于为广播、有线电视网、电缆网络以及卫星直播提供广播级的数字视频。

MPEG-4 是新一代基于内容的多媒体数据压缩编码国际标准，于 1999 年初正式发布。它是一个适用于低传输速率应用的方案，主要应用于视像电话、视像电子邮件和电子新闻等。MPEG-4 利用很窄的带宽，通过帧重建技术，压缩和传输数据，以最少的数据获得最佳的图像质量。与 MPEG-1 和 MPEG-2 相比，MPEG-4 更加注重多媒体系统的交互性和灵活性。它与传统视频编码标准的最大不同在于第一次提出了基于对象的视频编码新概念。基于内容的交互性是 MPEG-4 标准的核心思想，具有高效的压缩性和通用的访问性，MPEG-4 已成为当今网络视频的主流标准和格式，文件扩展名为“.mp4”。

2. AVI 文件

AVI（audio video interleaved，音视频交错）是微软公司开发的一种伴音与视频交叉记录的视频文件格式，扩展名为“.avi”。AVI 文件将音频（语音）和视频（影像）数据包含在一个文件容器中，允许音视频同步回放。AVI 视频主要应用在多媒体光盘上，用来保存电视、电影等各种影像信息。AVI 可以跨多个平台使用，但压缩效率差、体积过于庞大。

对于 AVI 视频而言，并没有统一的压缩编码标准，使得在播放同为“.avi”格式的视频时经常出现有些能播放而另一些不能播放的问题。最普遍的现象就是高版本视频播放器播放不了采用早期编码的 AVI 格式视频，而低版本视频播放器又播放不了采用最新编码的 AVI 格式视频。由于视频编码和解码的问题，也经常出现音视频不同步或者只有声音没有视频的问题。在进行 AVI 格式的视频播放时遇到这些问题，可以通过下载相应的解码器来解决。

3. MOV 文件

MOV 是 Apple 公司在 Macintosh 微机上推出的视频文件格式，扩展名为“.mov”。MOV 文件具有较高的压缩比、较完美的视频清晰度和跨平台应用等特点，可在 macOS 和 Windows 中使用。MOV 文件常用的播放器是 QuickTime Player。QuickTime Player 除了播放 MOV 视频外，还支持 MP3 和 MIDI 播放，并且可以收听 / 收看网络播放，支持 HTTP、RTP 和 RTSP 标准，同时支持主要的图像格式。

4. FLV 文件

FLV（flash video）是随着 Flash MX 推出而流行起来的一种全新的流媒体视频格式，扩展名为“.flv”。FLV 文件极小、CPU 占用率低、视频质量良好、加载速度极快，它的出现有效地解决了视频文件导入 Adobe Animate（Flash 的替代版本）后，导出的 SWF 文件体积庞大，不能在网络上很好地使用等问题。FLV 格式不仅可以轻松导入 Animate 中，并且能起到保护版权的作用。FLV 视频利用网页上广泛使用的 Flash Player 平台，将视频整合到 Animate 动画中，给视频传播带来了极大便利。网站的访问者只要能看 Animate 动画，自然也能看 FLV 格式视频，而无须再额外安装其他视频插件。丰富、多样的资源也是 FLV 视频格式统一在线播放视频格式的一个重要因素。

9.2.6　动画

动画（cartoon）是通过连续播放一系列画面，给视觉造成连续变化的画面，既包括时间上的连续，也包括图像内容上的连续。它的基本原理与电影、电视一样，都是利用了视觉暂留原理。动画的构成规则主要有以下三点：

① 动画由多画面组成，并且画面必须连续。

② 画面之间的内容应该相差不大，但必须存在差异。

③ 画面表现的动作必须连续，即后一幅画面是前一幅画面的继续。

计算机设计动画方法有两种：一种是造型动画，一种是帧动画。造型动画是对每一个运动的物体分别进行设计，赋予每个对象一些特征，如大小、形状、颜色等，然后用这些对象构成完整的帧画面。造型动画的每帧由图形、声音、文字、调色板等造型元素组成，控制动画中每一帧中图元表演和行为的是由制作表组成的脚本。帧动画是由一幅幅位图组成的连续的画面，就像电影胶片或视频画面一样，要分别设计每个屏幕显示的画面。在动画制作时，只需要做好主动作画面，其余的中间画面都可以由计算机插值计算来完成。常见的动画文件和编码主要有以下几种：

1. FLA 文件

FLA 是 Adobe Animate 动画制作软件的源文件格式，扩展名为“.fla”。在 FLA 文件中，保留了动画制作过程中的原始编辑信息，包括原始素材、时间轴、图层、声音、图片、脚本等。在使用 Animate 进行动画创作时，后期会发布为 SWF 动画文件，但 SWF 文件不可以被编辑和修改。因而，尽管 FLA 文件相对较大，但为了以后修改方便，千万不能丢失，否则将全部从头再来。

2. SWF 文件

SWF 是一种基于矢量的 Animate（原为 Macromedia 公司的动画制作软件 Flash，后被 Adobe 收购，更名为 Animate）动画文件格式，最初旨在显示尺寸小的矢量图形，被广泛用于网站设计和动画制作领域。使用 Animate 可以创作并生成 SWF 文件，也可以通过相应软件将 PDF 等类型转换为 SWF 格式。Animate 可以包含简单的动画、视频内容、复杂演示文稿和应用程序以及介于它们之间的任何内容，并可以使用 AcitonScript 3.0 开发高级的交互式项目。SWF 使用无损压缩来保持其在动画和交互式小程序中图像的质量，只能保存一定数量的视频帧，无法在 SWF 文件中存储很长的视频。

3. GIF 和 PNG 动画

GIF 和 PNG 即图像中所讲的图像文件格式，也是最常见的二维动画格式。不同于其他图像文件，在 GIF 和 PNG 中可以支持多幅图像，通过多幅图像的有序自动播放，获得动画效果。GIF 只支持 8 位色，因而文件很小，很适合简单网页动画，网页中的动态按钮、动态 Banner 一般使用此类动画。PNG 支持真彩色，文件比 GIF 要大，但色彩表现力更丰富。

9.2.7 超文本与超媒体

人类的记忆是一种具有网状结构的联想式的记忆，具有跳跃式、多层次、多路径、多方位思维和访问信息的非线性结构。

超文本是一个类似于人类联想思维的非线性的网状结构。在超文本内部，节点之间用链（link）连接起来形成网状结构，链的起节点称为锚节点，终止节点称为目的节点，如图 9-6 所示。它可以按需要用一定的逻辑顺序来组织和管理信息，提供联想、跳跃式的查询能力，极大地提高获得知识和信息的效率。超文本是一种接口模型，采用“控制按钮”的方式组织接口。这些“按钮”由作者设置在正文中，用户通过按钮访问下面的信息。“按钮”就是通常所说的连接节点之间的“链”，从这个角度看，超文本可以看作节点、链和网络三个要素的组合。

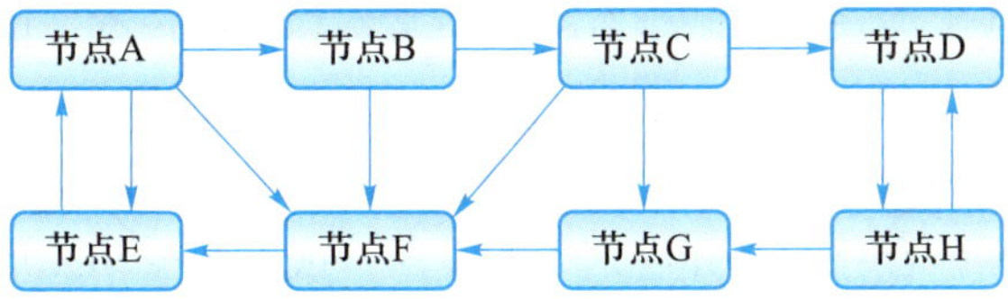

图 9-6　超文本的链式结构

超媒体是超文本的扩充，若超文本中的节点的数据不仅可以是文本，还可以是图像、动画、音频、视频，则称为超媒体。基于超文本或超媒体信息管理技术的系统则称为超文本或超媒体系统。超文本或超媒体系统具有如下特征：

1. 多种媒体信息

节点可含有文本、图形、图像、动画、声音和视频等，使传播的信息更易于被接受和理解，从而达到更好的效果。

2. 非线性的网状结构

把各种内容和形式的节点按在现实世界中的联系和人们的思维逻辑进行组织，成为一个有机的综合信息体。

3. 交互式信息浏览和查询

用户可跟随链的走向不断打开目的节点，也可以利用已知的字符串关键字对网络进行搜寻。

4. 具有良好的可扩充性

各个节点中的信息可以更新，也可将新节点加入超文本结构中或删除已有的一些节点。

9.3　数字音频处理技术

音频是多媒体技术的重要元素，是人能够听到的声音。数字音频处理技术包括音频的录制、剪辑、添加特效以及合成输出等。

9.3.1　声音及数字化

1. 声音的特征

空气中物体的振动传导到人的耳膜，通过人的听觉神经感知到这个振动就是声音。声音具有响度、音调和音色三大特征。

响度是人主观上感觉声音的大小，由振幅决定，振幅越大响度越大，单位为分贝（dB）。分贝是声源功率与基准声功率比值的对数乘以 10。响度的大小决定于声音接收处的波幅，就同一声源来说，波幅传播得越远，响度越小；当传播距离一定时，声源振幅越大，响度越大。在其他条件相同的情况下，元音比辅音响。元音中，开口度大的低元音比开口度小的高元音响；辅音中，浊音比清音响，送气音比不送气音响。

音调是声音的高低，表示人的听觉分辨一个声音高低的程度，由振动体的振动频率决定，频率越高音调越高。频率是每一秒经过给定点的声波数量，也就是压力变化的次数。人耳听力范围为（20～20 000）Hz。

音色是声音的特性，音色的好坏区别于产生泛音成分和振动波形的不同，由发声物体本身材料、结构及共鸣条件决定。泛音是在基础音基础上产生的倍频振动，在语音上称为和声，在工程领域称为谐振。泛音的数量及强度确定复杂声音，泛音的谐音多少和相对强度决定音色的差异。

2. 声音的数字化

音频信号分为模拟信号和数字信号。在自然界，我们常听到的声音信号都是模拟信号。模拟信号是指在时间和幅度上都是连续的信号。在时间上连续是指在给定的时间范围内，声音信号的幅值有无穷多个，在幅度上连续是指幅度的数值有无穷多个。在时间上和数值上都是不连续变化的信号称为数字信号。模拟信号和数字信号如图 9–7 所示。

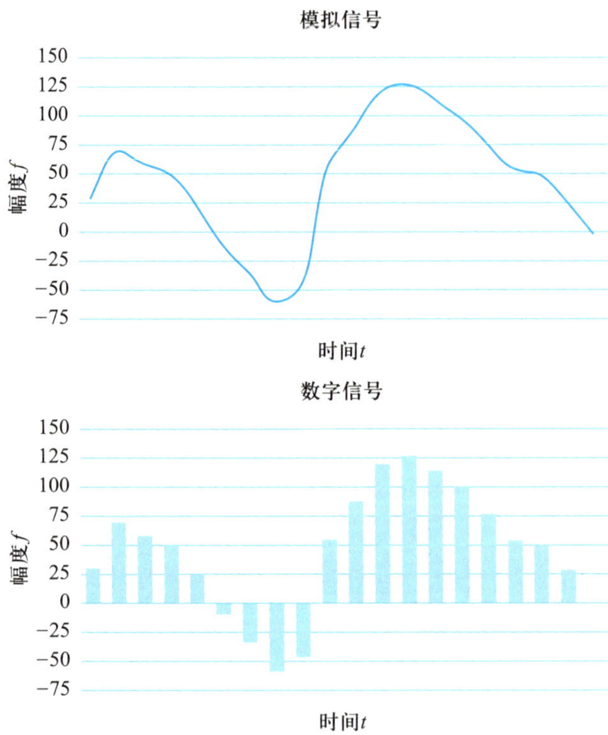

图 9–7　模拟信号和数字信号

对于模拟音频而言，不能在计算机中使用和处理，同时不能精确复制和传输。录音带存储的是模拟信号，在每一次进行复制（转录）时都会出现失真，随着复制次数越多，失真越严重，如噪声会越来越多。计算机中存储和使用的音频必须是数字音频，模拟音频则必须经过数字化。在数字域对音频进行处理，不受时间和环境变化影响，表示部件功能的数学运算容易实现，也可以方便实现对数字运算部件的编程。将模拟音频数字化，就是通过模数转换器，将模拟信号转换为数字信号，通常分为三步实现：采样、量化和编码，如图 9–8 所示。

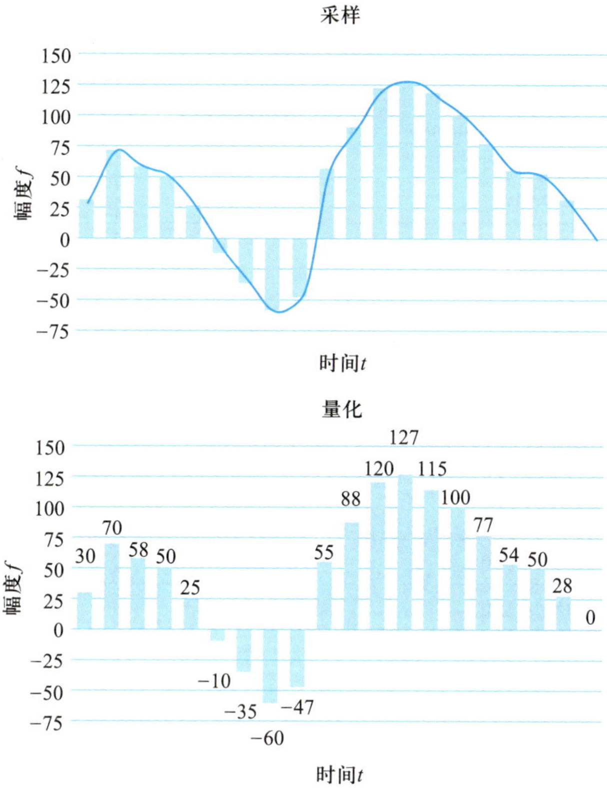

图 9–8　采样和量化

采样就是在某些特定时刻对模拟信号进行测量，采样得到的是离散时间信号，连续时间的离散化是通过采样实现的。如果在采样时间隔的时间是一样的，则称为均匀采样。

量化指的是使用某一个具体的数值来代替对应采样时间点上的幅度值，从而实现幅度值的离散化，不再是连续值，也就是把信号的强度划分成若干段表示。如果幅度的划分是等间隔的，就称为线性量化，否则就称为非线性量化。

编码是整个声音数字化的最后一步。对音频信号取样并量化后，模拟信号已转换成数值形式。编码是为了减少音频的数据量，将量化的数值转换为二进制，方便计算机存储和处理。表 9–2 为图 9–7 所示模拟音频采用 44.1 kHz 采样频率、16 位量化位数进行量化、编码后的数据。

表 9–2　音频数字化后量化编码数据表

采样序号	采样时间（s）	声波振幅（Pa）	16 位量化编码值
1	1/44 100	30	0000 0000 0001 1110
2	2/44 100	70	0000 0000 0100 0110
3	3/44 100	58	0000 0000 0011 1010
4	4/44 100	50	0000 0000 0011 0010
5	5/44 100	25	0000 0000 0001 1001
6	6/44 100	−10	1000 0000 0000 1010

续表

采样序号	采样时间（s）	声波振幅（Pa）	16 位量化编码值
7	7/44 100	−35	1000 0000 0010 0011
8	8/44 100	−60	1000 0000 0011 1100
9	9/44 100	−47	1000 0000 0010 1111
10	10/44 100	55	0000 0000 0011 0111
11	11/44 100	88	0000 0000 0101 1000
12	12/44 100	120	0000 0000 0111 1000
13	13/44 100	127	0000 0000 0111 1111
14	14/44 100	115	0000 0000 0111 0011
15	15/44 100	100	0000 0000 0110 0100
16	16/44 100	77	0000 0000 0100 1101
17	17/44 100	54	0000 0000 0011 0110
18	18/44 100	50	0000 0000 0011 0010
19	19/44 100	28	0000 0000 0001 1100
20	20/44 100	0	0000 0000 0000 0000

数字化音频的质量取决于采样频率、量化位数和声道数三个因素。

（1）采样频率

采样频率是将模拟声音波形转换为数字时，每秒所抽取声波幅度样本的次数，单位是 Hz（赫兹）。采样频率越高，等分波形的份数就越多，数字化后的音频质量越好，但相应的数据量也越大。采样频率是根据奈奎斯特定理和声音信号本身的最高频率决定的。根据奈奎斯特定理，采样频率不应低于声音信号最高频率的两倍，即

$$f_s \geqslant 2f$$

其中，f_s 表示采样频率，f 表示声音的最高频率。只要采样频率满足奈奎斯定理，数字化后的音频信息就能还原成原来的声音，这样的数字化就是无损的，不会出现失真。人耳能够听到的声音最高频率为 20 kHz，因而，要满足人的感知需要，则采样次数至少达到每秒 40 000 次，用频率表示为 40 kHz，这就是采样频率。在常见的声音中，电话音质的采样频率为 8 kHz，CD 为 44.1 kHz，MP3 有 48 kHz、44.1 kHz、32 kHz 等多种可选择，FM 调频广播为 22.05 kHz，DVD 则为 48 kHz。

（2）量化位数

量化位数也称为采样精度，是每个采样点能够表示的数据范围，经常采用的有 8 位、12 位、16 位、24 位和 32 位。位数反映了声卡在采集和播放声音文件时，所使用的二进制位数范围大小和可用来采样的不同电压值的总数大小。位数越高，采样越精确，声音的质量也越高，但数据量也越大；位数少，音质差，需要的存储空间也就越小。例如，8 位表示每个采样点可以表示 256 个不同量化值，而 16 位则可以表示 65 536 个不同的量化值。CD 的量化位数是 16 位，其音质几乎忠于原声。因而数字化时，只要精度达到 16 位及以上，就可以获得很好的音质。

（3）声道数

声道数是声音通道的个数，是指一次采样所记录的产生声音波形的个数。记录声音时，每次生成一个声波数据称为单声道；每次生成两个声波数据称为双声道，也称为立体声；而在录制声音时采用单声道，而放音有时是立体声，有时是单声道则称为准立体声。而四声道环绕则是规定了前左、前右、后左、后右 4 个发音点，同时还建议增加一个低音音箱（即 4.1 声道音箱系统），以加强对低频信号的回放处理。5.1 声道包含一个正面、左前、右前声道以及左环绕声道、右环绕声道和一个低音声道。杜比 AC-3、DTS 等声音录制压缩格式都是以 5.1 声音系统为技术蓝本的，已广泛运用于各类传统影院和家庭影院中。7.1 声道是在 5.1 声道的基础上，把左右的环绕声道拆分为左右环绕声道以及左右后置声道，以求达到更加完美的境界。随着声道数据的增加，表现的音质也越好，但所占用的存储空间也将成倍增加。

对于一段数字音频而言，若未经压缩，则其数据量为

$$数字音频大小 = 采样频率 \times 量化位数 \times 声道数 \times 时间 \div 8$$

例如，数字激光唱盘（CD-DA）的标准采样频率为 44.1 kHz，量化位数为 16 位，立体声。一分钟 CD-DA 音乐所需的存储量为 44.1 K × 16 × 2 × 60 ÷ 8 = 10 584 KB。

9.3.2　常见音频处理软件

1. Adobe Audition

Adobe Audition 是一个专业音频编辑和混合环境，简称 Au，专为在照相室、广播设备和后期制作设备方面工作的音频和视频专业人员设计。Au 提供了音频处理所需的完善工具集，功能强大，控制灵活，包含用于创建、混合、编辑和复原音频内容的多轨、波形和光谱显示功能，可加快视频制作工作流程和音频修整的速度，并且还提供带有纯净声音的精美混音效果。Au 可轻松创建音乐、制作广播短片、修复录制缺陷，通过与 Adobe 视频应用程序的智能集成，还可实现音频和视频内容的混合编辑。

2. Cyber Link Wave Editor

Cyber Link Wave Editor 可对音频进行录制、裁剪、剪切和混合操作，并带有丰富多样的数字音频增强特效。Cyber Link Wave Editor 可以按不同格式保存轨道并使用增强音频创建音频 CD，具备音频裁剪、音量调节、淡入淡出、插入静音、插入噪声、倒放、编辑多个频道、音量关键帧调节、降噪等功能，并支持均衡器、手机、收音机、混响、移除音乐中的歌声、VST 插件支持等音频效果。

3. Gold Wave

Gold Wave 是一款功能强大、十分出色的音频编辑工具。它体积小，用户界面直观，可对声音进行编辑、播放、录制和转换，支持几乎所有的音频格式。Gold Wave 可智能选择编辑模式，支持多文档界面同时操作和多种声音效果。使用 Gold Wave 能够从任意音频和视频中提取想要的音频文件，通过精密的过滤器如降噪器和突变过滤器可轻松实现声音修复，方便快捷，格式转换速度快。

4. GarageBand

GarageBand（库乐队）是由 Apple 公司为 macOS 和 iOS 开发的一款顶级专业音乐制

作软件。GarageBand 包括了 1 000 段预录的样本旋律和 50 种合成乐器样本，演奏、混音、录制一气呵成。GarageBand 可将 iPad 和 iPhone 变成一套触控乐器和功能完备的录音工作室，并能用连接计算机的 MIDI 键盘，使用多点触控手势来弹奏键盘、吉他以及创建节拍，支持多达 32 条轨道的演奏。

9.3.3　音频处理实例

例 9-1　使用 Adobe Audition 2022 进行声音录制和混音处理。

① 准备软件和素材，安装好 Audition 软件，背景音乐素材为“红色中国 .mp3”。将音箱和麦克风正确连接到计算机，以便进行声音录制和播放。

② 启动 Audition，其操作界面如图 9-9 所示。

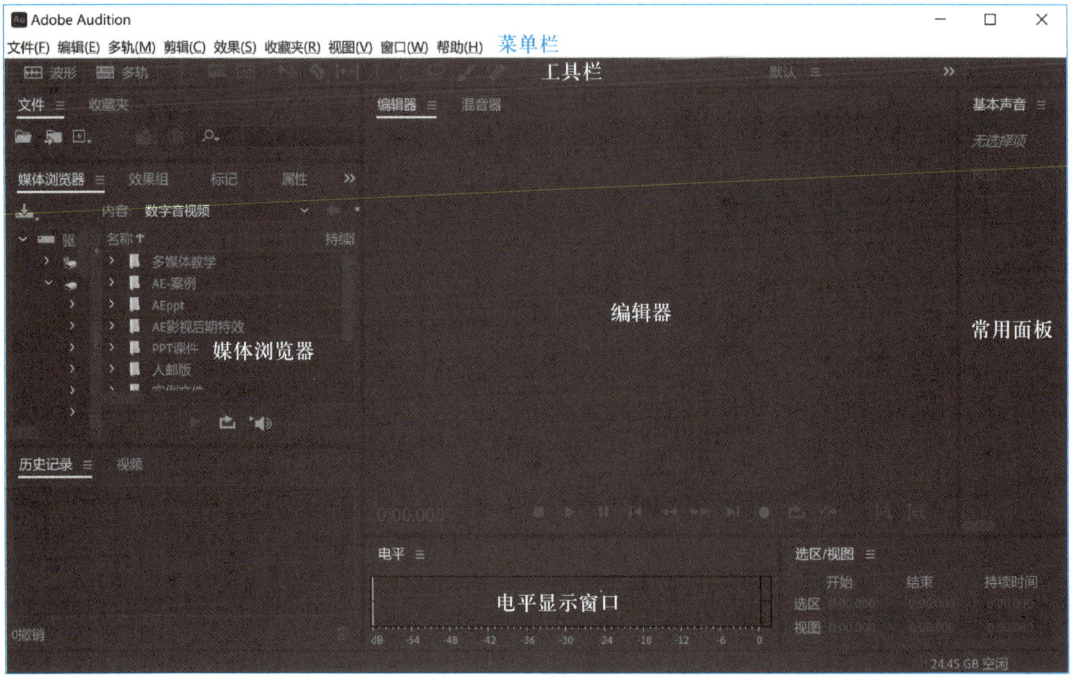

图 9-9　Audition 操作界面

③ 单击工具栏中的【多轨】按钮，打开【新建多轨会话】对话框，将会话名称修改为“少年中国说”，单击【确定】按钮，完成多轨创建，如图 9-10 所示。

④ 从媒体浏览器中找到背景音乐“红色中国 .mp3”，单击鼠标左键选中不松开，将其拉到编辑器的【轨道 1】中，如图 9-11 所示。

⑤ 在【轨道 2】上单击【 R 】按钮，进入录音备用状态。然后单击传送器中的【录制】按钮，开始录音。录音时，若在【轨道 2】上出现了波形，说明声音输入和录音正常。

⑥ 录音完成后，单击传送器中的【停止】按钮、轨道 2 中的【 R 】按钮，结束录音，停止音轨的录音状态。单击传送器上的【播放】按钮，可试听录制的声音，如图 9-12 所示。

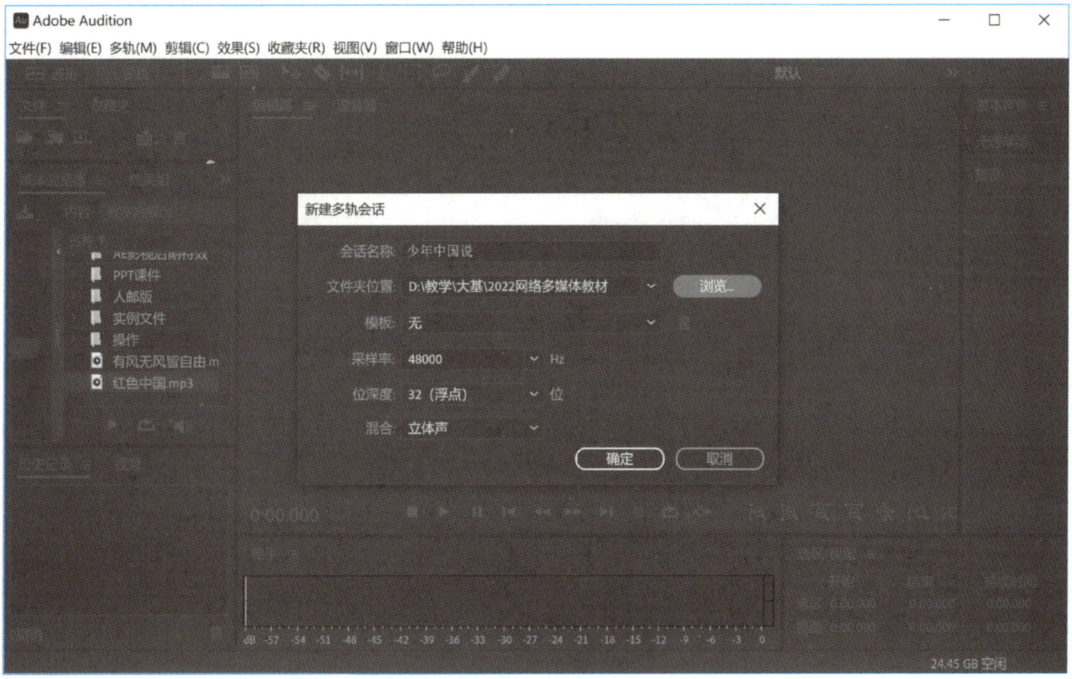

图 9-10　新建多轨会话

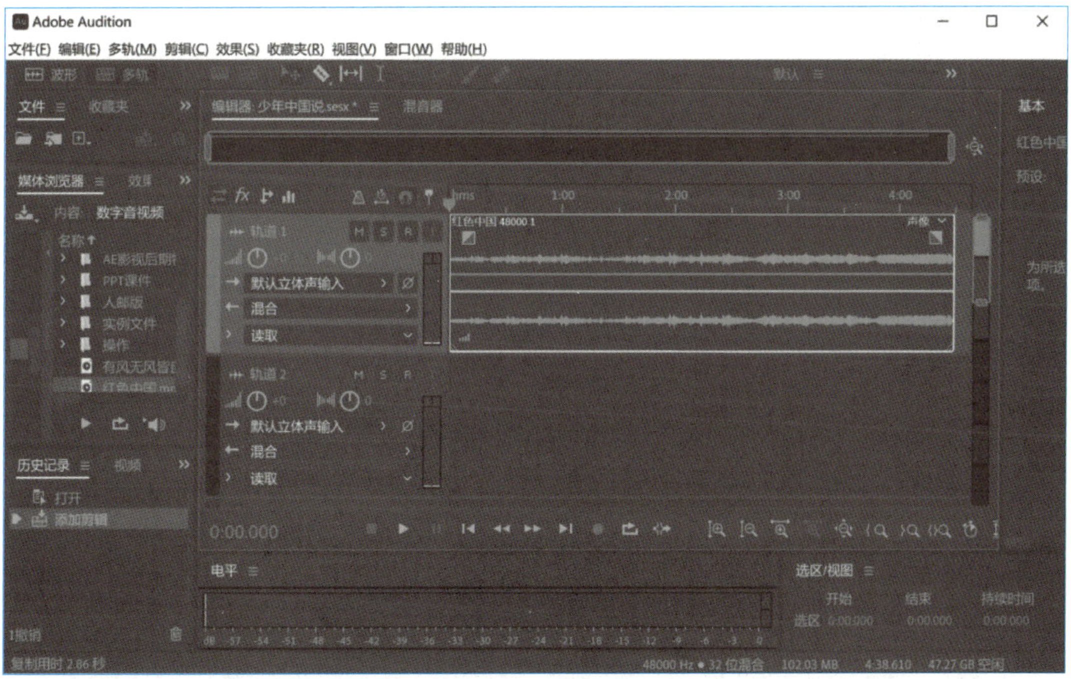

图 9-11　音频编辑

⑦ 若需要调节背景音乐或录制声音的音量，可选择工具栏中的【时间选择工具】，单击拉动选中需要修改的声音波形，然后单击轨道的【音量】按钮进行调节。

⑧ 在多轨编辑状态下，可通过双击某个轨道，进入单轨编辑状态。

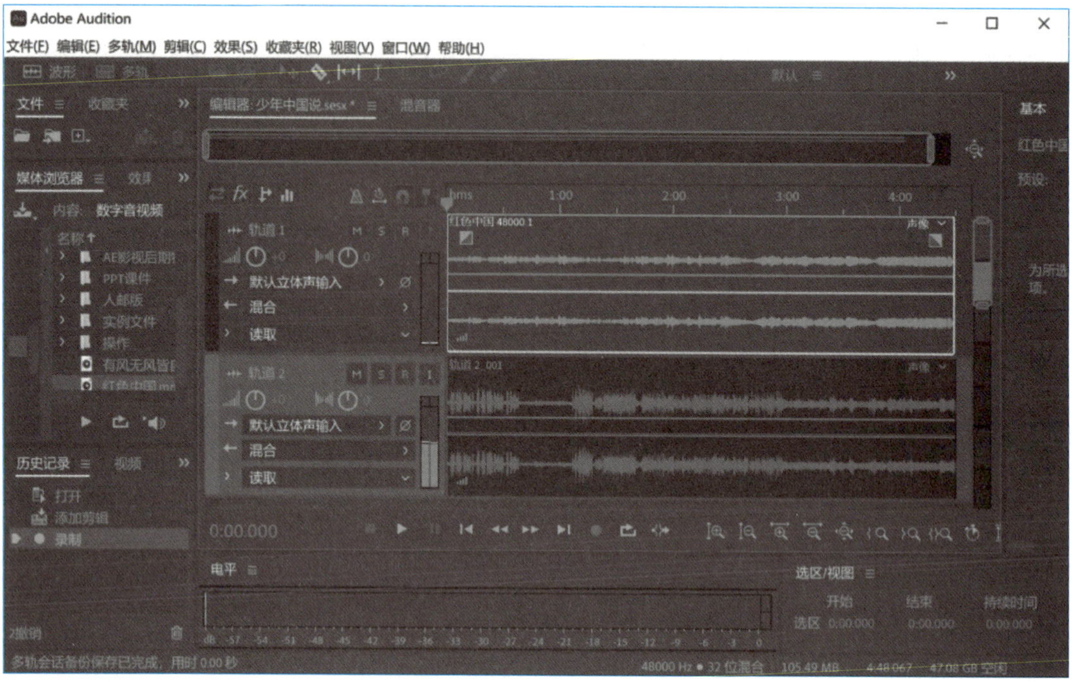

图 9-12　录音界面

⑨ 若需要对音频设置特效，可通过【效果】菜单选择合适的音频特效。

⑩ 若需要进行多轨混音，可选择【混音器】选项卡，进入多轨混音模式，如图 9-13 所示。

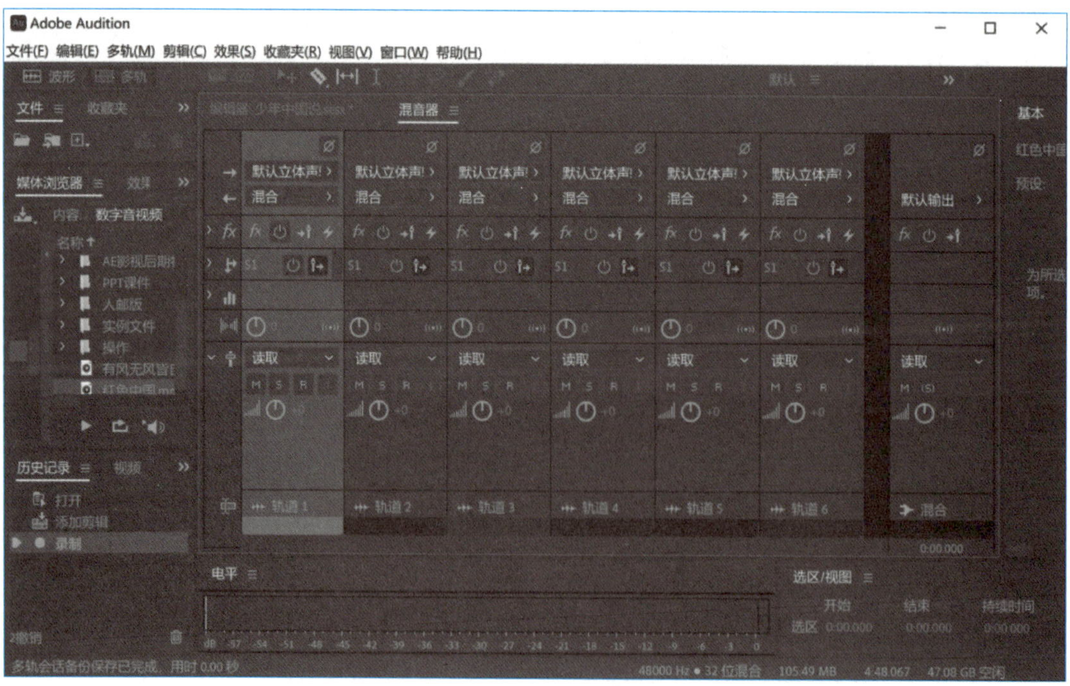

图 9-13　混音器

⑪ 选择【文件】菜单中的【导出】命令，选择【多轨混音】选项组中的【整个会话】选项，打开【导出多轨混音】对话框，将编辑的音频导出为“少年中国说 .wav”，也可选择导出为 MP3 等其他格式，如图 9–14 所示。

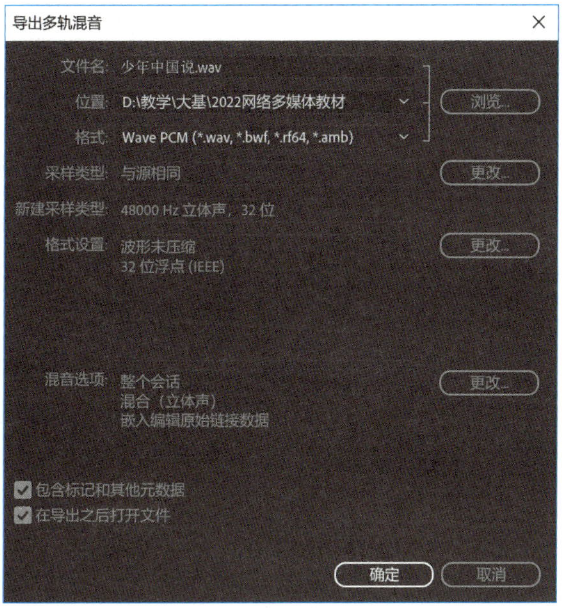

图 9–14 【导出多轨混音】对话框

⑫ 若只希望保存单轨音频，则可在对应音轨上双击，进入单轨模式，然后选择【文件】菜单中的【另存为】命令即可。

9.4　图形和图像处理技术

计算机图形图像处理技术是当前计算机应用技术的重要分支，主要研究如何利用计算机相关技术对图形图像进行输入、编辑、输出等。

9.4.1　图像的数字化

图像数字化是通过数字转换设备，把采集到的图像转换成计算机能够记录和处理的数字图像数据。从现实世界中获取数字图像所使用的设备称为图像获取设备，主要有数码相机、数字化仪、扫描仪等。

1. 图像获取设备

（1）数码相机

数码相机是一种用特殊的半导体材料来采集图片的设备，使用电荷耦合器件作为成像部件。它把进入镜头照射于电荷耦合器件上的光影信号转换为电信号，再经模 / 数转换器处理成数字信息，并把数字图像数据存储在相机内的存储介质中。其结构和原理如图 9-15 所示。

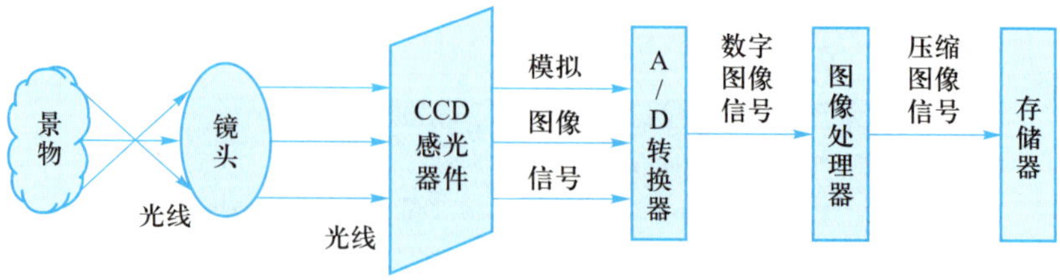

图 9-15 数码相机工作原理

数码照相机的关键部件是 CCD（charge coupled device，电荷耦合器件阵列）。数字相机的 CCD 按阵列分布在一个矩形网格芯片上，形成一个对光线极其敏感的单元阵列，使照相机可以一次摄入一整幅图像。CCD 是数码相机的成像部件，可以将照射于其上的光信号转变为电压信号。CCD 芯片上的每一个光敏元件对应将来生成的图像的一个像素，CCD 芯片上光敏元件的密度决定了最终成像的分辨率。

用数码相机拍照时，景物反射的光线通过照相机镜头聚焦在 CCD 上。当照相机判定已经聚集了足够的电荷（即相片已经被合适地曝光）时，就“读出”在 CCD 单元中的电荷，并传送给模数转换器，模数转换器把每一个模拟电平用二进制数量化。从模数转换器输出的数据传送到数字信号处理器中对数据进行压缩后存储在照相机的存储器中。

数码相机的主要性能指标是 CCD 像素数，也就是数码相机的 CCD 芯片上光敏元件数量的多少。像素数是目前衡量数码相机档次的主要技术指标，决定了数码相机的成像质量。

（2）数字化仪

数字化仪是将图像（胶片或相片）和图形（包括各种地图）的连续模拟量转换为离散的数字量的装置，是在专业应用领域中一种用途非常广泛的图形输入设备。数字化仪类似于一块超大面积的手写板，用户可以用专门的电磁感应压感笔或光笔在上面写或者画图形，并传输给计算机系统。在许多专业应用领域中，用户需要绘制大面积的图纸，仅靠 CAD 系统是无法完全完成图纸绘制的，在精度上也会有较大的偏差，因此必须通过数字化仪来满足用户的需求。高精度的数字化仪适用于地质、测绘、国土等行业。普通的数字化仪适用于工程、机械、服装设计等行业。

（3）扫描仪

扫描仪是一种图像输入设备，利用光电转换原理，通过扫描仪光电管的移动或原稿的移动，把黑白或彩色的原稿信息数字化后输入到计算机中，它还用于文字识别、图像识别等新的领域。

扫描仪由 CCD、光源及聚焦透镜组成。CCD 排成一行或一个阵列，阵列中的每个器件都能把光信号变为电信号。光敏器件所产生的电量与所接收的光量成正比。根据工作方式，扫描仪可分为反射式扫描仪和透射式扫描仪，其工作原理分别如图 9-16 和图 9-17 所示。

反射式扫描仪在工作时，把原件面朝下放在扫描仪的玻璃台上，扫描仪内发出光照射原件，反射光线经一组平面镜和透镜导向后，照射到 CCD 的光敏器件上。来自 CCD 的电量送到模数转换器中，将电压转换成代表每个像素色调或颜色的数字值。步进电机驱动扫描头沿平台做微增量运动，每移动一步，即获得一行像素值。扫描彩色图像时分别用红、绿、蓝滤色镜捕捉各自的灰度图像，然后把它们组合成 RGB 图像。有些扫描仪为了获得彩色图像，扫描头要分三遍扫描。另一些扫描仪中，通过旋转光源前的各种滤色镜使得扫描头只需扫描一遍。反射式扫描仪用于扫描不透明的原稿。

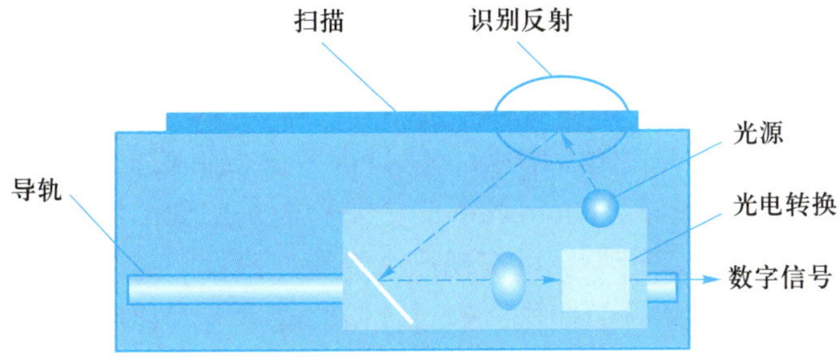

图 9-16　反射式扫描仪

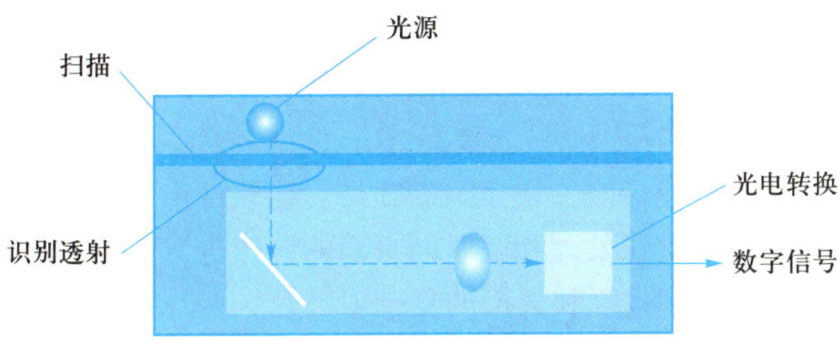

图 9-17　透射式扫描仪

透射式扫描仪工作时将扫描原件放置在光源和 CCD 光敏器件中间，当光源发出光照射原件，光线透过原件经一组平面镜和透镜导向后，照射到 CCD 光敏器件上，再通过光电转换器，将电压转换成数字信号。透射式扫描仪用于扫描透明胶片，如胶卷、X 光片等。

2. 图像的数字化

图像数字化就是将空间分布和亮度取值均连续分布的模拟图像转换成计算机能够处理的数字图像的过程，分为采样、量化、编码三个步骤。

① 采样就是在二维平面坐标中对图像按照一定的间隔来提取样点值，这个采样间隔称为图像分辨率。图像分辨率是指构成图像水平像素点和垂直像素点的数目。像素点是在二维空间上将连续的图像在水平和垂直方向上等间距地分割成矩形网状结构后所形成的微小方格。一幅图像就被采样成有限个像素点构成的集合。图像分辨率越高，画质越好，但数据量也越大。

② 量化是指要使用多大范围的数值来表示图像采样之后的每一个点。在量化时所确定的离散取值个数称为量化级数，表示量化的亮度值或色彩值所需要的二进制位数称为色彩深度，也称量化字长。色彩深度越大，得到的图像质量就越好，相应的数据量也就越大，需要的存储空间也就越多。

③ 编码指的是采用一定的格式来记录数字数据，然后使用具体的算法来压缩数据，以实现图像更好地存储与传输。已有许多成熟的编码算法应用于图像压缩，常见的有图像

预测编码、变换编码、分形编码、小波变换图像压缩编码等，不同的编码算法对应不同的文件格式。

9.4.2　常见图形图像处理软件

1. Adobe Photoshop

Photoshop 是 Adobe 公司开发设计的一款专业平面图像处理软件，简称 PS。从社交媒体到修饰相片，从设计横幅到精美网站，从日常影像编辑到重新创造，无论什么创作，Photoshop 都可以让它变得更好。Photoshop 的主要功能是实现图像编辑、图像合成、校色调色和功能色效等。在图像编辑中，可实现自由变换、镜像、透视、复制、修补图像残损等；借助图层，可实现多幅图像的操作；通过色阶、亮度、对比度等实现对图像颜色、明暗度、色彩偏差等进行调整和校正；软件提供了丰富的滤镜特效，可轻松实现图像的特效创意和特效字的制作。Photoshop 在平面设计、广告创意、网页制作、视觉设计等领域获得了广泛应用。

2. Adobe Illustrator

Illustrator 是 Adobe 公司开发的一款矢量图形设计软件，简称 AI，是一种应用于出版、多媒体和在线图像的工业标准矢量插画的软件。该软件主要应用于印刷出版、海报书籍排版、专业插画、多媒体图像处理和互联网页面的制作等，也可以为线稿提供较高的精度和控制，适合生产任何小型设计和大型的复杂项目。

3. CorelDraw

CorelDraw 是加拿大 Corel 公司开发设计的一款基于矢量图形设计的软件，主要用于绘图与排版。软件提供的智慧型绘图工具以及新的动态向导可以充分降低用户的操控难度，允许用户更加容易精确地创建物体的尺寸和位置，减少点击步骤，节省设计时间。它界面设计友好，操作精细，为设计者提供了一整套的绘图工具，包括圆形、矩形、多边形、方格、螺旋线等，并配合塑形工具，对各种基本图形做出更多的变化。同时也提供了压力笔、书写笔、喷洒器等特殊笔刷，以便充分地利用计算机强大的信息处理能力和随机控制能力。CorelDraw 广泛应用于商标设计、标志制作、模型绘制、插图描画、排版及分色输出等领域。

4. 美图秀秀

美图秀秀是一款生活办公都能用的图片处理软件，功能专业，操作简单。支持批量处理、智能抠图、拼图、证件照设计、消除笔、人像美容、海报设计等特色功能，可一键添加文字，还有电商促销、线条箭头、标注气泡等贴纸素材及日历边框、节日氛围等超多边框可任意选择。可处理生活 / 工作照片，制作电商 / 微商产品图、营销带货宣传海报、喜报晒单；自媒体社交平台配图、封面、拼图晒照；企业节假日通知、招聘求职、通知公告；考试证件照等多场景图片。

9.4.3　图像处理实例

例 9-2　使用 Adobe Photoshop 2022 设计一个网页的标题图片。

① 准备软件和素材。安装好 Photoshop 软件，准备素材文件“校徽 .png”“校名 .png”和“风景 .jpg”。

② 启动 Photoshop，单击“新建”按钮，在弹出的“新建文档”对话框中，选择 Web 选项卡中的“网页 – 最常见尺寸 1 366 × 768 像素 @72ppi”选项，并修改高度为“100”，单击“创建”按钮完成文件新建，如图 9–18 所示。

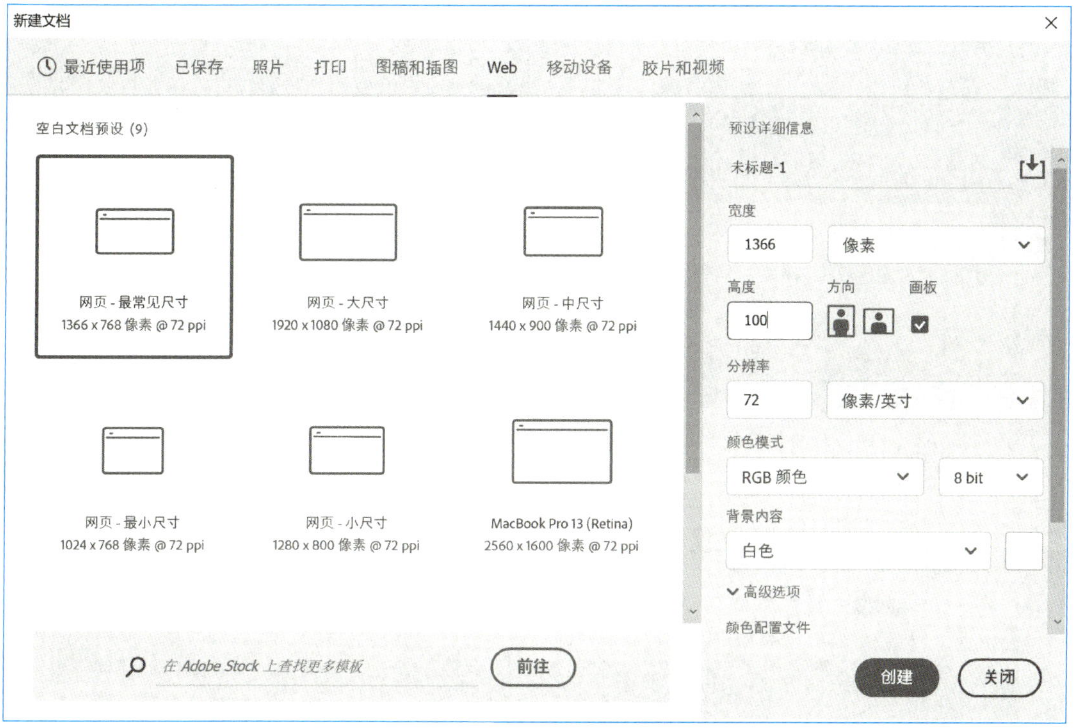

图 9–18　“新建文档”对话框

③ 进入 Photoshop，其界面如图 9–19 所示。

④ 选择“文件”菜单中的“打开”命令，打开素材文件“风景 .jpg”。选择“图像”菜单中的“图像大小”命令，在弹出的“图像大小”对话框中将图像高度修改为 800 × 100（需要取消勾选“约束比例”复选框）。

⑤ 按 Q 键进入快速蒙版，单击“工具箱”中的“渐变工具”，在工具栏中选择“线性渐变”选项，在“渐变编辑器”中单击下拉按钮，选择“基础”中的“前景色到背景色渐变”（当前前景色为黑色，背景色为白色），如图 9–20 所示。

⑥ 使用“渐变工具”在“风景”图像窗口从左到右拉出一条水平直线后松开鼠标。

⑦ 按 Q 键退出快速蒙版，按 Ctrl+C 键复制选区。

⑧ 选择“未定标题 –1”窗口，按 Ctrl+V 键完成粘贴，并将粘贴后的图片移动画面的最右边，如图 9–21 所示。

⑨ 选择“文件”菜单中的“打开”命令，打开“校徽 .png”文件，修改其高度为 90（约束比例）。然后选择“选择”菜单中的“全部”命令，选中图像，然后将其复制粘贴到“未定标题 –1”窗口画板中，并移到合适位置。

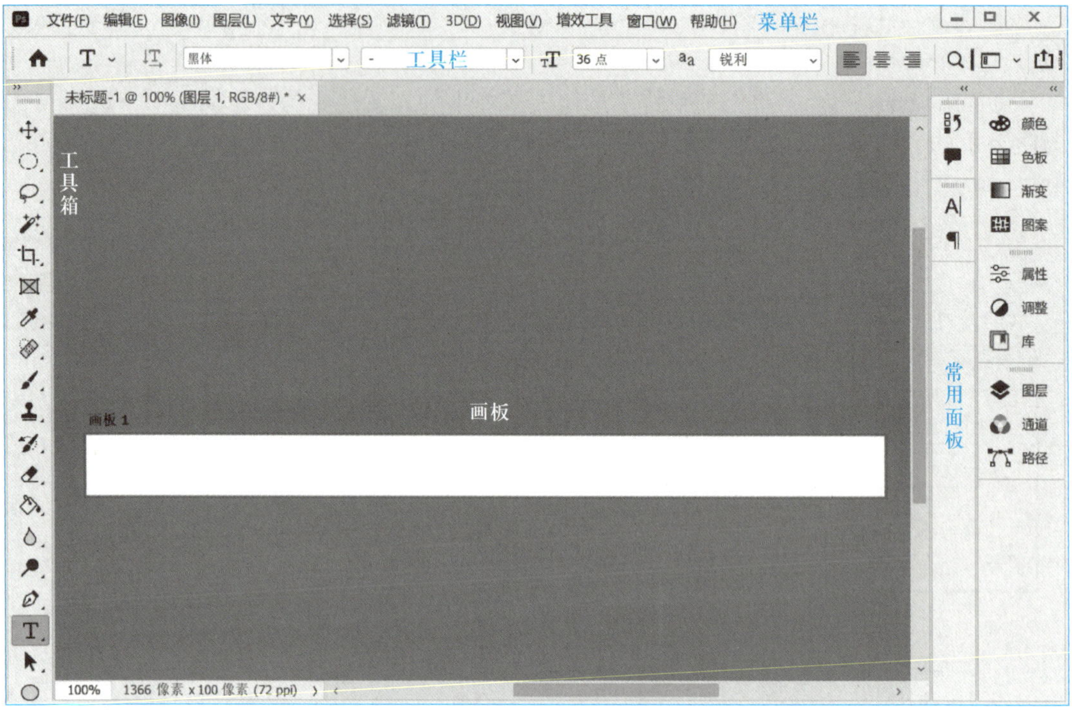

图 9-19 Photoshop 操作界面

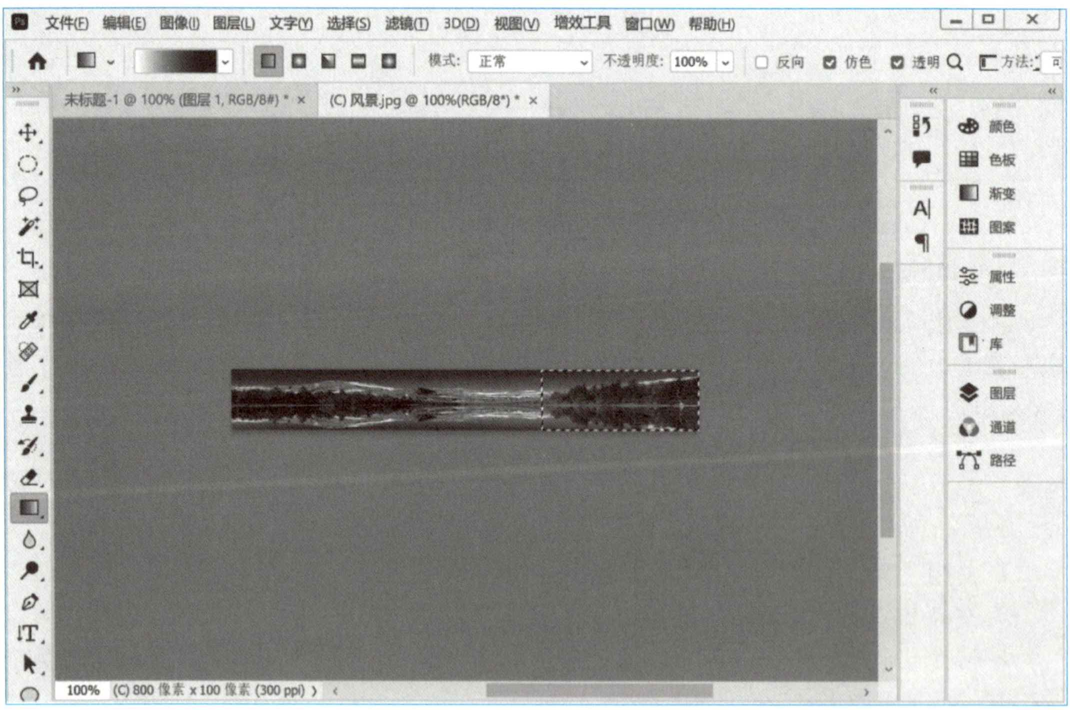

图 9-20 渐变设置

⑩ 打开“校名 .png”文件，修改其高度为 70（约束比例），然后将其复制粘贴到“未定标题 -1”窗口画板中，并移到合适位置。

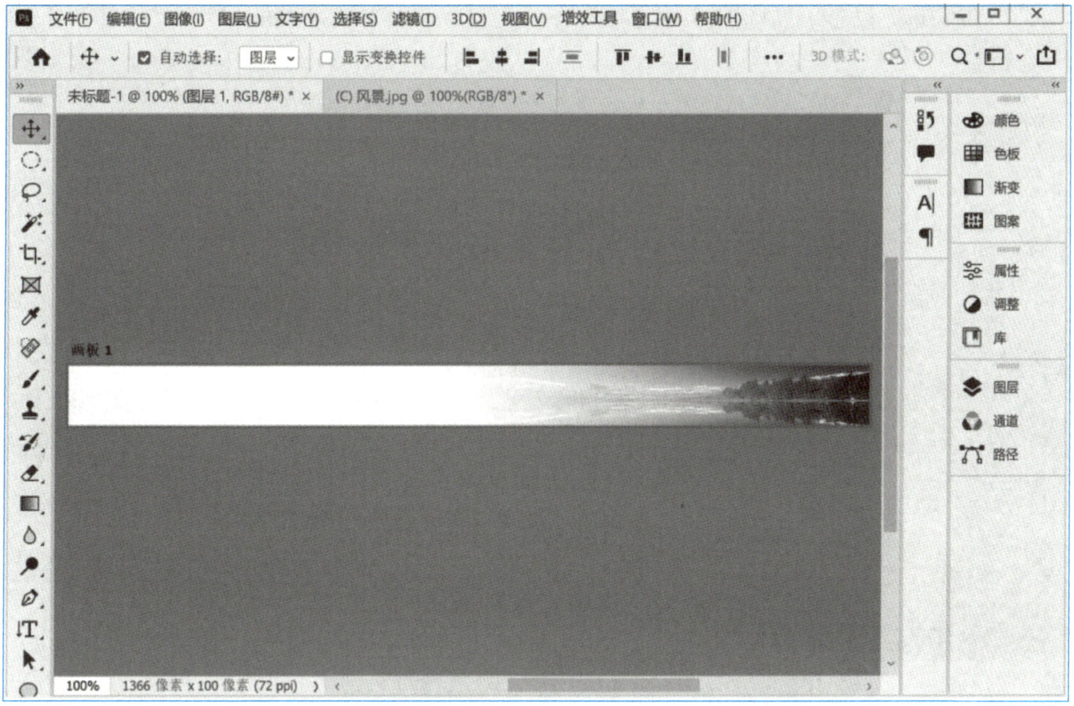

图 9-21　图像渐变效果

⑪ 选择“图层”菜单中的“图层样式”命令，在弹出的对话框中，勾选“描边”复选框，设置大小为“2”，位置为“外部”，颜色为“白色”，如图 9-22 所示。

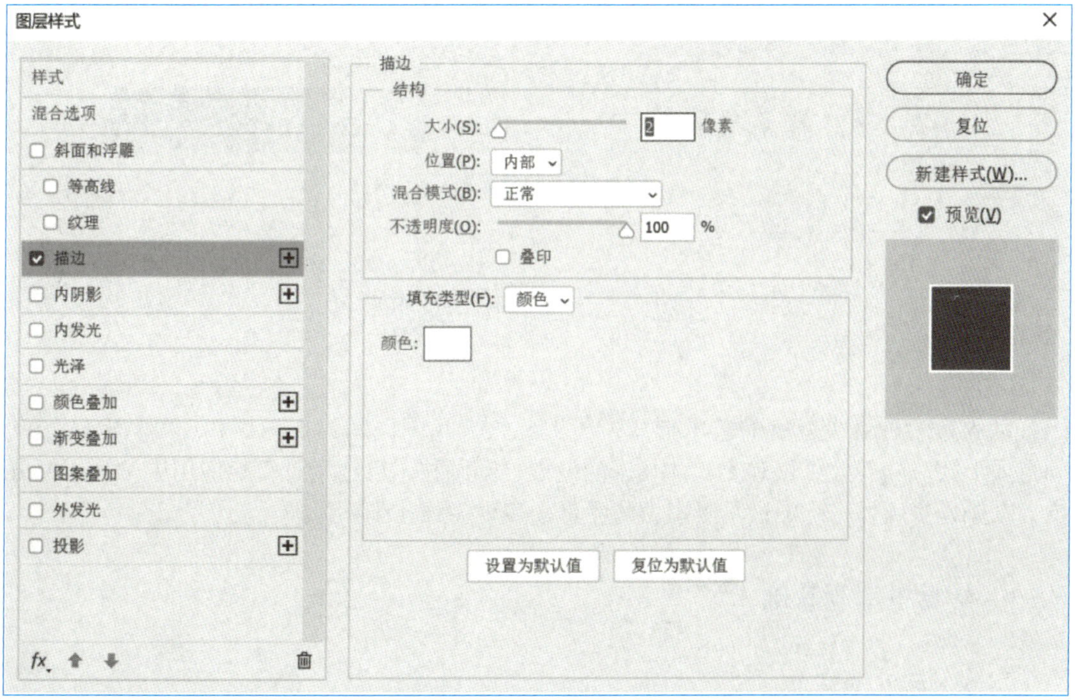

图 9-22　图层样式——描边

⑫ 再勾选“投影”复选框，设置距离为“8”，扩展为“10%”，大小为“7”，如图 9-23 所示。

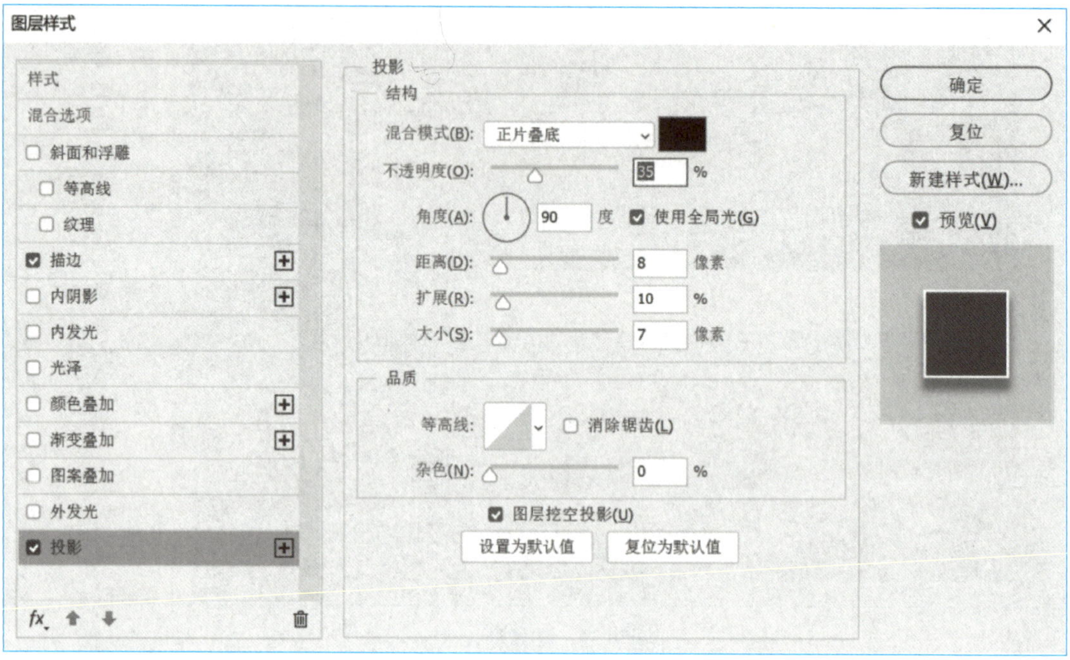

图 9-23 图层样式——投影

⑬ 选择“文件”菜单中的“存储”命令，将文件保存为“ banner.psd”，保存编辑源文件。然后再选择“文件”菜单中的“导出”命令，将编辑好的图像导出为“ banner.jpg”文件。最终效果如图 9-24 所示。

图 9-24 最终效果图

9.5 动画制作技术

动画是一种老少皆宜的艺术形式，历史悠久，我国民间的走马灯和皮影戏是传统动画重要形式。随着计算机和多媒体技术的发展，动画技术已成为计算机应用中一个重要分支，动画是多媒体系统中极具吸引力的元素，表现力强，幽默风趣。

9.5.1 计算机动画基础

1. 动画的分类

根据不同角度，动画可以分为不同的种类。如根据面向对象不同可以分婴幼儿动画、青少年动画和成人动画，根据传播方式不同可分为 TV 动画、剧场动画和其他媒体动画，根据制作方式不同可分为传统动画、2D 动画、3D 动画、MG 动画和定格动画。

（1）传统动画

传统动画是由美术动画电影制作方法移植而来的，利用了人眼的视觉暂留特性，通过将一幅幅静态画面用摄影机拍摄下来，然后进行逐帧的编辑，发布后看到的就是一个动画场景。

（2）2D 动画

2D 动画是指通过二维平面来展示物体运动变化规律的动画，通过计算机平面矢量动画软件制作完成，如 Adobe Animate 软件。在动画制作软件中创作动画，不需要对组成动画的每一帧进行设计，只需要设计起始关键帧和结束关键帧，中间过渡帧由软件自动插值计算完成。主要适用于成本小，针对低幼或者一些用途明确的商业广告片。在 Flash 时代，2D 动画曾经风靡整个网络，典型代表作有《火柴人小小功夫系列》《小破孩系列》《罗小黑战记》等。

（3）3D 动画

3D 动画即三维动画，是指运用三维空间技术多角度展示物体运动变化规律的动画。它不受时间、空间、地点、条件、对象的限制，运用各种表现形式把复杂、抽象的节目内容、科学原理、抽象概念等用集中、简化、形象、生动的形式表现出来。3D 动画制作中，通过调整三维空间正面、侧面、反面等不同视点，来获得不同的内容。《哪吒之魔童降世》《西游记之大圣归来》《白蛇缘起》是近年来国产 3D 动画中具有重大影响力的作品。

（4）MG 动画

MG（motion graphics）动画指的是动态图形动画，是平面设计与动画片之间的一种产物。MG 动画融合了平面设计、动画设计和电影语言，在视觉表现上使用的是基于平面设计的规则，在技术上使用的是动画制作手段，通过叙事性的运动图像来为内容服务。它的表现形式丰富多样，可将不同表现形式和艺术风格混搭，具有极强的包容性。MG 动画主要应用于节目频道包装、电影电视片头、商业广告、MV、现场舞台屏幕、互动装置等。坐地铁时常见的广告宣传片就是以 MG 动画为主。

（5）定格动画

定格动画是通过制作真实的物体模型，然后手动移动物体进行拍摄来获得构成动画的每一帧画面。它与传统动画制作方法类似，其区别在于传统动画不需要制作真实物体模型。

2. 动画的设计与创意

动画制作是一件烦琐的工作，分工细致，需要按照步骤一步步完成，便于统筹管理，避免混乱，通常分为前期制作、中期制作和后期制作三个阶段。

前期制作主要是完成动画的创意与设计，包括剧本、故事板、进度设计等。动画创意是根本，决定了一部动画的成功或失败，其基本体现形式就是动画剧本。剧本就是以文字化的方式写出故事发展的情节和场景。与影视剧本不同，动画剧本不需要复杂的人物对话，而应以动画画面的形式来讲故事，并辅以滑稽夸张的动作、幽默的语言来取胜。故事板是导演根据文字剧本所绘制出来的草图，主要表现镜头间的编辑、镜头内的高度，合理安排视觉及声音设计工作。故事板的设计基本决定了动画各场景的时间和成片的总时长。进度设计是针对整个动画制作的进度规划表，以指导动画创作集体各方人员统一协调地工作。

中期制作是根据前期设计，按故事板来设计每个镜头的实施方案。主要包括角色设计、道具场景设计、镜头画面设计、制作动作原画等。同时，应根据分场的时间和空间特点，完成动画音乐设计。音乐是动画表现力的重要组成单元，动画动作与音乐需相互匹配，音乐录制与动画制作应同时进行。动画精剪完成后，根据线拍和合成镜头，把声音精确地对应到每一幅画面位置上，供动画制作人员参考。

后期制作是在中期完成各分镜头动画的基础上，对其进行完善加工，制作成动画影片。主要包括特效制作、视觉合成、影片剪辑、声音混录和输出发布等。

9.5.2 常见动画制作软件

1. Adobe Animate

Animate 是 Adobe 公司出品的一款 2D 动画制作软件，简称 An。An 的前身是互联网领域大名鼎鼎的 Macromedia Flash，Adobe 公司收购 Macromedia 后，由于 Flash 的资源占用率高、存在安全漏洞等问题，后被现在的 Animate 所取代。An 很好地延续了 Flash 动画简单易学的优点，在原先很好的动画制作基础之上，加入了对 HMTL 5 的支持，提升了浏览安全性，为网页开发者提供更适应现有网页应用的音频、图片、视频、动画等创作支持。使用 An 可以创作出栩栩如生的动画短片，同时，它也是一款前端工程师实现动画交互的必备工具。

2. Adobe After Effects

Adobe After Effects 是 Adobe 公司推出的一款图形视频处理软件，简称 Ae。Ae 特效功能非常强大，涵盖影片、电影、广告、多媒体以网页等合成制作，可以帮助用户高效且精确地创建无数种引人注目的动态图形和震撼人心的视觉效果。利用与其他 Adobe 软件无与伦比的紧密集成和高度灵活的 2D 和 3D 合成以及数百种预设的效果和动画，为电影、视频、DVD 和 Animate 作品增添令人耳目一新的效果。Ae 能帮助用户解决视频的特效添加问题，能够轻松制作影片字幕、片头和过渡效果等内容，适用于从事设计和视频特技的机构，包括电视台、动画制作公司、个人后期制作工作室以及多媒体工作室。

3. 3D Studio Max

3D Studio Max（3ds Max）是由 AutoDesk 公司开发的一款三维制作软件，无论是为游戏构建广阔的世界，还是可视化复杂的建筑设计，3ds Max 都提供了所需的建模工具组合，轻松构建栩栩如生的三维资源。通过自动执行重复且耗时的任务，自动优化高分辨率模型的几何体，能够处理最复杂的角色、场景和效果的 Arnold 渲染器，极大地简化了三维设计，提升了工作效率。3ds Max 在建筑效果图制作、计算机游戏开发、影视片头和广告动画制作等领域得到了广泛应用，备受影视公司、游戏开发者及三维爱好者的青睐。

4. Autodesk Maya

Maya 软件是 Autodesk 公司开发的著名三维建模和动画软件。无论是制作逼真的数字双精度动画还是为可爱的卡通角色设置动画，Maya 都提供了动画工具组合，可让三维资源栩栩如生。强大的工具可帮助用户更快地进行迭代，以便专注于创造并满足期限要求。

新版本改善了多边形建模，通过新的算法提高了性能，多线程技术充分利用多核心处理器的优势，新的 HLSL 着色工具和硬件着色 API 则大大增强新一代主机游戏的外观，强大的动画工具也为三维模型注入生命力。

9.5.3　动画制作实例

例 9-3　使用 Adobe Animate 2022 制作一个将“动”字渐变成“画”字的形状渐变动画。

① 安装好 Animate 后，启动 Animate。

② 选择【文件】菜单中的【新建】命令，在【新建文档】对话框中选择【角色动画】选项，在【预设】选项组中选择【标准】选项，然后修改宽为 500、高为 300，单击【创建】按钮，完成文件新建，如图 9-25 所示。

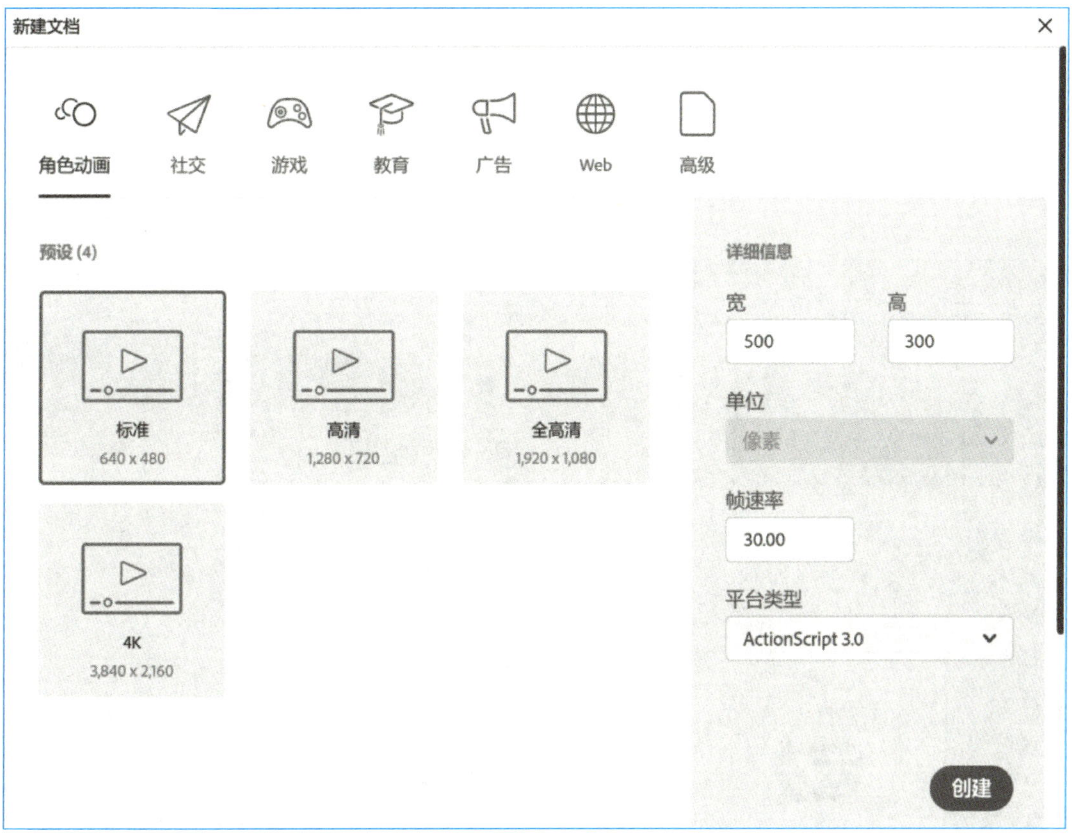

图 9-25 【新建文档】对话框

③ 文件创建完成后软件界面如图 9-26 所示。

④ 从【工具箱】中选择【文本工具】，在【舞台】第 0 帧的位置输入汉字【动】，从【文本】菜单中选择【大小】命令，将文字大小设置为 120，并将其移动到【舞台】合适的位置，如图 9-27 所示。

⑤ 选择【修改】菜单中的【分离】命令，将创建的汉字打散。

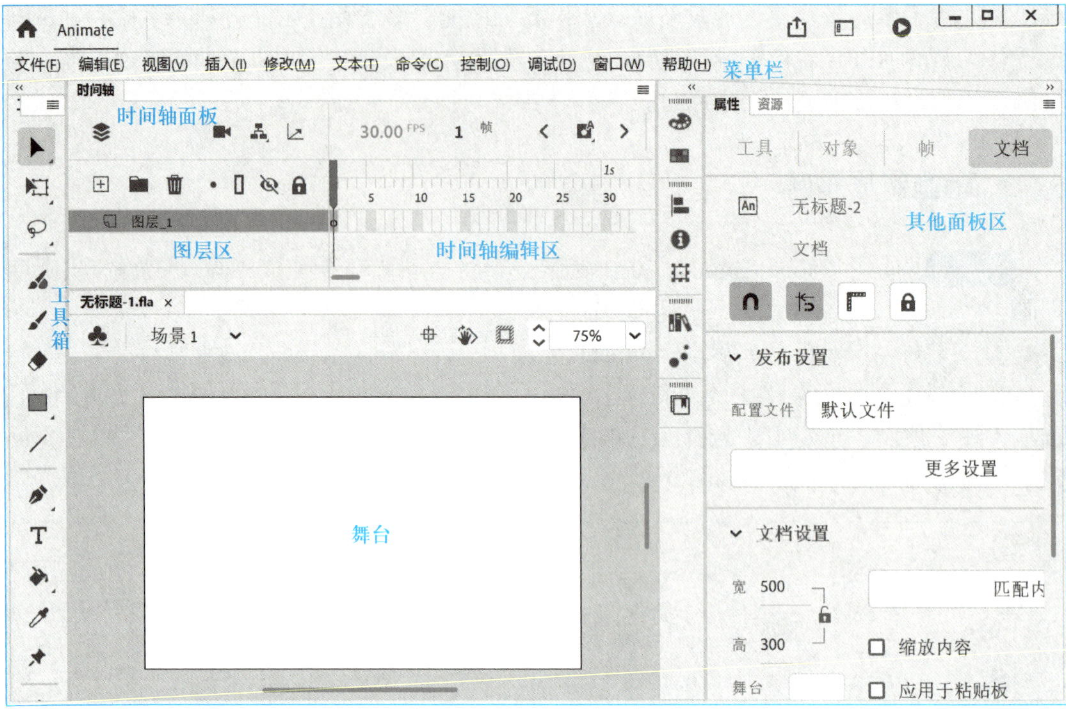

图 9-26　Animate 操作界面

图 9-27　第 0 帧

⑥ 在【时间轴】面板第 30 帧处右击鼠标，选择【插入空白关键帧】命令，然后在【舞台】使用文本工具输入汉字【画】并打散，如图 9-28 所示。

图 9–28　第 30 帧

⑦ 在【时间轴】两个关键帧任意一帧右击，选择【创建补间形状】命令，完成补间动画创建，如图 9–29 所示。

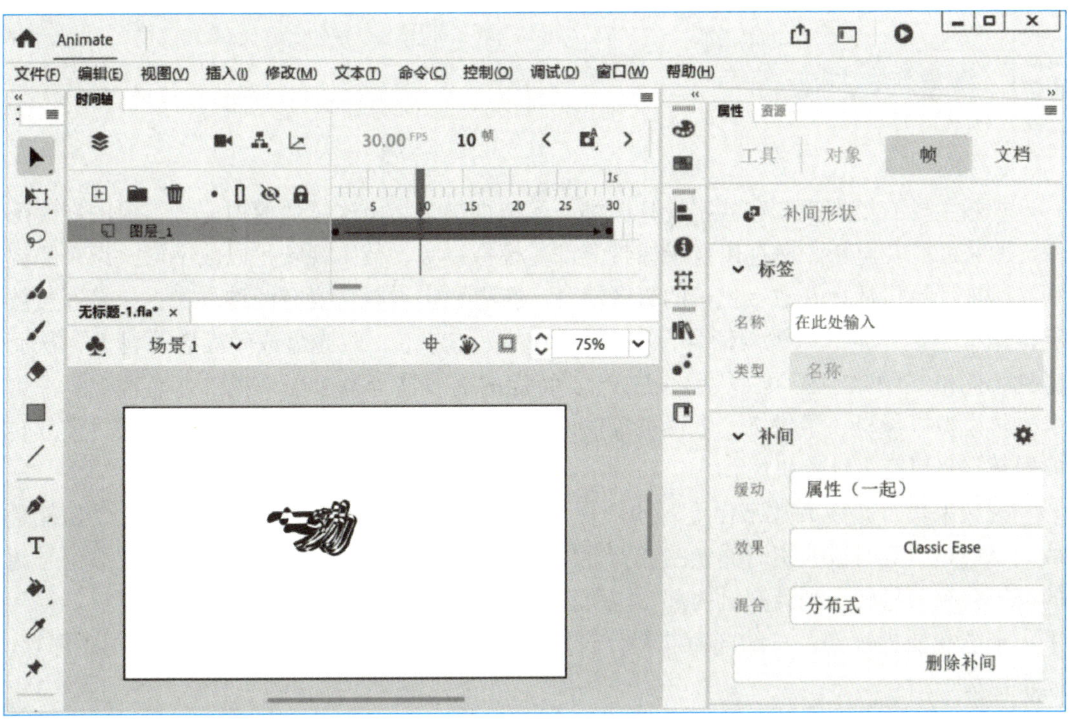

图 9–29　创建补间动画

⑧ 在【时间轴】上拉动游标，即可预览动画效果，图 9-30 是不同帧的显示效果。

图 9-30 不同帧的显示效果

⑨ 选择【文件】菜单中的【保存】命令，将文件保存为【动画 .fla】。

⑩ 选择【控制】菜单中的【测试影片】命令中的【在 Animate 中】命令，对动画进行测试。

⑪ 若需要发布影片，可选择【文件】菜单中的【导出】命令，将动画导出为影片、视频或动画。

9.6 视频处理技术

视频是综合文字、图、声、像等多种媒体元素的动态图像，利用多媒体计算机和网络的数字化、大容量、交互性及快速处理能力，是视频信息采集、处理、传播和存储中不断追求进步的目标。

9.6.1 数字视频基础

1. 数字视频

视频主要有模拟视频和数字视频两类。模拟视频是指由连续的模拟信号组成的视频图像，原来的胶片电影、电视以及录像带等都是模拟视频。数字视频是以数字形式记录的视频，是被计算机捕捉并数字化了的影音信息。获得数字视频主要有两种方式：一是通过数字摄像机直接产生数字视频信号，存储在 DV 带、SD 卡、蓝光盘或者固态硬盘上，从而得到不同格式的数字视频，然后通过 PC、特定的播放器等播放出来；二是通过视频采集卡，将模拟摄像机、录像机、电视机等输出的模拟信号从模拟输入接口设备，通过模数转换器数字化后存入计算机中。

视频采集卡是视频数字化重要的硬件设备之一，其结构如图 9-31 所示。主要功能是从动态视频中实时或非实时捕获图像并存储。它可以将摄像机、录像机和其他视频信号源的模拟视频信号转录到计算机内部，也可以用摄像机将现场的图像实时输入计算机。视频采集卡能在捕捉视频信息的同时获得伴音，使音频部分和视频部分在数字化时同步保存、同步播放。

常见的视频采集卡有三类：广播级视频采集卡，采集的图像分辨率高，视频信噪比高，但视频文件所需硬盘存储空间大；专业级视频采集卡，比广播级的性能稍微低一些，分辨率两者是相同的，但压缩比稍微大一些；民用级视频采集卡，动态分辨率一般较低，绝大多数不具有视频输出功能。

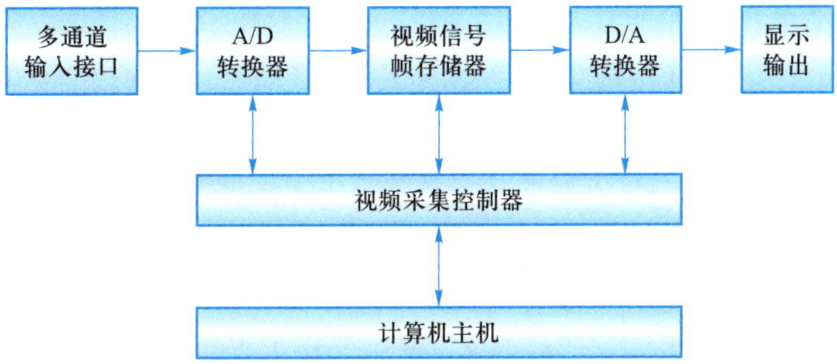

图 9-31　视频采集卡结构

2. 电视制式

电视制式就是电视信号形成、传输及处理的方法，从而形成了具有独立完整的参数及功能系统的总体规定。彩色电视系统对三基色信号的不同处理方式，就构成了不同的彩色电视制式。在使用计算机处理视频信号时，若与连接的视频设备制式不同，播放时图像的效果就明显下降，有时甚至根本没有图像。国际电信联盟针对彩色电视的制式主要有三种：NTSC（national television system committee，国家电视制式委员会）制式、PAL（phase alternation line，逐行相位交换）制式和 SECAM（sequential color avec memoire，顺序传送彩色信号与存储恢复彩色信号）制式。针对高清数字电视的标准有 HDTV（high definition TV，高清晰度电视）和 UHDTV（ultra HDTV，超高清电视）两种。

（1）NTSC

NTSC 制式由美国国家电视标准委员会制作，主要在美国、加拿大、日本等国家使用。其技术指标为，分辨率为 720 × 480，宽高比为 4∶3，帧频为 29.97 f/s（帧每秒，f 表示 frame，帧），场频为 60 Hz，隔行扫描，颜色模型为 YIQ。

（2）PAL

PAL 制式是由联邦德国制定的一种彩色电视标准，采用逐行倒相正交平衡调幅，克服了 NTSC 相位敏感易造成色彩失真的缺点，在中国、德国、英国等国家采用。其技术指标为，分辨率为 720 × 576，宽高比为 4∶3，帧频为 25 f/s，场频为 50 Hz，隔行扫描，颜色模型为 YUV。

（3）SECAM

SECAM 是由法国所制定的一种新的彩色电视标准，采用时间分隔法来传送两个色差信号，克服了 NTSC 制式相位失真的问题，主要在法国、俄罗斯等国家使用。其技术指标为，分辨率为 720 × 576，宽高比为 4∶3，帧频为 25 f/s，场频为 50 Hz，隔行扫描，颜色模型为 YDbDr。

（4）HDTV

HDTV 源于 DTV（digital television）“数字电视” 技术，采用数字信号，拥有最佳的视频、音频效果，HDTV 的宽高比为 16∶9。HDTV 有三种显示格式：

① 720P：分辨率为 1 280 × 720，逐行扫描，场频为 24 Hz、30 Hz 或 60 Hz。

② 1080i：分辨率为 1 920 × 1 080，隔行扫描，场频为 60 Hz。

③ 1080P：分辨率为 1 920 × 1 080，逐行扫描，场频为 24 Hz 或 30 Hz。

（5）UHDTV

2012 年 5 月，国际电信联盟发布了超高清电视标准。超高清指的是屏幕最少的像素数必须达到 800 万有效像素（3 840 × 2 160），在不改变屏幕分辨率的情况下，至少有一路传输端可以传输 4K 视频，4K 内容的显示必须原生，不可上变频，宽高比至少为 16∶9。主要有 4K 和 8K 两种标准。

① 4K：分辨率为 3 840 × 2 160，逐行扫描，频率为 50 Hz、60 Hz 及 59.94 Hz。

② 8K：分辨率为 7 680 × 4 320，逐行扫描，频率为 50 Hz、60 Hz 及 59.94 Hz。

9.6.2 常见视频处理软件

1. Adobe Premiere

Adobe Premiere 是由 Adobe 公司开发的一款非线性视频编辑软件，简称 Pr。Pr 提供了采集、剪辑、调色、美化音频、字幕添加、输出一整套流程，可导入任何文件格式的镜头、精确修剪镜头、添加动画和视频特效、进行音频编辑和添加声效等。Pr 可与 Ae、Au、Ps 等其他 Adobe 软件高效集成，协作性强，插件多，操作界面自由，自带丰富的转场，还能够识别多种格式的视频，广泛应用于影视剧、栏目包装、广告片、宣传片、短视频制作等后期剪辑，是目前国内主流的视频编辑软件之一。

2. 绘声绘影

会声会影（Corel Video Studio）是由加拿大 Corel 公司开发制作的一款专为个人及家庭所设计的视频编辑软件。它可以将 MV、DV 等画面直接采集为视频文件，拥有 100 多种特效和功能；有电影向导模式，只需要简单几个步骤就能让用户感受大片级的制作效果。相比于专业剪辑软件，会声会影操作更简单、界面更简洁，还具有成批转换功能与捕获格式完整的特点。作为一款入门级的视频编辑软件，既能满足普通人视频编辑的功能需求，又能作为视频剪辑爱好者深入学习的基础性软件。

3. 剪映

剪映是抖音官方推出的一款视频剪辑工具，随着国内外短视频的流行和被大众接受，剪映已成为短视频博主必备的工具之一。剪映是一款极简主义的剪辑软件，功能完善，操作简单，具有视频导入、视频剪辑、音频录制和编辑、文字输入和动画特效、美颜、视频输出等功能。同时，通过内置的滤镜功能、特效功能，可轻松进行亮度、对比度、饱和度等的调节，实现复杂场景视频编辑。

4. 爱剪辑

爱剪辑是一款能让用户实现掌上视频编辑，帮助用户自由剪辑美好生活记录的视频软件。软件有多轨视频剪辑、丰富的模板，可实现视频拼接、动态字幕、曲线变速以及配音配乐等。在软件界面和操作上，爱剪辑进行了颠覆性的设计，效率更高，系统资源占用更少，特效更多、更炫酷，更适合国内用户的使用习惯和功能需求。通过便捷的制作和快速的上手，轻松释放想象力，实现无限脑洞和趣味创意。

5. iMovie

iMovie 是一款基于 macOS 编写的视频剪辑软件，原用于 Macintosh 系统，现支持移动端 iOS 系统。iMovie 可放飞用户的创造力，各种惊艳四座的影院级大片都能信手拈来。在 Mac 上，可以快速上手编辑视频，或进一步解锁 iMovie 剪辑的精彩。而在 iPhone 和 iPad 上，新增的魔幻影片和故事板这两项功能还可以从零开始编排大片，并给故事加足戏码。用魔幻影片，只需轻点几下，就能立刻剪辑出别具风格的大片，连字幕、转场、甚至音乐都一应俱全。新上线的故事板中，各种现成的视频模板可完成整个影片制作流程。同时，iMovie 剪辑支持 4K 视频，可制作令人震撼的影院级大片。

9.6.3　视频处理实例

例 9-4　使用 Adobe Premiere 2022 制作少年中国说的朗诵视频。

① 安装软件和准备素材。安装好 Premiere 软件，准备好素材背景视频【少年中国说 .mp4】、背景音乐【少年中国说 .wav】(Audition 实验中所录制的音频)。

② 启动 Premiere，单击【新建项目】按钮，新建一个项目，名称为【少年中国说】，选择合适的存储路径，其余设置默认，单击【确定】按钮完成项目创建，如图 9-32 所示。

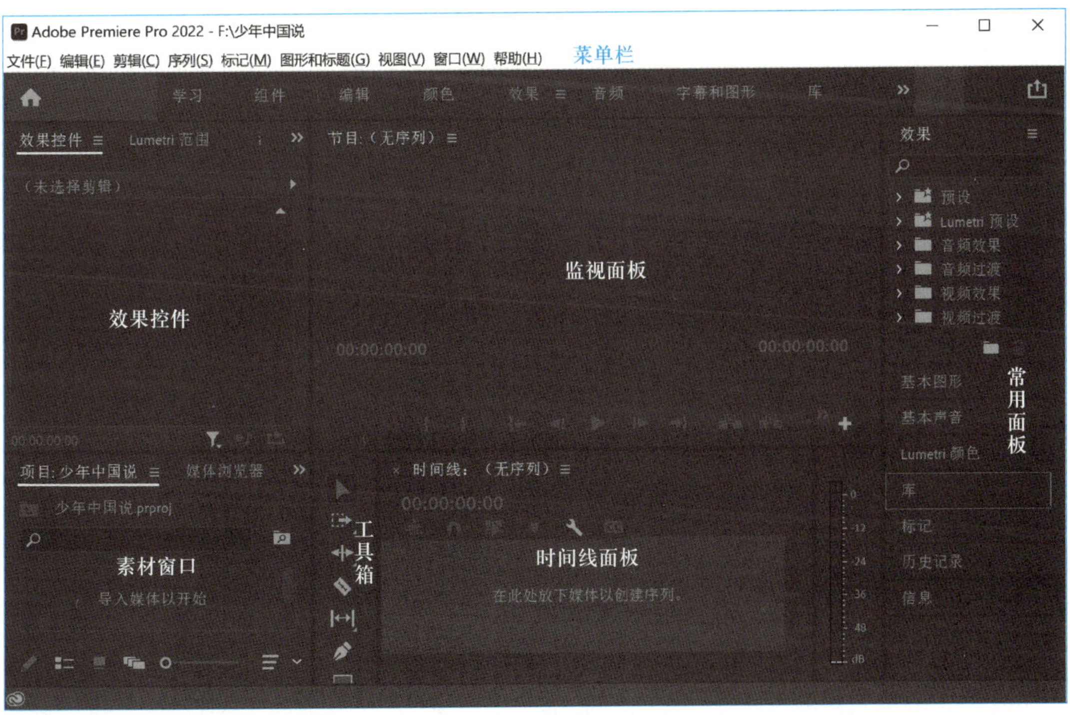

图 9-32　Premiere 操作界面

③ 在素材窗口双击，导入音视频素材文件。然后选中【少年中国说 .mp4】，并将其拖动到时间线窗口，创建时间线【少年中国说】，如图 9-33 所示。

图 9-33 素材和时间线

④ 选择【序列】菜单中的【取消链接选择项】命令，取消音视频的链接关系。取消后，则可在时间线上单独选择音频或视频，否则将同时选中音视频。

⑤ 在时间线音轨【 A1 】中单击鼠标选中音频，然后按【 Delete 】键删除视频原来的音频，如图 9-34 所示。

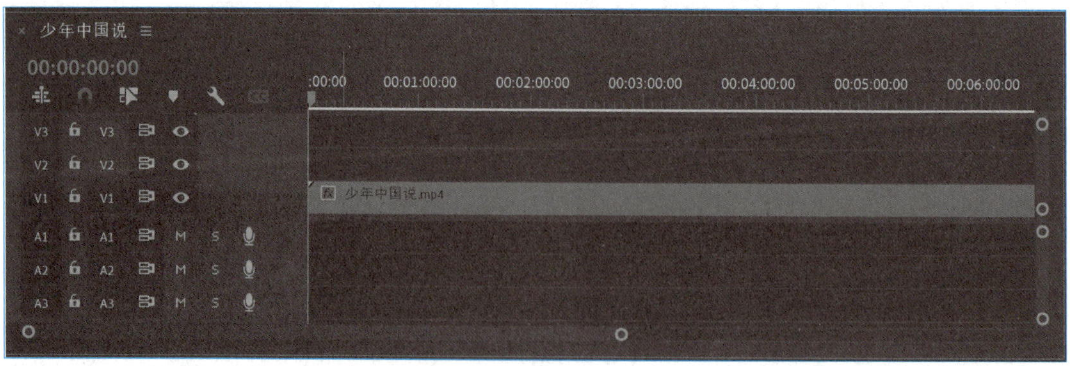

图 9-34 删除视频中原来的音频

⑥ 将素材窗口中的音频【少年中国说 .wav 】拖动到时间线音轨【 A1 】中，如图 9-35 所示。

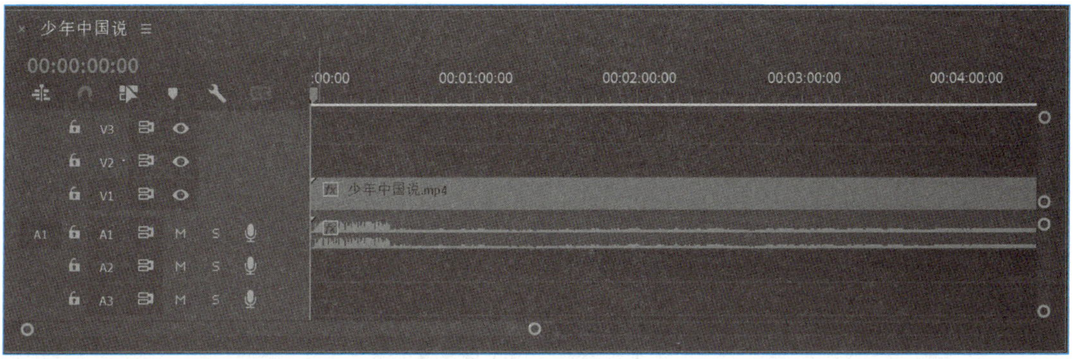

图 9-35　将“少年中国说”音频加入音轨

⑦ 向右移动时间线底部的滚动条，在音频结束的位置时间上单击鼠标左键，将游标定位在音频结束位置，如图 9-36 所示。

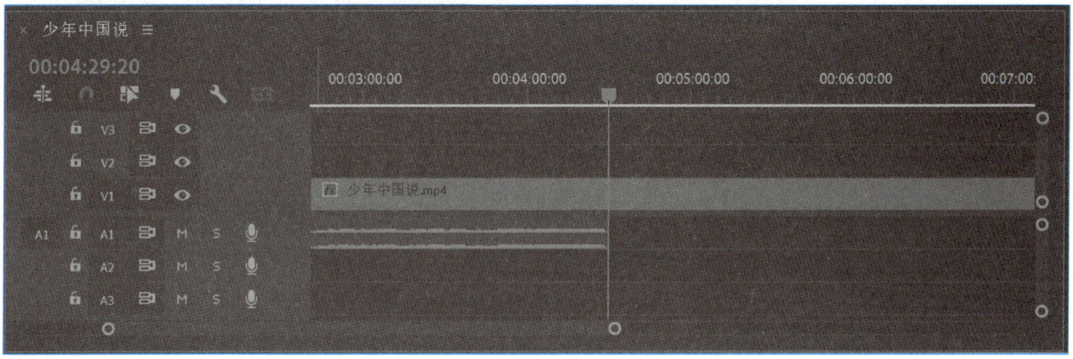

图 9-36　视频裁剪定位

⑧ 选择工具箱中的【剃刀工具】，在当前视频位置单击，视频裁剪成两段。然后选择工具箱中的【选择工具】，选中后一段视频，按【 Delete 】键将多余的视频删除，如图 9-37 所示。

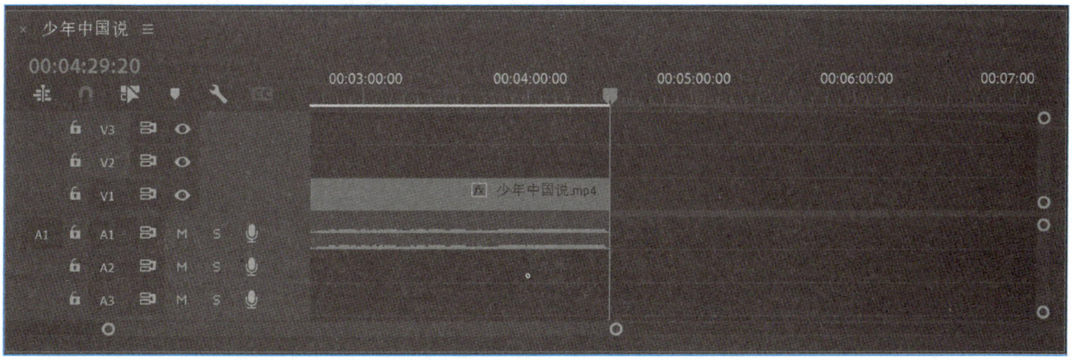

图 9-37　视频裁剪

⑨ 选择【字幕和图形】选项卡，进入字幕编辑状态。在【基本图形】面板【我的模板】中选择【游戏开场】选项，并将其拖动到时间线视频轨【 V2 】最开始的位置，如图 9-38 所示。

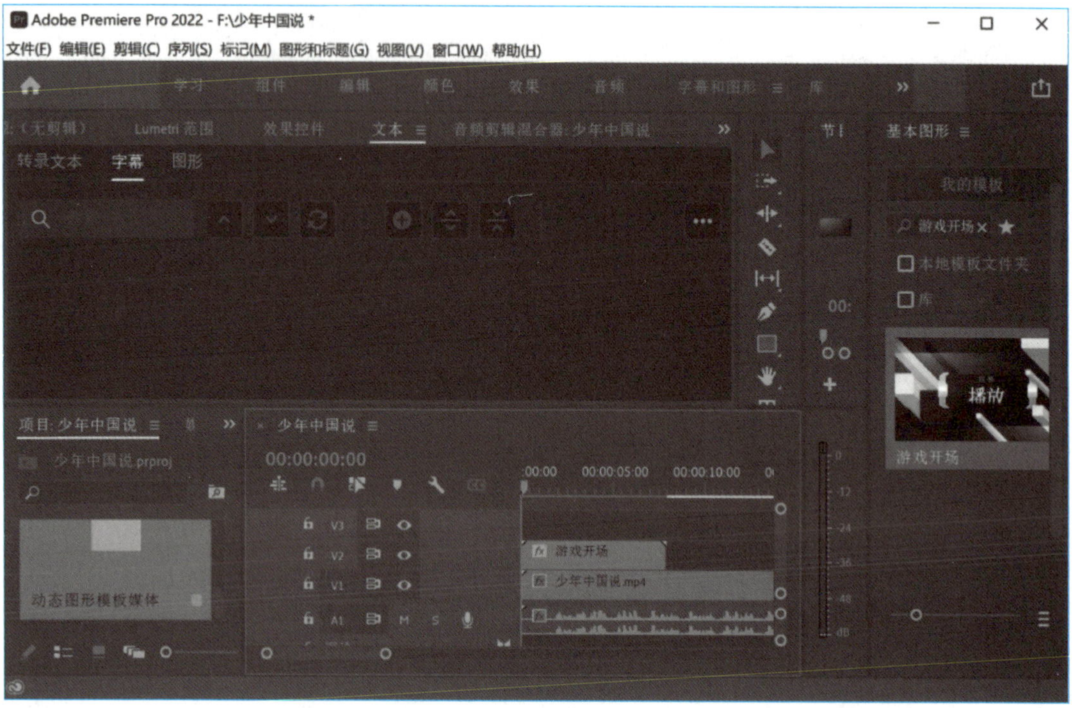

图 9-38　添加字幕

⑩ 在时间线视频轨【V2】的【游戏开场】字幕上双击，进入字幕编辑状态，将标题设置为【成都理工大学】，字幕设置为【少年中国说】（对应位置双击开始设置），如图 9-39 所示。

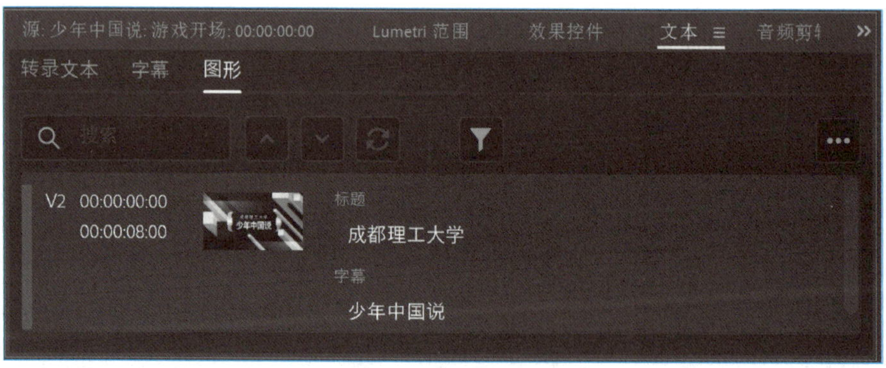

图 9-39　编辑字幕

⑪ 选择【编辑】选项卡，在【节目监视器】窗口单击【播放】按钮，预览字幕效果，如图 9-40 所示。

⑫ 选择【文件】菜单中的【导出】命令，导出媒体。在弹出的【导出设置】对话框中将格式修改为【H.264】，预设为【匹配源 – 高比特率】，在【输出名称】处单击名称，修改导出文件的名称和存储路径，最后单击【导出】按钮，导出编辑好的视频，如图 9-41 所示。

图 9-40　效果预览

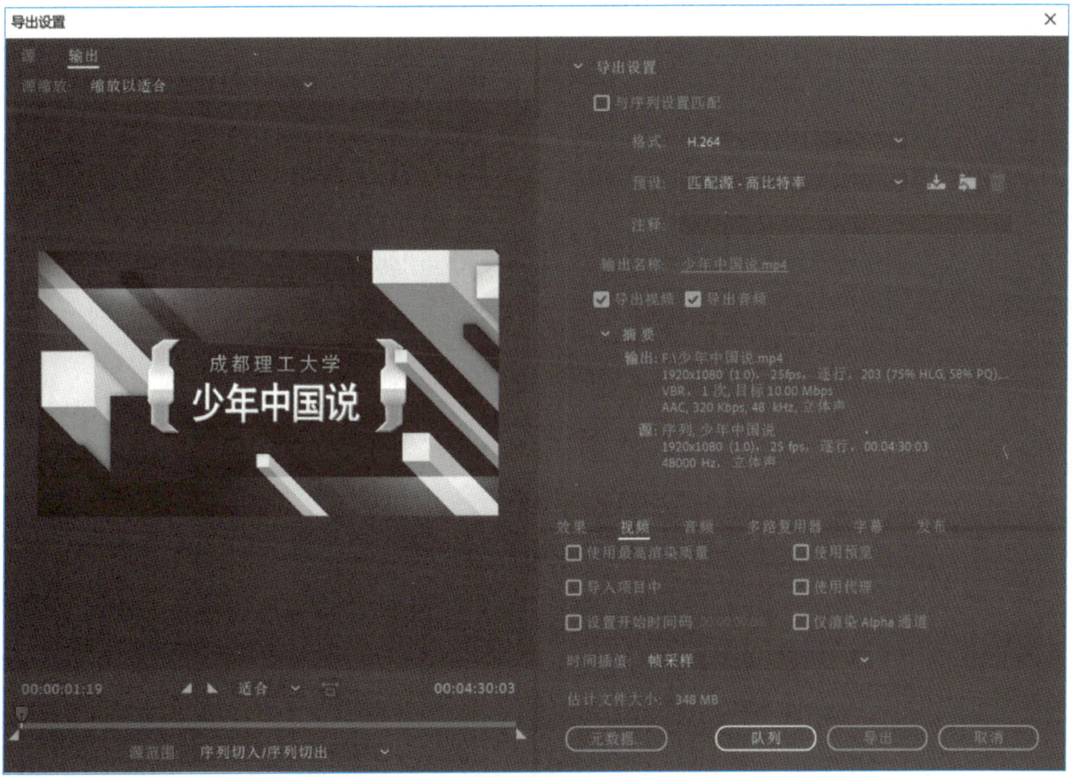

图 9-41　视频导出

⑬ 找到导出的文件，播放观看最终效果。

习　题

一、思考题

1. 图形与图像之间有什么区别？
2. 什么是动画？动画有何特点？
3. MPEG 和 JPEG 的主要差别是什么？
4. 数据压缩的性能指标有哪些？如何评价一种数据压缩编码的优劣？
5. 如何实现音频数字化？
6. 电视制式是什么？有哪些常见标准？

二、选择题

1. 一般说来，要求声音的质量越高，则（　　）。

A. 量化级数越低和采样频率越低　　B. 量化级数越高和采样频率越高
C. 量化级数越低和采样频率越高　　D. 量化级数越高和采样频率越低

2. 位图图像与矢量图形比较，可以看出（　　）。

A. 对于复杂图形，位图比矢量图形对象显示更快
B. 对于复杂图形，位图比矢量图形对象显示更慢
C. 位图与矢量图形占用空间相同
D. 位图比矢量图形占用空间更少

3. 五分钟双声道、16 位采样位数、44.1 kHz 采样频率声音的不压缩数据量是（　　）。

A. 50.47 MB　　B. 52.92 MB　　C. 201.87 MB　　D. 25.23 MB

4. 下述声音分类中质量最好的是（　　）。

A. 数字激光唱盘　　B. 调频无线电广播　　C. 调幅无线电广播　　D. 电话

5. DVD 采用的标准是（　　）。

A. MPEG-7　　B. MPEG-2　　C. MPEG-4　　D. MPEG-1

6. 表示黑白图像的每一个像素点数据最少需（　　）位。

A. 1　　B. 2　　C. 3　　D. 4

7. 颜色彼此区别的最主要最基本的特征是（　　）。

A. 色相　　B. 明度　　C. 亮度　　D. 饱和度

8. 一同学运用 Photoshop 加工自己的照片，照片未能加工完毕，他准备下次接着做，他最好将照片保存成（　　）格式。

A. bmp　　B. .swf　　C. psd　　D. gif

9. 下列选项中，不属于国际上常见的电视制式的是（　　）。

A. NTSC　　B. PAL　　C. MPEG　　D. SECAM

10. 关于压缩比与图像质量的关系中，以下说法正确的是（　　）。

A. 压缩比与图像质量无关

B. 压缩比大，图像质量好

C. 压缩比小，图像质量好

D. 图像质量与采样精度和压缩比都有关系

11. 声音的响度由声音的（　　）决定。

A. 振幅　　B. 频率　　C. 音量　　D. 文件格式

12. 数据压缩技术的性能指标中，不包括（　　）。

A. 压缩比　　B. 图像质量

C. 采样频率　　D. 压缩、解压速度

13. 数码相机是利用（　　）感受光信号，使之转变为电信号，再经模数转换变成数字信号，存储在相机内部的存储器中。

A. OCR　　B. CCD　　C. MPEG　　D. RGB

14. 下列采集的波形声音中质量最好的是（　　）。

A. 单声道、8 位量化、22.05 kHz 采样频率

B. 双声道、16 位量化、44.1 kHz 采样频率

C. 单声道、16 位量化、22.05 kHz 采样频率

D. 双声道、8 位量化、44.1 kHz 采样频率

15. 关于多媒体压缩的说法，以下说法正确的是（　　）。

A. 音频、视频和图像都可以用一种方法进行压缩，达到最佳效果

B. 音频常用音频压缩算法，视频和图像可以用一种方法进行压缩，达到最佳效果

C. 音频、视频和图像各自具有独特性，分别采用不同压缩算法以达到最佳效果

D. 使用 MPEG 压缩标准可以解决所有问题

16. 彩色空间中采用三基色表示颜色的模型为（　　）。

A. RGB　　B. YUV　　C. YIQ　　D. HIS

17. 组成动画的图像是（　　）。

A. 独立图像　　B. 连续图像　　C. 分散图像　　D. 音频文件

18. 现代动画在最后阶段依赖于（　　）完成。

A. 摄像机　　B. 手工拼接

C. 配音师　　D. 计算机编辑、剪辑

19. 根据奈奎斯特理论，音频数字化的采样频率应该（　　）。

A. 为音频频率的一半　　B. 与音频频率相等

C. 为音频频率的两倍　　D. 为音频频率的四倍

20. MIDI 音频文件是（　　）。

A. 一种波形文件

B. 一种采用 PCM 压缩的波形文件

C. MP3 的一种格式

D. 一种符号化的音频信号，记录的是一种指令序列

参考文献

[1] 阙喜戎，孙锐，龚向阳，等．信息安全原理及应用［M］．北京：清华大学出版社，2003.

[2] 付永钢，洪玉玲，曹煦晖，等．计算机信息安全技术［M］．北京：清华大学出版社，2012.

[3] 步山岳，张有东，张伟，等．计算机信息安全技术［M］．北京：高等教育出版社，2016.

[4] 朱海波，辛海涛，刘湛清．信息安全与技术［M］．2版．北京：清华大学出版社，2019.

[5] 肖阳春，张伟利．大学计算机基础［M］．北京：高等教育出版社，2021.

[6] 赵何娟，李非凡，周芳鸽．区块链100问——深入浅出全面了解区块链［M］．北京：中国科学技术出版社，2020.

[7] 姜永生．多媒体技术与应用［M］．北京：中国铁道出版社，2021.

[8] 王移芝，许宏丽，魏慧琴，金一．大学计算机［M］．北京：高等教育出版社，2017.

[9] 李志球．计算机网络基础［M］．北京：电子工业出版社，2020.

[10] 沈被娜，刘祖照，姚晓冬．计算机软件技术基础［M］．北京：清华大学出版社，2022.

[11] 谢雨飞，田启川．计算机网络与通信基础［M］．北京：清华大学出版社，2019.

[12] 安继芳，侯爽．多媒体技术与应用［M］．北京：清华大学出版社，2019.

[13] 王玥．数据分析与大数据实践［M］．上海：华东师范大学出版社，2019.

[14] 孙淑霞，李思明，刘焕君，等．Visual Foxpro 6.0程序设计教程［M］．北京：电子工业出版社，2016.